Veröffentlichungen zur Erforschung der Druckstoßprobleme

in Wasserkraftanlagen und Rohrleitungen

Herausgegeben von

Professor Dr.-Ing. **Friedrich Tölke**

Karlsruhe

Erstes Heft

Mit 135 Abbildungen

Springer-Verlag
Berlin Heidelberg GmbH 1949

ISBN 978-3-662-30587-4   ISBN 978-3-662-30586-7 (eBook)
DOI 10.1007/978-3-662-30586-7

Satz- und Druck:
Pierersche Buchdruckerei Stephan Geibel & Co.
Altenburg/Thür.

Zum Geleit.

Der Deutsche Druckstoß-Ausschuß (German Water Hammer Committee) hat sich die Erforschung der zahlreichen noch ungeklärten Druckstoßprobleme in Wasserwerks- und Wasserkraftanlagen, in Rohrleitungen, Armaturen und hydraulisch betätigten Maschinen zur Aufgabe gesetzt. Er will ferner die ihm zugänglichen oder bekannt werdenden Betriebserfahrungen und Schadensfälle sammeln, um zu sicheren Voraussetzungen für die Grundannahmen der praktischen Druckstoßberechnung zu gelangen.

Zur Bewältigung dieser ihm im Rahmen des Deutschen Wasserkraft- und Wasserwirtschaftsverbandes übertragenen Aufgaben hat der Deutsche Druckstoß-Ausschuß ein umfangreiches Forschungs- und Versuchsprogramm aufgestellt, das neben Großversuchen an bestehenden Wasserwerks- und Kraftwerksanlagen auch Laboratoriumsversuche umfaßt. Für die Durchführung der letzteren ist eine Druckstoßversuchsanlage mit 80 m Gefälle in Bauangriff genommen worden. Diese Versuchsanlage wird mit oszillographisch arbeitenden Meßgeräten ausgestattet sein, um das für lange Leitungen so wichtige Problem der Stoßdämpfung einer einwandfreien Klärung entgegenführen zu können.

Für die Durchführung des Versuchsprogramms hat der Ausschuß in mehrjährigen Versuchen und in enger Zusammenarbeit mit der Maihak-AG., Hamburg, und der Firma Schlenker-Grusen, Schwenningen, ein Universalgerät entwickelt, das vollständig mechanisch arbeitet und von einfachsten Kräften bedient und gewartet werden kann. Es ist mit diesem Gerät unter anderem möglich gewesen, in zwei Tagen an einem Großkraftwerk 30 Abschaltungen und Belastungen aufzunehmen. Weiter wurden an einer 40 km langen Pumpenleitung innerhalb von drei Stunden drei Abschaltversuche mit gleichzeitiger Ablesung an 16 Meßstellen einwandfrei durchgeführt. Die Leistungsfähigkeit des neuen Gerätes kann als recht befriedigend bezeichnet werden.

Neben den Messungen in Rohrleitungen wird sich der Deutsche Druckstoß-Ausschuß auch die Messungen in Druckschächten angelegen sein lassen. Es sind hierfür eigene Sondermeßgeräte in Zusammenarbeit mit den Askania-Werken, Berlin-Friedenau und der MAN, Augsburg, entwickelt worden, die es gestatten, neben Druckstoßmessungen auch Dehnungsmessungen durchzuführen. Durch die letzteren soll das Verhältnis zwischen dem Tragvermögen des Gebirges und dem Tragvermögen der Druckschachtstahlpanzerung festgestellt werden, eine Frage, die für die sichere und dabei doch wirtschaftliche Bemessung der Stahlpanzerung von Druckschächten von entscheidender Bedeutung ist.

Auch die Schwingungen in Wasserschlössern sind in das Versuchsprogramm mit aufgenommen worden. Das oben erwähnte Universalgerät gestattet die Aufzeichnung einer fünfstündigen Wasserschloßschwingung ohne Auswechselung des Bandschreibers. Von derartigen lang ausgedehnten Wasserschloßmessungen darf man wertvolle Einblicke in das Dämpfungsverhalten der Wasserschlösser erwarten.

Von den Forschungsergebnissen sollen in zwangloser Folge erscheinende Veröffentlichungen berichten. Möge dieses erste Heft mit seiner vorzüglichen Ausstattung und Versuchswiedergabe den Weg zu den interessierten Fachkreisen finden und mithelfen, die Schäden, die erkannt und noch mehr unerkannt Tag für Tag durch Druckstöße ausgelöst werden, herabzusetzen.

Karlsruhe-Durlach, im Mai 1949.   F. Tölke.

Inhaltsverzeichnis.

Zur Normung der allgemeinen Druckstoß-Formelzeichen.

Von P. BÖSS, Karlsruhe.

Mit 1 Abbildung.

Über den Sinn und Zweck der Normung ist schon oft und besonders anläßlich der 25-Jahr-Feier des Deutschen Normenausschusses eingehend und überzeugend berichtet worden[1]. Die Normung von Formelzeichen und Begriffen ist in erster Linie dazu bestimmt, Ordnung in die vielseitigen und oft auch vieldeutigen Begriffe unserer technischen Wissenschaften zu bringen und diese mit den wissenschaftlichen Grundbegriffen und Dimensionen in Einklang zu bringen. Sie dient dazu, die Verständigung in den Fachwissenschaften dadurch zu erleichtern bzw. zu ermöglichen, daß für ein und denselben Vorgang ein einheitlicher Begriff vereinbart und für bindend erklärt wird. Auf dem Gebiet der mathematischen und Naturwissenschaften ist Normung oder Vereinbarung oft der wesentliche Bestandteil der Wissenschaft selbst.

Die vorliegende Zusammenstellung wurde auf Anregung zahlreicher an Druckstoßfragen interessierter Fachkreise und insbesondere von Herrn Professor Dr.-Ing. TÖLKE vom Verfasser ausgearbeitet, nachdem auf der Druckstoßtagung in Karlsruhe der Wunsch nach einer Normung der wichtigsten Druckstoß-Formelzeichen allgemein zum Ausdruck kam. Die Aufstellung erfolgte unter weitgehender Berücksichtigung der von Herrn Ministerialrat HRUSCHKA schon früher aufgestellten eingehenden Vorschläge.

Seinerzeit wurde unter dem Vorsitz von Herrn Professor Dr.-Ing. MARQUARDT, Berlin, ein das gesamte Gebiet der Wasserwirtschaft umfassender Normenausschuß gebildet, dem auch der Ausschuß für Formelzeichen und Begriffsbestimmungen angegliedert war. Der Zweck des letzteren Ausschusses war die Vorbereitung der Normblätter, die vom Deutschen Normenausschuß in einheitlicher Form herausgegeben wurden. Da das Problem des Druckstoßes etwas abseits der allgemeinen Wasserwirtschaft liegt und mehr Berührung mit dem Gebiet des Maschinenbaues hat, so war es naheliegend, den ersten Entwurf zunächst den am Druckstoßproblem in erster Linie interessierten Kreisen, nämlich den Mitgliedern des Deutschen Druckstoßausschusses, vorzulegen. Hierauf sind in dankenswerter Weise eine große Zahl von Änderungsvorschlägen eingegangen, die, soweit es möglich war, in der endgültigen Fertigung berücksichtigt wurden. Wenn dies nicht in allen Fällen im vollen Umfange geschehen konnte, so lag dies an den teilweise sich gegenseitig ausschließenden Vorschlägen und auch in dem Bestreben, die Druckstoßzeichen mit den Formelzeichen der allgemeinen Hydromechanik in Einklang zu bringen. Diesem Umstand wurde auch durch die Aufnahme einiger Begriffe Rechnung getragen, die mit dem Druckstoßproblem nicht in unmittelbarem Zusammenhang stehen.

Es ist zu hoffen, daß die einzelnen Ingenieure sich in Zukunft dieser von einem großen Kreis von Fachleuten anerkannten Formelzeichen bedienen, auch wenn auf die bisher gewohnten und vielleicht persönlich mehr zusagenden Begriffe und Zeichen ungern verzichtet werden muß. Das Wesen der Normung liegt nicht in dem gewählten Zeichen, sondern in seiner einheitlichen Anerkennung.

---

[1] HELLMICH, W.: Vom Sinn der Normung, und KIENZLE, O.: Normung und Wissenschaft, Z. VDI Bd. 87 Nr. 5/6 vom 6. 2. 1943.

1 Mitteilungen des Deutschen Druckstoßausschusses, Bd. I.

Normung der allgemeinen Druckstoß-Formelzeichen.

Aufgestellt von Professor Dr.-Ing. P. Böss, T. H. Karlsruhe, in Anlehnung an die Begriffsbezeichnungen und Formelzeichen in der Wasserwirtschaft.

1. Allgemeines. Alle Bezugsgrößen werden zusätzlich mit folgenden Zeigern versehen:

am Wasserschloß $y_0,\ c_0,\ b_0,\ D_0,\ F_0,\ s_0,\ a_0,\ Q_0,\ p_0,\ H_0,\ \ldots,$

an der Stelle x $y_x,\ c_x,\ b_x,\ D_x,\ F_x,\ s_x,\ a_x,\ Q_x,\ p_x,\ H_x,\ \ldots,$ s. hierzu Abb. 1

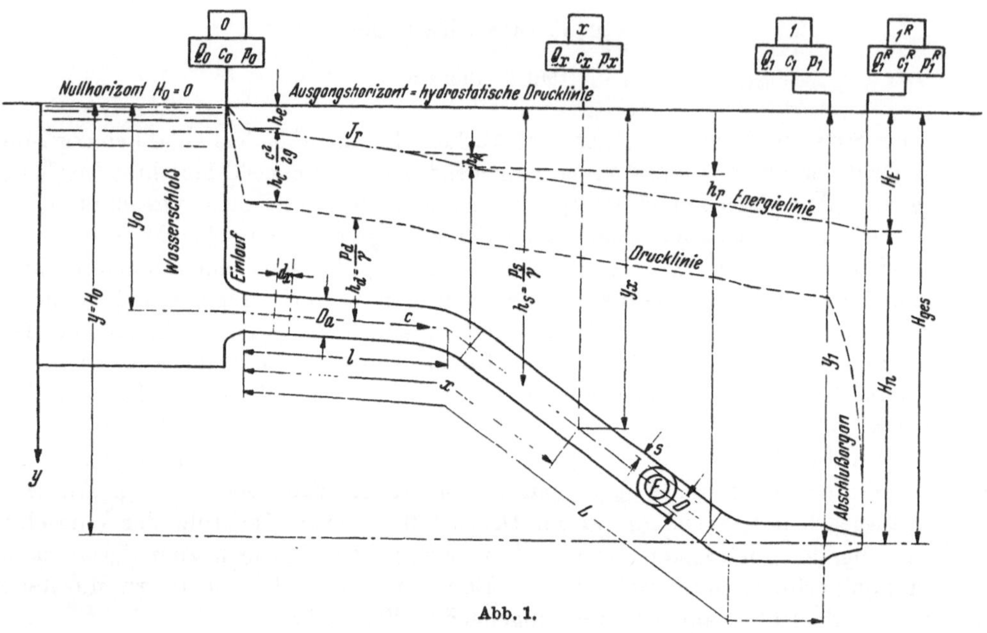

im Rohr unmittelbar oberhalb des Auslaß- bzw. Regelorganes

$$y_1,\ c_1,\ b_1,\ D_1,\ F_1,\ s_1,\ a_1,\ Q_1,\ p_1,\ H_1,\ \ldots \text{ s. hierzu Abb. 1}$$

unmittelbar unterhalb des Auslaß- bzw. Regelorganes

$$y_1^R,\ c_1^R,\ b_1^R,\ D_1^R,\ F_1^R,\ s_1^R,\ a_1^R,\ Q_1^R,\ p_1^R,\ H_1^R,\ \ldots$$

2. Abszisse der Rohrleitung. Entfernung vom Wasserschloß bis zu einem Zwischenpunkt der Rohrleitung, gemessen über der Achslänge der Rohrleitung.

$$x \qquad\qquad (\mathrm{m})$$

$$\xi = \frac{2}{T_r} \int_0^x \frac{dx}{a} = \text{dimensionslose Abszisse.} \qquad (1)$$

3. Anlaufzeit. Zeit, innerhalb der sich die Wassersäule in der Rohrleitung unter der Druckhöhe h_s auf die Geschwindigkeit c beschleunigen würde,

$$T = \frac{Lc}{g\,h_s} \qquad (\mathrm{s})$$

4. Anlaufzeit-Laufzeit-Verhältnis.

$$\varrho = \frac{T}{T_l} = \frac{c \cdot a}{g \cdot h_s} \qquad (1)$$

5. Atmosphärendruck. An der Meßstelle vorhandener Luftdruck

$$p_{at} \qquad (\mathrm{kg/cm^2}) \qquad \text{oder in Wassersäulenhöhe} \qquad (\mathrm{m})$$

(Im Mittel = 760 mm Hg = 10,333 m Wassersäule.)

6. Ausflußgesetz. Gesetz, welches die Ausflußmenge für jeweils stationäre Bewegungszustände zum Ausdruck bringt.

$$Q_1 = Q_1 (F_a) \quad \text{bzw.} \quad Q_1 = Q_1 (e) \qquad \text{(m}^3\text{/s)}$$

7. Auslaßquerschnitt. Für die Auslaßmenge maßgebender Querschnitt des Auslaßorganes (Freistrahlturbinen = Strahlquerschnitt).

$$F_a \qquad \text{(m}^2\text{)}$$

8. Beschleunigung längs der Rohrleitung. Geschwindigkeitszunahme in der Zeiteinheit.

$$b = \frac{\partial c}{\partial t} + \frac{\partial}{\partial x} (\tfrac{1}{2} c^2) \qquad \text{(m/s}^2\text{)}$$

9. Bezogene Durchflußmenge. Verhältnis der vorhandenen zur größtmöglichen Durchflußmenge des Auslaß- bzw. Regelorganes.

$$\frac{Q}{Q_{\max}} \qquad (1)$$

10. Bezogene Druckstoßenergie. Verhältnis des vorhandenen Druckanstieges zum größtmöglichen Druckanstieg.

$$\frac{H}{H_j} \qquad (1)$$

11. Druck (Flüssigkeitsdruck). Die von der Flüssigkeit auf das betrachtete Flächenelement ausgeübte Kraft.

p = Druck im allgemeinen,
p_s = statischer Druck bei Ruhe,
p_d = dynamischer Druck bei stationärer Bewegung,
Δp = Druckänderung bzw. Zusatzdruck bei nicht stationären Bewegungen, $\left(\dfrac{\text{cm}^2}{\text{kg}}, \dfrac{\text{m}^2}{\text{t}}\right)$
p_0 = Druck am Einlauf,
p_1 = Druck unmittelbar oberhalb des Auslaß- bzw. Regelorganes.
p_1^R = Druck unmittelbar unterhalb des Auslaß- bzw. Regelorganes,
$p_{1,m}^R$ = mittlerer Druck während der Dauer des Druckstoßes unmittelbar unterhalb des Auslaß- bzw. Regelorganes,

12. Druckhöhe. Höhe einer auf der betrachteten Fläche stehenden Wassersäule, deren Gewicht gleich dem auf die betreffende Fläche wirkenden Wasserdruck ist.

h = Druckhöhe im allgemeinen,
h_s = statische Druckhöhe bei Ruhe,
h_d = dynamische Druckhöhe bei stationären Bewegungen, $\qquad$ (m)
Δh = Druckhöhenänderung bzw. Zusatzdruckhöhe bei nicht stationären Bewegungen.

13. Druckhöhenverlust.

H_E = Gesamtverlust,
h_e = Eintrittsverlust,
h_r = Reibungsverlust, $\qquad$ (m)
h_k = Krümmungsverlust.

14. Drucksteigerungsverhältnis. Verhältnis der größten dynamischen Drucksteigerung während eines Druckstoßes zum ursprünglichen statischen Druck.

$$\varkappa = \frac{\Delta p}{p_s} \qquad (1)$$

15. Durchflußmenge. Wassermenge, die einen geschlossenen Querschnitt in der Zeiteinheit durchfließt.

Q = Durchflußmenge,
ΔQ = Durchflußmengenänderung, $\qquad$ (m^3/s)

$$\frac{Q}{Q_{\max}} = \text{Bezogene Durchflußmenge} \qquad (1)$$

16. Eintrittsverlust. Druckhöhenverlust, der beim Eintritt in eine Rohrleitung entsteht.

$$h_e \qquad \text{(m)}$$

17. Elastizitätsmodul.

$$\begin{aligned}
E_r &= \text{der Rohrwand,} \\
E_{fl} &= \text{der Flüssigkeit,} \qquad \text{(kg/cm}^2\text{)} \\
E_w &= \text{des Wassers.}
\end{aligned}$$

18. Energiehöhenfunktion. Abhängigkeit der Gesamtenergie von Ort und Zeit

$$H(x, t) = \frac{p}{\gamma} - y + \frac{c^2}{2g} + \int\limits_0^x \frac{\lambda}{D} \frac{c^2}{2g}\, dx + h_e \qquad \text{(m)}$$

19. Energielinie. Verbindungslinie der Endpunkte von Lotrechten, die gleich der Summe aus geodätischer Höhe, Druckhöhe und Geschwindigkeitshöhe sind. (Nur gültig für einen Beharrungszustand.)

20. Energielinienhöhe. Abstand der Energielinie von einem Nullhorizont als Maß für die jeweils vorhandene Gesamtenergie, d. h. der Summe aus geodätischer Höhe, Druckhöhe und Geschwindigkeitshöhe. (Nur gültig für einen Beharrungszustand.)

$$\left.\begin{aligned}
H &= h_g + \frac{p}{\gamma} + \frac{c^2}{2g} \\
H_0 &= \text{Ausgangshöhe} = \text{Energiehorizont.}
\end{aligned}\right\} \qquad \text{(m)}$$

21. Flüssigkeitszusammendrückung. Verhältnis der durch den Druck p hervorgerufenen Zusammendrückung einer Flüssigkeitssäule zur ursprünglichen Länge.

$$\varepsilon_{fl} = \frac{p}{E_{fl}} = \text{Flüssigkeitszusammendrückung,} \qquad \text{(1)}$$

$$\varepsilon_w = \frac{p}{E_w} = \text{Wasserzusammendrückung.} \qquad \text{(1)}$$

22. Gefälle. Verhältnis des lotrechten Höhenunterschiedes Δy zweier Punkte zu ihrem Abstand Δx (Weglänge)

$$\left.\begin{aligned}
J &\quad \text{Gefälle im allgemeinen} \\
J_s &\quad \text{Sohlengefälle} \\
J_w &\quad \text{Wasserspiegelgefälle} \\
J_r &\quad \text{Reibungsgefälle} = \text{Gefälle der Energielinie}
\end{aligned}\right\} \qquad \text{(1)}$$

Reibungsgefälle oder Reibungsverlust je Längeneinheit.

$$J_r(x) = \frac{\lambda}{D} \frac{c^2}{2g} \qquad \text{(1)}$$

23. Geodätische Höhe. Höhe bezogen auf einen Nullhorizont oder den Meeresspiegel

$$h_g = -y \qquad \text{(m)}$$

positiv entgegengesetzt zur Schwererichtung.

24. Gesamtfallhöhe (Rohfallhöhe.) Höhenunterschied zwischen den Wasserspiegeln am Anfang und Ende der betrachteten Leitung

$$H_{ges} \qquad \text{(m)}$$

25. Geschwindigkeit. Weg in der Zeiteinheit

$$\begin{aligned}
c &= \text{in geschlossenen Rohrleitungen und Turbinen,} \\
v &= \text{in offenen Wasserläufen (Flüsse und Kanäle),} \qquad \text{(m/s)}
\end{aligned}$$

$$\left.\begin{aligned}
\Delta c \\
\Delta v
\end{aligned}\right\} = \text{Geschwindigkeitsänderung.}$$

26. Geschwindigkeitshöhe. Fallhöhe, die unter Vernachlässigung der Reibung die betreffende Geschwindigkeit erzeugt.

$$\left.\begin{array}{l} h_c = \dfrac{c^2}{2g} \text{ (geschlossene Querschnitte),} \\[2mm] h_v = \dfrac{v^2}{2g} \text{ (Flüsse und Kanäle).} \end{array}\right\} \qquad \text{(m)}$$

27. Joukowsky-Stoß. Größtmöglicher Druckanstieg infolge eines Ausgleichvorganges

$$H_j = \frac{c\,a}{g}, \qquad\qquad \text{(m)}$$

$$\varrho = \frac{H_j}{h_s} = \frac{c\,a}{g\,h_s} = \text{bezogener Joukowsky-Stoß.} \qquad \text{(1)}$$

28. Länge der Rohrleitung.

$$L = \text{Gesamtlänge der Rohrleitung,} \qquad \text{(m)}$$
$$l = \text{Teil-Weglänge längs der Rohrleitung gemessen.} \qquad \text{(m)}$$

29. Laufzeit. Laufzeit einer Druckstörung über die Rohrlänge L

$$T_l = L/a \quad \text{bei konstanter Wellenfortpflanzungsgeschwindigkeit,}$$

$$T_l = \int\limits_0^L \frac{d\,x}{a\,(x)} \text{ bei veränderlicher Wellenfortpflanzungsgeschwindigkeit.} \qquad \text{(s)}$$

30. Nutzfallhöhe. Höhenunterschied der Energielinien vor und hinter der Turbine

$$H_n \qquad \text{(m)}$$

31. Öffnungszeit. Dauer einer Öffnungsbewegung des Auslaß- bzw. Regelorganes

$$t_ö \qquad \text{(s)}$$

Dauer einer vollen Öffnungsbewegung des Auslaß- bzw. Regelorganes

$$t_{ö,\,\text{max}} \qquad \text{(s)}$$

32. Ordinate längs der Rohrleitung. In der Schwererichtung gemessener lotrechter Abstand eines Achspunktes der Rohrleitung vom Wasserschloß-Spiegel

$$y \qquad \text{(m)}$$

33. Querdehnungszahl. Verhältnis der Rohrlängsdehnung zur Rohrumfangsdehnung für das frei bewegliche Rohr.

$$\mu \qquad \text{(1)}$$

34. Reflexionszeit. Laufzeit einer Druckstörung vom Auslaß- bzw. Regelorgan zum Wasserschloß und zurück.

$$T_r = 2\,L/a \text{ bei konstanter Wellenfortpflanzungsgeschwindigkeit,}$$

$$T_r = 2 \int\limits_x^L \frac{d\,x}{a\,(x)} \text{ bei veränderlicher Wellenfortpflanzungsgeschwindigkeit.} \qquad \text{(s)}$$

35. Reglerhub. Weg bzw. Stellung des für die Veränderung des Auslaßquerschnittes maßgebenden Antriebsorganes

$$e \qquad \text{(m)}$$

36. Regleröffnungsfunktion. Abhängigkeit der bezogenen Öffnung des Regelorganes von der Zeit, gleichbedeutend mit der Abhängigkeit der durch das Regelorgan in Abhängigkeit von der Zeit durchfließenden Wassermenge, wenn eine Druckstoßbildung außer Betracht gelassen wird

$$\varphi\,(t) = \frac{F_1^R\,(t)}{F_{1,\,\text{max}}^R} = \frac{Q_{1,\,\text{stat}}^R\,(t)}{Q_{1,\,\text{max}}^R}$$

Abgewandelte Regleröffnungsfunktion

$$\overline{\varphi}(t) = \frac{\varphi(t)}{\sqrt{1 + \varphi^2(t)\,\dfrac{c_{1,\max}}{a_1}\,\varepsilon(t)\displaystyle\int_0^L \frac{\lambda F_i^2 Q^2}{DF^2 Q_i^2}\,dx}}$$

37. Regleröffnungsverhältnis. Verhältnis der Regleröffnung zur vollen Öffnung in Abhängigkeit vom Hub.

$$\sigma(e) = \frac{F_1^R}{F_{1,\max}^R}$$

38. Reibungsverlustgefälle. Gefälle der Energielinie.

$$J_r = \lambda\,\frac{c^2}{2g} \tag{1}$$

39. Reibungsverlusthöhe. Fallhöhe der Energielinie für eine bestimmte Leitungslänge

$$h_r = \lambda\,\frac{c^2}{2g}\,l \quad \text{bei konstantem } \lambda \text{ und } c \tag{m}$$

$$h_r = \int_x^{x+l} \lambda\,\frac{c^2}{2g}\,dx \quad \text{bei veränderlichem } \lambda \text{ und } c \tag{m}$$

Bei kreisförmigem Rohrquerschnitt wird:

$$h_r = \frac{\lambda c^2}{D i 2g}\,l \quad \text{bei konstantem } \lambda \text{ und } c,$$

$$h_r = \int_x^{x+l} \frac{\lambda c^2}{D i 2g}\,dx \quad \text{bei veränderlichem } \lambda \text{ und } c. \tag{m}$$

40. Reibungsverlustzahl. Beiwert zur Kennzeichnung der Fließverluste durch die Rohrbeschaffenheit.

$$\lambda \tag{1}$$

41. Rohrdehnung. Verhältnis der durch den Druck p bewirkten Vergrößerung des Rohrdurchmessers zum ursprünglichen Durchmesser.

$$\varepsilon_r = \frac{p D_i}{2 s E_r} \tag{1}$$

42. Rohrdurchmesser.

$$\left.\begin{array}{ll} D_i \text{ bzw. } D = & \text{innerer Rohrdurchmesser,} \\ D_a = & \text{äußerer Rohrdurchmesser,} \\ D_m = & \text{mittlerer Rohrdurchmesser.} \end{array}\right\} \tag{m}$$

43. Rohrleitungskennzahlen.

$$\varepsilon = \frac{c_{1,\max}\,a_1}{2g\left[y_1 - \dfrac{p_{1,m}^R}{\gamma}\right]}, \quad \varepsilon_{\ddot{o}} = \frac{c_{1,\max}\,a_1\,Tl}{2g\left[y_1 - \dfrac{p_{1,m}^R}{\gamma}\right]t_{\ddot{o},\max}}, \quad \varepsilon_s = \frac{c_{1,\max}\,a_1\,Tl}{2g\left[y_1 - \dfrac{p_{1,m}^R}{\gamma}\right]t_{s,\max}} \tag{1}$$

44. Rohrkennfunktionen.

$$\varepsilon(t) = \frac{c_{1,\max}\,a_1}{2g\left[y_1 - \dfrac{p_{1,m}^R(t)}{\gamma}\right]}$$

$$\varepsilon_{\ddot{o}}(t) = \varepsilon(t)\,\frac{Tl}{t\ddot{o},\,\max} = \frac{c_{1,\,\max}\,a_1\,Tl}{2g\left[y_1 - \dfrac{p_1^{R}(t)}{\gamma}\right] t\ddot{o},\,\max}$$

$$\varepsilon_{s}(t) = \varepsilon(t)\,\frac{Tl}{ts,\,\max} = \frac{c_{1\,\max}\,a_1\,Tl}{2g\left[y_1 - \dfrac{p_{1,}^{R}(t)}{\gamma}\right] ts,\,\max}$$

45. Rohrquerschnitt.

$$F = \text{lichter Rohrquerschnitt} = \text{Wasserquerschnitt,} \qquad (\text{m}^2)$$
$$F_r = \text{Rohrwandquerschnitt.}$$

46. Rohrwanddicke.

$$s \qquad\qquad (\text{m})$$

47. Schließzeit. Dauer einer Schließbewegung des Auslaß- bzw. Regelorganes

$$t_s \qquad\qquad (\text{s})$$

Dauer einer vollen Schließbewegung des Auslaß- bzw. Regelorganes

$$t_{s,\,\max} \qquad\qquad (\text{s})$$

48. Schwerebeschleunigung.

$$g \qquad\qquad (\text{m/s}^2)$$
$$(\text{In Mitteleuropa } g = 9{,}81 \text{ m/s}^2.)$$

49. Teillaufzeit. Laufzeit eines Druckstoßes über die Teillänge bei gestuften Leitungen.

$$t_l = \frac{l}{a} \qquad\qquad (\text{s})$$

50. Wellenfortpflanzungsfunktionen.
Aus den Grenzbedingungen hervorgehende Funktionen, welche den Verlauf der mit der Schnelligkeit a sich fortpflanzenden Druckwellen beschreiben.

$\Phi(t)$ bzw. $\Phi(\tau)$ vom Auslaß- bzw. Regelorgan zum Wasserschloß laufende Welle,

$\Psi(t)$ bzw. $\Psi(\tau)$ vom Wasserschloß zum Auslaß- bzw. Regelorgan laufende Welle,

$$\Phi_{\ddot{o}}(t) = \Phi(t)\,\frac{t\ddot{o},\,\max}{Tl} \text{ bzw. } \Phi_{\ddot{o}}(\tau) = \Phi(\tau)\,\frac{t\ddot{o},\,\max}{Tl},$$

$$\Phi_{s}(t) = \Phi(t)\,\frac{ts,\,\max}{Tl} \text{ bzw. } \Phi_{s}(\tau) = \Phi(\tau)\,\frac{ts,\,\max}{Tl},$$

$$\varkappa(\xi,\tau) = \tfrac{1}{2}\left[\Phi(\tau+\xi-1) - \Phi(\tau-\xi-1)\right] \quad \text{Druckstoßfunktion,}$$

$$\lambda(\xi,\tau) = -\tfrac{1}{2}\left[\Phi(\tau+\xi-1) + \Phi(\tau-\xi-1)\right] \quad \text{Wassermengenfunktion,}$$

$$\varkappa_{\ddot{o}}(\xi,\tau) = \tfrac{1}{2}\left[\Phi_{\ddot{o}}(\tau+\xi-1) - \Phi(\tau-\xi-1)\right],\quad \varkappa_{s}(\xi,\tau) = \tfrac{1}{2}\left[\Phi_{s}(\tau+\xi-1) - \Phi_{s}(\tau-\xi-1)\right],$$

$$\lambda_{\ddot{o}}(\xi,\tau) = -\tfrac{1}{2}\left[\Phi_{\ddot{o}}(\tau+\xi-1) - \Phi_{\ddot{o}}(\tau-\xi-1)\right],\quad \lambda_{s}(\xi,\tau) = -\tfrac{1}{2}\left[\Phi_{s}(\tau+\xi-1) + \Phi_{s}(\tau-\xi-1)\right].$$

51. Wellenschnelligkeit.
Fortpflanzungsgeschwindigkeit einer Druckwelle in der Rohrleitung

$$a \qquad\qquad (\text{m/s})$$

52. Wichte (Raumgewicht).

$$\gamma_{fl} \text{ für die Flüssigkeit,}$$
$$\gamma_{w} \text{ oder } \gamma \text{ für Wasser,} \qquad\qquad (\text{t/m}^3)$$
$$\gamma_{r} \text{ für Rohrwerkstoff.}$$

53. Zeit.

$$t = \text{Zeit vom Beginn der Störung des stationären Zustandes,} \qquad (\text{s})$$

$$\tau = \frac{t}{Tl} = \text{auf die Laufzeit bezogene Zeit.} \qquad\qquad (1)$$

Ursachen von Druckstößen in den Druckrohrleitungen von Wasserkraftwerken[1].

Von ARTUR HRUSCHKA, Wien.

Mit 2 Abbildungen.

I. Allgemeines.

Die Schwierigkeit einer verläßlichen Vorausberechnung der größten Drucksteigerungen und Drucksenkungen, die in einer Druckrohrleitung im Laufe des Betriebes auftreten können, liegt nicht nur in den heute noch bestehenden Unklarheiten in der Berechnung dieser Druckänderungen, sondern auch, wie sich im Laufe der Zeit immer mehr herausstellt, in der großen Unsicherheit in den Annahmen für die jeweils der Druckstoßberechnung zugrunde zu legenden Ausgangsbedingungen. Um sich über diese Bedingungen ein Bild machen zu können, muß man zunächst darüber im klaren sein, welche Arten von Ursachen solcher Druckänderungen in jedem einzelnen Falle überhaupt wirksam sein können. Hierüber soll, was die Wasserkraftwerke betrifft, im nachstehenden ein Überblick gegeben werden.

Die besondere Bedeutung der Betriebssicherheit der Druckrohrleitungen von einigermaßen großer Fallhöhe erhellt aus dem Umstande, daß ein im Verhältnis zur Größe der ganzen Rohrleitung kleiner Schaden, ein Rohrbruch von wenigen Metern Länge, einen unverhältnismäßig größeren Schaden an den andern Teilen des Kraftwerkes oder an umliegenden Bauten, Straßen, Stauanlagen oder Grundstücken zu bedeuten pflegt. Während schwere Beschädigungen etwa an Generatoren, Turbinen, Umspannern oder Schaltanlagen, soweit es sich nicht um eine recht selten auftretende mechanische Explosion handelt, zumeist nur an den betroffenen Anlageteilen auftreten, erleiden bei Rohrbrüchen viele, auch entfernte Anlageteile, unter Umständen das ganze Kraftwerk, schweren Schaden. Auch kann die Zahl der menschlichen Opfer viel größer sein als bei Schäden in den heutzutage von ganz wenigen Personen bedienten Maschinen- und Schalthäusern. Dieses bedenkliche Mißverhältnis geht am besten daraus hervor, daß die Reparaturkosten des Rohres selbst ungleich geringer zu sein pflegen als die übrige Schadensumme, und daß bei einer geringen Zahl vorhandener Rohrstränge sehr lange dauernde Betriebseinschränkungen entstehen können.

Daraus ergibt sich, daß man der *Betriebssicherheit* der Druckrohrleitungen von Kraftwerken eine *ganz besondere Wichtigkeit* beimessen muß.

Der Grundsatz, ein Bauwerk nach seinen größten Belastungen zu bemessen, wirkt sich in verschiedenen Gebieten der Technik sehr verschieden aus, je nachdem diese größten Belastungen mehr oder weniger genau angegeben werden können. Es ist leicht, die größten Belastungen einer Brücke anzugeben; nicht mehr so einfach ist die Einschätzung der größten Wassermenge bei einer Flußregulierung, die immer noch Überraschungen nicht ausschließt; bei Druckrohren vollends ist es sehr schwierig, die größte außergewöhnliche Belastung nach Art wie nach Größe vorauszusehen, und ihre Festlegung stellt sich daher als eine ebenso schwierige wie verantwortungsvolle Aufgabe dar.

---

[1] Bericht, erstattet in der Sitzung des Arbeitsausschusses des Druckstoßausschusses in München am 19. Januar 1942.

Die Erfahrung zeigt, daß eine wirkliche Gefährdung von Druckrohren zum allerkleinsten Teil, man kann sagen, fast niemals, beim ungestörten Arbeiten der Regler und Apparate entsteht (auch die Resonanzen machen hier keine Ausnahme), sondern durch außergewöhnliche Umstände im Bau oder Betrieb des Kraftwerkes. Daraus aber folgt, daß es nicht genügt, in den Lieferverträgen die beim ordnungsmäßigen Arbeiten der Regler und Apparate auftretenden größten Druckänderungen festzulegen — womit man sich bisher fast immer begnügt hat —, sondern daß es auch notwendig werden dürfte, *ganz unabhängig* davon, sich über die in jedem einzelnen Falle *möglichen nicht normalen Ausgangsbedingungen* der Druckstoßberechnung wenigstens ein klares Bild zu machen und sich dann zu entscheiden, welche dieser Betriebsfälle und in welchem Ausmaß man der jeweiligen Berechnung zugrunde legen will, wobei die Bestimmung, die Größe und die Wichtigkeit des Kraftwerkes in Betracht zu ziehen sein werden.

Daß die Untersuchung der Druckstöße selbst bei den kleinsten Fallhöhen notwendig ist, geht aus der Tatsache hervor, daß Schäden durch Druckstöße in Kraftwerken von einer Fallhöhe von nur 4 m beobachtet wurden.

Rohrleitungen der geschlossenen Bauweise ohne Dehnfugen sind, besonders bei großen Ausführungen und sehr großen Temperaturschwankungen (Tropen!), durch Druckstöße mehr gefährdet als Rohrleitungen der aufgelösten Bauweise mit eingesetzten Dehnstücken (Stopfbüchsen).

Als Unterlage für die Annahme der ungünstigsten Ausgangsbedingungen sind im folgenden die vielfältigen Ursachen, insbesondere die schwer vorhersehbaren, von Druckänderungen zusammengestellt. Diese Ursachen können liegen: im Verhalten der Streckenbelastung, in Störungen der Funktion von Reglern und Apparaten, in deren völligem Versagen, in konstruktiven Mängeln, in unrichtiger Betriebführung und endlich in sonstigen, von außen kommenden Einflüssen. Im folgenden sind 28 verschiedene Ursachen von Druckstößen in Rohren von Wasserkraftwerken, fortlaufend numeriert, kurz besprochen.

II. Gewöhnliche Drucksteigerungen und Drucksenkungen.

Es sei ordnungsmäßige Funktion aller Einrichtungen und gute Betriebführung angenommen. Die durch Verstellen der Ausflußöffnungen hervorgerufenen Druckänderungen verbleiben hierbei innerhalb enger Grenzen.

1. Belasten und Entlasten. Durch die Belastung beim Öffnen einer Turbine entsteht in der Rohrleitung eine Druckabnahme; umgekehrt wird die größte Drucksteigerung im allgemeinen aus den stärksten Entlastungen beim Schließen abgeleitet. Es ist aber nicht allgemein bekannt, daß bei Hochdruck-Freistrahlturbinen, die heute stets mit Doppelreglern, also mit zwei gekuppelten Regulierkreisen für Nadel und Ablenker, gebaut werden, die Sachlage gerade umgekehrt ist, indem die größten Drucksteigerungen aus den Belastungen beim Öffnen abgeleitet werden. Der Grund ist der folgende: bei Doppelregulierung kann man die Schließzeit beliebig groß wählen, wie es für das Rohr am günstigsten erscheint, weil ja beim raschen Schließen die Energiezufuhr durch den Strahlablenker fast augenblicklich, innerhalb von etwa einer halben Sekunde, vorübergehend abgeschnitten wird; es entsteht dabei nur eine gewisse unvermeidliche Wasserverschwendung. Anders ist es beim Öffnen: der größte Druckabfall entsteht dann, wenn die Düse öffnet oder von einer kleinen Eröffnung etwas weiter aufmacht; diesem Abfall folgt dann aber in der nächsten Phase, im Gegenstoß, eine Druckzunahme, die zwar wegen der Begrenztheit der Luftleere im ungünstigsten Falle den Wert von 22,8% theoretisch oder etwa 17% praktisch nie überschreiten kann, jedoch zahlenmäßig größer sein kann als beim Schließen. Diese Sachlage liegt beispielsweise vor bei den von den Österreichischen Bundesbahnen erbauten Bahnwasserkraftwerken: Spullerseewerk (807 m Fallhöhe), Stubachwerk I (531 m), Mallnitzwerk (326 m) und Ruetzwerk (176 m), die nebst dem Vermuntwerk (720 m) und dem Achenseewerk (380 m) die größten Fallhöhen in Österreich haben.

Daraus ersieht man auch die Wichtigkeit einer genauen Berechnung der Unterdrücke nicht nur bei dünnwandigen Rohren von großem, sondern auch bei dickwandigen Rohren von kleinem Durchmesser.

Die beim Öffnen zu erwartenden Unterdrücke müssen ferner in solchen Fällen genau nachgerechnet werden, wo die hydraulische Drucklinie für das Öffnen an einzelnen Stellen des Rohres nur wenig über der Rohrachse verläuft, also insbesondere bei luftseitig vorspringenden Ecken der Achsenlinie. Man pflegt nämlich meist eine annähernd lineare Verteilung der Überdrücke über der abgewickelten Rohrlänge anzunehmen. Dies stimmt aber nicht mit der Wirklichkeit, da die Druckverteilungslinie tatsächlich immer etwas durchsackt. Da kann es nun leicht geschehen, daß ein in Prozenten ausgedrückt mäßiger Unterdruck die volle Luftleere erreicht und die Wassersäule zum Abreißen bringt. Im übrigen ist in vielen andern Fällen die Druckverteilung von dem linearen Verhalten weit entfernt und gänzlich anders geartet.

Geht in einem Kraftwerk die Belastung von einem kleinen Ausgangswert plötzlich auf die volle Werksbelastung über, so entstehen sehr große Unterdrücke. Durch diese können die vorhandenen Luftventile am obern Rohrende veranlaßt werden, sehr rasch zu öffnen, was mit der Zeit zu Beschädigungen dieser meist schwächlich gebauten Ventile führen kann. Bei solchen Werken muß dieser Fall besonders nachgerechnet werden.

Aus alledem ergibt sich, daß schon bei der Ermittlung der vertraglich zuzulassenden normalen Drucksteigerungen und -senkungen darauf Rücksicht zu nehmen ist, daß ihre Berechnung ausreichend genau und den jeweiligen Verhältnissen angepaßt ist.

Größe der zugelassenen Drucksteigerungen. Die zulässigen Werte der Drucksteigerungen liegen etwa zwischen 3 und 50%, normal bei 10—15%, bei kleinen Sätzen mit einfachem Regler bis zu 50%.

Einen Sonderfall bilden einige große Bahnwasserkraftwerke mit Hochgefälle, bei denen mit Rücksicht auf die zu gewärtigende Resonanz sehr kleine Werte vorgeschrieben wurden. Beispiele: Ritomwerk der Schweizerischen Bundesbahnen (826 m Fallhöhe, Turbinen für je 12 200 PS) und Spullerseewerk (807 m Fallhöhe, Turbinen für je 8000 PS); zugelassene Drucksteigerung bei einfachem Impuls 3,65 bzw. 4,5%. Zur Zeit des Baues dieser Werke (1918—1925) hat man bei der besonderen Wichtigkeit der Bahnkraftwerke besonders große Vorsicht walten lassen, zumal man damals die Resonanzerscheinungen noch nicht zahlenmäßig erfassen konnte.

2. Geschwindigkeit von Belastungen und Entlastungen eines Maschinensatzes. Das Belasten einer Turbine im Betriebe geschieht stets allmählich. Bei den Abnahmeproben ist es üblich, plötzliche Belastungen mit 75%, manchmal von 100% anzuwenden.

Das Entlasten kann plötzlich sein, weil ja schon das Abschalten im Gefahrfalle und das selbsttätige Abschalten nach einem Kurzschluß dies erfordern.

3. Geschwindigkeit von Belastungen und Entlastungen eines ganzen Werkes. Das Belasten eines ganzen Kraftwerkes wird in der überwiegenden Zahl der Fälle allmählich erfolgen; Lichtnetzteile werden stets nacheinander angeschlossen; Motoren werden immer irgendwie angelassen; bei Vollbahnkraftwerken, wo sich die Netzlast in der Hauptsache aus den von den Lokomotiven abgenommenen Leistungen zusammensetzt, rechnet man mit einem raschesten Lastanstieg von etwa 500 kW/s. Nur bei chemischen Betrieben als Abnehmer kann es wohl vorkommen, daß nach dem selbsttätigen Abschalten elektrische Öfen von ganz großer Leistung plötzlich wieder angeschaltet werden, um das Auskühlen des Ofengutes zu vermeiden. Es wird daher fallweise zu überlegen sein, ob mit einer plötzlichen vollen Belastung tatsächlich zu rechnen sein wird. Normal wird immer ein Maschinensatz nach dem andern angelassen und belastet.

Entlastungen hingegen werden nach dem früher Gesagten stets als plötzliche volle Entlastungen des Werkes nach einem Kurzschluß in Rechnung zu stellen sein.

Gewisse Druckstöße wirken am stärksten, wenn ein Maschinensatz allein an die Leitung angeschlossen ist; durch den Parallellauf mit andern Sätzen werden sie wesentlich gemildert. Man muß daher in der Berechnung auf jeden Fall auch den Betrieb mit nur einem Satz berücksichtigen.

III. Außergewöhnliche Drucksteigerungen und Drucksenkungen.

Die die Druckänderungen im normalen Betrieb übersteigenden außergewöhnlichen Werte liegen im ganzen Bereich zwischen geringen Überschreitungen der normalen Beträge und den größten, zum Rohrbruch führenden Druckextremen.

Diese als Schwingungen auftretenden Druckänderungen hat BILLINGS vom amerikanischen Druckstoßausschuß in seinem bekannten Aufsatz im „Symposium on Water Hammer"[1] für den einfachsten Fall einer nach Durchmesser und Wanddicke nicht abgestuften Leitung nach ihrer *Dauer* nach drei Typen unterschieden, zwischen denen allerdings keine scharfen Grenzen bestehen: in langsame, in rasche und in augenblickliche Schwingungen, verursacht durch Geschwindigkeitsänderungen von einer Dauer, die größer, kleiner oder viel kleiner als die Reflexionszeit der Leitung ist.

Ich habe im folgenden die Druckänderungen nach ihren *Ursachen* gruppiert. Außergewöhnliche Druckänderungen können entstehen durch:

a) Rückwirkungen der Netzbelastung,

b) unrichtiges oder gestörtes Arbeiten oder gänzliches Versagen von Reglern oder Apparaten,

c) konstruktive Mängel,

d) unrichtige Betriebführung,

e) von außen wirkende Ursachen.

Bevor auf die Besprechung dieser außergewöhnlichen Druckstöße eingegangen wird, seien zwei wichtige Umstände betont. Zunächst darf man eine vollständige Einsicht in die Druckverhältnisse und eine genaue Ermittlung der „gewöhnlichen" und der „außergewöhnlichen" Druckstöße nur bei Anwendung des *passenden Rechnungsverfahrens* erwarten. Bei der Untersuchung von verhältnismäßig langsam verlaufenden Druckschwankungen beispielsweise genügt es, die in Wirklichkeit nach Durchmesser und Wanddicke abgestufte Rohrleitung durch eine solche mit überall gleichem mittlerem Rohrdurchmesser und überall gleiche Wanddicke zu ersetzen und die Rohrreibung zu vernachlässigen; bei der Betrachtung sehr rascher oder fast augenblicklicher Schwingungen hingegen ist es unerläßlich, einerseits die Abstufungen (und allenfalls die Reibung) zu berücksichtigen, was nach der von Professor Dr. TÖLKE aufgestellten Theorie möglich ist, anderseits nach einem „Wellenplan" den Einfluß aller zurückgeworfenen Wellen zu berücksichtigen, da andernfalls ganz unrichtige Größen der Druckamplituden herauskommen.

Die zweite ebenso wichtige Forderung ist die, daß man, wie die folgenden Ausführungen zeigen werden, in jedem Fall die *ungünstigsten Ausgangsbedingungen* festlegt, die für das Entstehen von Druckstößen im normalen wie auch im gestörten Betrieb infolge der dem betreffenden Kraftwerk oder dem Netz, an das es angeschlossen ist, zukommenden Eigentümlichkeiten der Betriebsführung in Betracht kommen können.

a) Durch Rückwirkungen der Netzbelastung hervorgerufene Druckänderungen.

Außergewöhnliche Druckstöße entstehen durch Aufeinanderfolgen mehrerer gegensinniger Schließ- und Öffnungsvorgänge, deren Einzeldauer gleich oder nahe gleich der Reflexionszeit am Turbineneinlauf ist. Hierdurch entsteht Resonanz zwischen den Druckstößen und den Impulsen aus dem Netz und damit Aufschaukeln des Druckes.

---

[1] Bericht des amerikanischen Druckstoßausschusses ASME Committee on Water Hammer, 1933.

4. Lastschwankungen. Eine Reihe genügend starker Lastschwankungen im Netz im Takt der Reflexionszeit kann ein Mehrfaches der durch einen einzelnen Impuls erzeugten Drucksteigerung verursachen. Die Dämpfung durch Reibung begrenzt den Höchstwert.

Beispiel: Im Spullerseewerk beobachtete man solche Aufschaukelungen auf das Dreifache des normalen Wertes (14% gegen 4,5%).

Bei einem andern Kraftwerk zeigte sich bei näherer Untersuchung, daß das stufenweise Einschalten der einzelnen Turbinen derart erfolgte, daß die entstehenden Unterdrücke in Resonanz mit den Spiegelschwankungen im Wasserschloß waren.

Es ist auch möglich, daß solche Schwingungen durch das Unterwasser einer Turbine auf eine andere übertragen werden, wie dies im schweizerischen Kanderwerk beobachtet wurde.

5. Kurzschluß während einer Entlastung (dreifaches Spiel, Schließ-Öffnungs-Schließ-Vorgang). Die an einem Rohr hängenden Turbinen seien stark belastet; plötzlich sinke die Netzlast sehr stark; die Turbinen schließen fast ganz und der Druck steigt (siehe Abb. 1); nach Ablauf der Reflexionszeit trete ein Kurzschluß auf, worauf alle Turbinen rasch öffnen (und zwar öffnen sie stark, da die Einstellzeit T_k des Hauptschalters mehrere Sekunden dauert und meist größer ist als die Reflexionszeit T_r) und der Druck in Schwingungen absinkt. Nach Ablauf von T_k öffnet der Hauptschalter und alle Turbinen schließen; nach Ablauf von T_r tritt ein großer Überdruck auf. Er wird am größten, wenn T_k so kurz ist, daß die Zwischenschwingung des Unterdruckes verschwindet und dieser unmittelbar in den Überdruck übergeht, wie dies durch die strichlierte Linie angedeutet ist.

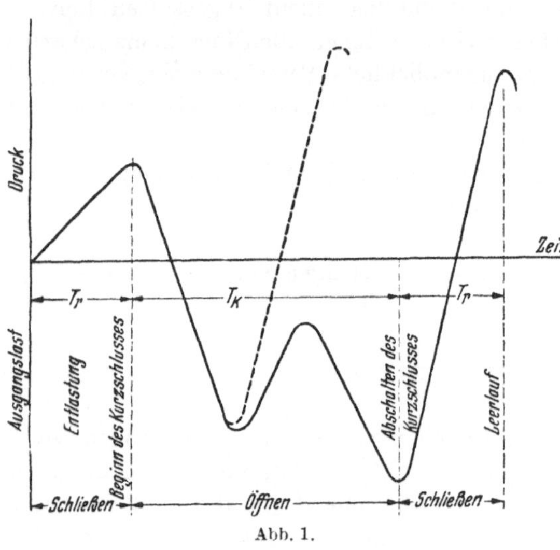

Abb. 1.

Der Überdruck wird besonders groß, wenn sich der geschilderte Vorgang im Bereiche von kleinen Eröffnungen abspielt, wenn nämlich die Turbinen beim Eintritt des Kurzschlusses ganz geschlossen haben und nachher wegen dessen kurzer Dauer nur teilweise öffnen können. Zu dieser Kombination ist allerdings zu sagen, daß sie wenig wahrscheinlich ist: denn eine solche unmittelbare Aufeinanderfolge im Takt der Reflexionszeit kann im Bereich der kleinen Eröffnungen schwerlich auftreten. Der Grund ist der, daß die Turbinen bei Kurzschluß in der Drehzahl abfallen, zumal sie durch den Kurzschluß nur teilweise geöffnet haben. Wenn nun der Hauptschalter fällt, so kann bei der inzwischen gesunkenen Drehzahl eine unmittelbare anschließende Schließbewegung betriebsmäßig gar nicht auftreten, weil die Regler erst dann zu schließen beginnen, wenn sich die Drehzahl wieder erholt hat.

6. Einfacher Kurzschluß. Das vorhin geschilderte Spiel vereinfacht sich zu einem zweifachen Spiel, wenn die Turbinen im Ausgangszustand leergelaufen sind. Bei größerer Zahl der an einem Rohr hängenden Turbinen ist dies allerdings wenig wahrscheinlich, kann aber vorkommen. Die Druckstöße sind kleiner als im vorigen Fall.

7. Bei einer arbeitenden **Speicherpumpe** kann das Ausbleiben der Motorspannung, infolge eines Kurzschlusses oder einer Stromunterbrechung im Netz, zu gewaltigen Drucksteigerungen führen. Durch die Trägheit des noch aufwärts fließenden Wassers kann eine Trennung der Wassersäule und darauf folgend ein Wiederzusammenschlagen erfolgen. Sehr schwere Unfälle dieser Art haben sich ereignet.

Ganz allgemein muß das Abreißen und Wiederzusammenschlagen der Wassersäule, aus welchem Grund immer es entstehen mag, als eine der schwersten Gefahrenquellen bezeichnet werden, mag sie im Druckrohr oder im Saugrohr (siehe Punkt 15) auftreten. Hierbei dürfte die Gefahr die gleiche Ursache wie bei der Kavitation (Hohlraumbildung) haben, daß nämlich nach der anfänglichen Bildung einer teilweisen Luftleere die Wassermassen ohne Zwischenschaltung eines Luftpolsters hart auf die Rohrwand aufprallen.

8. Drucksteigerungen durch Wechselwirkung zwischen zwei **gekuppelten Rohren**, besonders dann, wenn das eine Rohr am oberen Ende geschlossen ist.

Beispiel: In einem Kraftwerk wurde beobachtet, daß von den beiden miteinander querverbundenen, abgestuften Druckrohrleitungen die eine im oberen Teil durch einen Felsblock beschädigt wurde, wobei auch der zweite Strang im untern Teil zu Schaden kam, dies wahrscheinlich durch Zunahme der Druckstöße von oben nach unten wegen der Zunahme der Wanddicken und wegen der partiellen Reflexionen an den Enden der Verteilleitungen.

9. **Besondere Betriebsbedingungen** können bei einem Kraftwerk durch Belastungsänderungen gegeben sein.

Beispiel (nach Angabe von JAEGER): In einem Kraftwerk entstanden wiederholt starke und sprunghafte Laststeigerungen infolge von raschen Lastabschaltungen in den mit ihm parallellaufenden Kraftwerken und Lastzuschaltungen durch die ans Netz angeschlossenen Speicherpumpensätze. Diese Laststeigerungen im eigenen Werk bewirkten, daß die Luftventile im obern Teil der Rohrleitungen sich sehr oft schlagartig öffneten und schließlich beschädigt wurden. Als Abhilfe mußte man bessere Luftventile einbauen und das Wasserschloß durch Einbau von Seitenstollen vergrößern.

b) Durch unrichtiges oder gestörtes Arbeiten oder durch gänzliches Versagen von Reglern oder Apparaten hervorgerufene Druckänderungen.

Man muß damit rechnen, daß einzelne Wassermengenregler (Leitapparate, Turbinen, düsen, Druckregler, Absperrschieber und ventile) durch Unvollkommenheiten ihrer Bauartdurch unrichtige Einstellung (zu kleine Schließ- oder Öffnungszeiten; gegebenenfalls zu kleine umlaufende Massen in den Maschinensätzen) oder Verstellung im Betrieb, durch Abweichen des Regleröffnungsgesetzes von der für die Druckstoßberechnung angenommenen Beziehung, durch Abnützung oder Bruch kleinerer Teile, wie Gestänge, Abreißen von Reglerleitungen usw. ihre Funktionen im Betrieb gegenüber ihrer angenommenen Wirksamkeit mehr oder weniger verändern oder ganz einstellen. Besonders bei hydraulisch betätigten Vorrichtungen wurde wiederholt heftiges Zuschlagen infolge von Schäden an den Vorrichtungen beobachtet. Wieweit mit solchen Mängeln, die in der Praxis wiederholt aufgetreten sind, vernünftigerweise zu rechnen sein wird, muß sich aus der näheren Betrachtung der Konstruktionen ergeben.

10. **Resonanz zwischen den Turbinensteuerkreisen.** Zwischen den beiden Steuerkreisen einer Freistrahlturbine, für Nadel und für Ablenker, wird heutzutage immer eine, meist doppelte Bindung geschaffen, weil beim unabhängigen Arbeiten beider Resonanz eintreten kann. Eine solche ist insbesondere dort möglich, wo der eine oder andere der beiden Servomotoren mit Wasser aus dem Druckrohr gespeist wird, wobei sich dann die Druckschwankungen im Wasser auf den Regler übertragen können. Solche Schwankungen können auch nach dem Stillsetzen der Turbinen auftreten.

Beispiele: Im schweizerischen Kraftwerk Sursee entstanden durch Wechselwirkung zwischen dem wasserdruckgesteuerten Zungenregler des Leitapparates und dem Seitenauslaß dauernde Schwingungen, die erst durch den Einbau eines Windkessels behoben werden konnten.

Im schweizerischen Löntschwerk entstanden einmal nach dem Abstellen des Werkes Schwingungen infolge Spieles eines Ventiles, die erst durch Wiederanlassen behoben werden konnten und Veranlassung zum nachträglichen Einbau einer doppelten Bindung der Steuerkreise gaben.

Im Spullerseewerk ist der den Strahlablenker im Gefahrfall einschwenkende Sicherheitsregler zwar durch das Wasser aus dem Rohr gesteuert, jedoch dank einem Kunstgriff so, daß jede Resonanz vermieden ist. Der den Sicherheitsregler betätigende Kolben verharrt normal mit Überdruck entgegen dem Wasserdruck in einer Endlage, ist also gegen die Druckschwankungen im Rohr ganz unempfindlich; er wird erst im Augenblick seiner ausnahmsweise eintretenden Wirksamkeit einfolge starken Überwiegens des Wasserdruckes veranlaßt, seine Endlage zu verlassen.

11. Überregulieren des Turbinenreglers. Durch unrichtigen Bau oder unrichtige Einstellung der Turbinenrückführung kann Pendeln eintreten, wobei die vom Regler zu bewirkenden Schließ- oder Öffnungsbewegungen über ihr richtiges Ziel hinausschießen und gegensinnige Bewegungen auslösen. Erfolgen diese Impulse im Takt der Reflexionszeit, so entsteht ein Aufschaukeln des Druckes.

12. Es können **Kombinationen von überregulierten Bewegungen mit Schwingungen der Netzlast** vorkommen. In Abb. 2 ist von der Öffnungsbewegung eines überregulierenden Reglers ausgegangen. Es kann entweder der Regler bei einer bestimmten Last stillstehen,

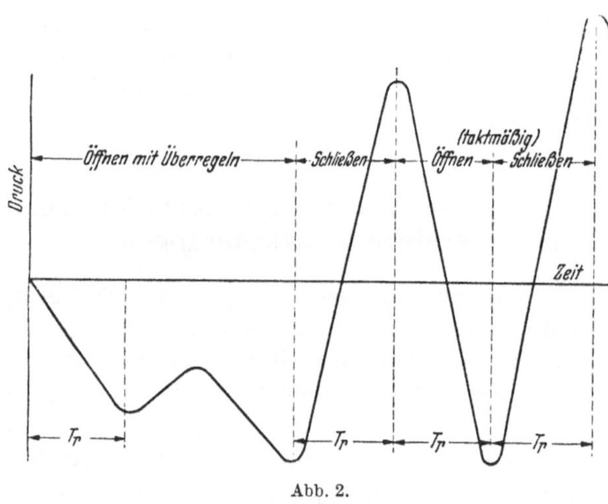

Abb. 2.

worauf das Rohr ausschwingt, oder es können nun, wie in der Abbildung angenommen, einige Lastimpulse aus dem Netz derart folgen, daß sich die Last im Augenblicke der Reflexionswirkung um Werte ändert, die entgegengesetzt und absolut genommen größer sind als die augenblicklich eingestellte Überlast oder Unterlast. Dabei ist es für die Wirkung auf das Rohr offenbar gleichgültig, ob diese Laständerungen wirklich auftreten oder ob etwa bei unveränderter Last durch Pendelungen des Reglers oder durch Eingreifen einer Person in die Steuerung nur die einer Laständerung entsprechenden Nadelbewegungen erzwungen werden. Zu bemerken ist noch, daß die Regulierbewegungen in Wirklichkeit nie plötzlich einsetzen können, also die Druckwerte abgemindert werden.

13. Unrichtiges Arbeiten oder Versagen gewisser zusätzlicher Vorrichtungen an Reglern, die den Zweck haben, im normalen Betriebe die Druckstöße zu verkleinern. Sie wirken bei normaler Arbeitsweise durch erzwungene Verminderung der Schließ- oder Öffnungsgeschwindigkeit entweder in einem bestimmten Teil des Regulierbereiches oder während eines Teiles der Regulierzeit oder im ganzen. Hiernach können wir drei Fälle unterscheiden:

a) Die Querschnittsänderung erfolgt nicht linear mit der Zeit, sondern nimmt gegen die Leerlaufstellung ab. Es sei zum Beispiel die Gesamtöffnungszeit zwischen Leerlauf und Vollast 9 Sekunden, jedoch so verteilt, daß vom Leerlauf weg auf einem Teil des Arbeitshubes eine verminderte Geschwindigkeit entsprechend einer Gesamtzeit von 18 Sekunden und gegen das Ende eine größere entsprechend 4 Sekunden Gesamtzeit herrscht. Dies geschieht durch Einschalten eines Drosselventiles im Drucköllwege oder durch entsprechende Formgebung der Öffnungen im Steuerschieber (dreieckige statt rechteckige Fenster).

Verwendungsbeispiele: Norwegisches Kraftwerk Rjukanfos, ostmärkische Bahnkraftwerke Ruetzwerk, Stubachwerk I und II, Mallnitzwerk, alle mit Voith-Reglern.

b) Oder es wird bei jeder einzelnen Öffnungsbewegung, gleichgültig aus welcher Ausgangsstellung, die oben beschriebene Verzögerung der Öffnungsgeschwindigkeit während einer beliebig einstellbaren Zeitdauer erzwungen.

Verwendungsbeispiel: Hilfsturbine im Stubachwerk I, mit Thoma-Durchflußregler der Maschinenfabrik Andritz.

c) Wenn mehrere Turbinen an einem Rohr hängen, wird der Druckstoß beim Öffnen aller Turbinen entsprechend größer als beim Öffnen einer Turbine allein. Man kann nun durch geeignete Verbindung aller Regler untereinander bewirken, daß mit steigender Zahl der jeweils laufenden Sätze die Reguliergeschwindigkeit der einzelnen Turbinen umgekehrt proportional herabgesetzt wird, wodurch die Änderung der Wassergeschwindigkeit im Rohr stets die gleiche und damit unabhängig von der Zahl der Turbinen ist.

Verwendungsbeispiel: Osttiroler Kraftwerk Lienz, zum Schutz des waagrechten Rohrteils vor Unterdruck (Leobersdorfer Maschinenfabrik).

Durch unrichtiges Arbeiten aller dieser Vorrichtungen können große Druckstöße entstehen.

14. Unrichtiges Arbeiten oder Versagen der Absperrvorrichtungen. Wenn die Steuer- und Bremseinrichtungen von Absperrvorrichtungen (Turbinendüsen, Seitenauslässen, Absperrventilen usw.) irgendwelcher Art nicht richtig berechnet sind oder nicht richtig arbeiten, Ölbremsen undicht sind, Gestängeteile brechen oder sich, etwa durch Korrosion, verklemmen, kann zu rasches oder heftiges Zuschlagen und damit ein großer Druckstoß die Folge sein, zumal man alle diese Vorrichtungen, ebenso wie die Turbinenregler, so baut, daß sie beim Versagen selbsttätig absperren. Dies gilt besonders für die selbsttätigen Rohrbruchventile, Rohrbruchklappen usw. in den Apparatekammern.

Beispiele: In einem Fall der Kombination einer oberen Rohrstrecke aus Eisenbeton mit einer unteren Rohrstrecke aus Stahl wurde beobachtet, daß bei zu raschem Öffnen der Druckregler die obere Strecke beschädigt wurde.

In einem Hochdruckwerk saß im Achsenknickpunkt hinter dem Wasserschloß bei dem dort befindlichen Schieber ein Luftventil ohne Federung oder Dämpfung. Wie später nachgerechnet wurde, erzeugte ein unten befindlicher Druckregler bei raschem Schließen eine Überdruckwelle, die viel größer als vertraglich ausbedungen war. Durch die zurückgeworfene Welle entstand jedesmal ein sehr großer Unterdruck, der das Luftventil sehr rasch öffnete. Durch häufiges Eintreten dieser Wirkung brach der Ventilschaft und der Ventilteller fiel in die Druckleitung, das Wasser füllte zunächst die Schieberkammer, drückte dann die Türen ein und floß schließlich längs der Rohrleitung ab, die zusammen mit einer kreuzenden Straße beschädigt wurde.

Eine Gefahr liegt auch darin, daß Luftventile durch Verklemmen im offenen Zustand steckenbleiben können.

15. Abreißen und Wiederzusammenschlagen der Wassersäule im Saugrohr kann verursacht werden durch starke Entlastungen bei unrichtiger Einstellung der Reglerzeit, verbunden mit sehr niedrigem Unterwasser bei großer Saughöhe. Der entstehende Überdruck tritt im oberen Teil des Rohres auf (Mitteldruckanlagen). Solche Erscheinungen im Saugrohr sind mit lauten Schlägen verbunden, während normale Druckstöße geräuschlos verlaufen.

16. Eintritt von Luft in die ölführenden Steuerleitungen der Regler, Servomotoren, Ölbremsen usw. verändert deren Funktion.

BILLINGS weist auf amerikanische Erfahrungen hin, wonach bei einer starken Netzstörung die Fördermenge der Reglerölpumpe stark vermindert werden kann, wodurch Luft ins Öl eintreten kann. Hierher gehört der Eintritt von Luft in die Bremszylinder von Reglern oder Seitenauslässen.

17. Austritt von Luft durch die Turbinendüse, wenn sie vorher, etwa beim Füllen, ins Rohr geraten ist.

18. Unrichtiges Arbeiten oder Versagen von Fernsteuerungen für Schließen oder Öffnen von Absperrvorrichtungen beim Rohreinlauf. In den letzten Jahren hat man solche Einrichtungen ausgebildet, die gegenseitige Verriegelungen zum Schutz vor unerwünschten Wirkungen besitzen. In der Apparatekammer eines Speicherpumpwerkes findet man für jedes

Rohr meist zwei hintereinander geschaltete Absperrvorrichtungen, eine selbsttätige Drosselklappe für Schnellschluß und einen Kugelschieber für betriebsmäßiges Schließen. Dieser kann nur geöffnet werden, wenn die Rohrleitung vollständig gefüllt ist und wenn der das Steueröl liefernde Gewichtsspeicher ganz angehoben ist; die Drosselklappe hinwiederum kann erst geöffnet werden, wenn der Kugelschieber ganz offen ist.

c) Durch konstruktive Mängel hervorgerufene Druckänderungen.

19. Durch **Flattern** eines beweglichen Teiles einer Absperrvorrichtung können Druckstöße auch bei geschlossener Rohrleitung entstehen.

Beispiele: Im Spullerseewerk wurde durch Flattern eines kleinen Keilschiebers der Gegendüse einer Turbine eine starke Drucksteigerung hervorgerufen.

In einem amerikanischen Kraftwerk wurde als Ursache großer Druckstöße der Umstand erkannt, daß bei einem Kugelschieber älterer Bauart infolge elastischer Verbiegung der Schieberachse ein Vibrieren der Dichtung auftrat (daher werden jetzt die Dichtungen solcher Kugelschieber stromaufwärts angebracht).

In einem norwegischen Werk beobachtete man bei geschlossenem Schieber oben und geschlossener Düse unten Druckschwankungen 1 : 3, die durch Flattern eines sich durchbiegenden Schieberkeiles entstanden.

Bei ferngesteuerten Drosselklappen in Wasserschlössern mit Fernschließung und Fernöffnung durch Öldruck kann ein Flattern des Klappenkörpers auftreten. Zur Vermeidung verwendet man mitunter eine Reibungsbremse, die beim Unterschreiten eines bestimmten Steueröldruckes die Klappenachse durch Federkraft abbremst.

20. Durch **Bruch** von Bestandteilen der Düsen oder Absperrvorrichtungen.

Beispiele: In amerikanischen Kraftwerken wurden als Ursachen heftiger Druckstöße beobachtet: Bruch der Nadelachse im Regler von Freistrahlturbinen, wobei die Wirkung noch verstärkt wurde durch übermäßige Wirbelbildung im Wasser, die durch die in der unmittelbaren Nachbarschaft befindlichen Krümmer und Ventile ausgelöst wurde (siehe Punkt 21); bei einem großen Nadelventil das Gleiten eines Dichtungsringes bei geringer Eröffnung und dadurch verursachtes plötzliches Schließen.

21. Durch **fehlerhafte Anordnung,** zum Beispiel übermäßige Wirbelbildung infolge der Nachbarschaft von Krümmern bei den Düsen.

22. Unrichtige Montierung. Es ist vorgekommen, daß die Stoßplatte einer selbsttätigen Drosselklappe verkehrt eingebaut war und daher bei einem Rohrbruch nicht ausgelöst hat.

d) Durch unrichtige Betriebsführung hervorgerufene Druckstöße.

23. Zu schnelles Füllen von Rohrleitungen, auch bei teilweise schon voller Rohrleitung. Es zeigten sich in der Praxis in diesem Falle wiederholt überraschend große, noch ungeklärte Druckstöße. Wenn die Luft durch die Ventile oder Rohre entweichen kann, entsteht hierbei ein sehr lautes Geräusch. Die Möglichkeit von Druckstößen bei zu schnellem Füllen spricht gegen die Anwendung einer Fernsteuerung, außer wenn sie mit allen notwendigen Verriegelungen ausgestattet ist. Die Fernsteuerung wird fast nur bei Pumpenspeicheranlagen angewendet, wo man ihrer nicht gut entraten kann.

Das Füllen eines Druckrohres soll niemals durch Öffnen einer der oberen Absperrvorrichtungen eines Kraftwerkes, sondern nur durch vorsichtiges Öffnen der Umlaufleitung einer solchen geschehen. Daher soll jedes Kraftwerk mindestens eine solche Umlauffülleitung besitzen.

Beispiel: In einem norwegischen Kraftwerk wurden Druckstöße bis zu 60% infolge unsachgemäßen Füllens beobachtet.

24. Zu schnelles Schließen von Hand. Bei Fernwasserleitungen möglich.

25. Ansammeln von Luft im oberen Teil des Rohres, verursacht durch zu niedrigen Wasserspiegel im Standrohr oder Oberwasser, durch verschmutzte Rechen, teilweise geschlossene

Anlaßschützen usw. Hierbei wirkt die eintretende Luft *nicht* als bremsendes Polster. Die Erfahrung hat gezeigt, daß insbesondere durch kleine Luftsäcke oder zu knapp bemessene Luftkessel hohe Druckstöße verursacht werden können.

26. Verstopfen des Rohres durch Eispfropfen. Als Beispiel eines sehr seltenen Rohrbruches sei auf ein ostmärkisches Mitteldruckwerk hingewiesen. Man wollte dort den im oberen Teil des Rohres reichlich angesammelten Sand entfernen, schloß die obere Drosselklappe und entleerte das Rohr. Das Sickerwasser der Klappe beförderte eine größere Sandmenge bis ans Ende der den oberen Teil des Rohrstranges bildenden Flachstrecke; gleichzeitig trat Frost ein und der Sandpfropfen fror fest. Das nachfließende Sickerwasser brachte später diesen Pfropfen in Gang, er rutschte mit großer Geschwindigkeit durchs Rohr bis zum Ende. Durch die mächtige Luftverdichtung (die Mannlöcher waren nicht geöffnet) platzte das Rohr und die Verteilleitung explodierte.

e) Durch von außen kommende Ursachen hervorgerufene Druckstöße.

27. Sabotage. Es ist denkbar und auch vorgekommen, daß eine fachlich geschulte Person in böswilliger oder mutwilliger Absicht durch taktmäßiges Eingreifen in das Reglergestänge der Turbinen die Rohrleitung zum Bruch bringt. Hierauf habe ich schon bei der Erläuterung der Abb. 1 hingewiesen. Das Schaubild 41 in meinem Buch über die „Druckrohrleitungen der Wasserkraftwerke" zeigt einen solchen durchgerechneten Fall, wo nach 8 Umsteuerungen der Höchstwert von 92% Drucksteigerung und ebensoviel Drucksenkung erreicht wird, wobei der Öffnungsfaktor (2 × Öffnungsverhältnis × Anlaufzeit : Reflexionszeit) jeweils zwischen 0,5 und 1 schwankt.

Es wäre wünschenswert, wenn die obige Aufzählung, die sich auf Druckstöße in Wasserkraftwerken bezieht, durch entsprechende Angaben, die dem Gebiete der Wasserwerke eigentümlich sind, ergänzt würde.

Vorschlag für ein Arbeitsprogramm zur Festlegung der Voraussetzungen für die Druckstoßberechnungen (mündlich vorgetragen in der Sitzung in München am 19. Januar 1942).

Die Arbeiten einer zweiten Untergruppe des Arbeitsausschusses würden den sehr wichtigen Zweck verfolgen zu zeigen, wie sich die Ergebnisse der Arbeiten der anderen Untergruppen in der *Praxis des Baues und Betriebes der Wasserkraftwerke und Wasserwerke* auszuwirken hätten.

Ich glaube, daß infolgedessen dieser zweiten Untergruppe insbesondere folgende Aufgaben zufallen müßten:

1. Zusammenstellung aller im Betriebe möglichen, wenn auch zum Teil außerordentlichen und selten auftretenden Ursachen für das Entstehen großer Druckstöße in Druckleitungen der Wasserkraftwerke und Wasserwerke. Diese Ursachen können liegen in der Rückwirkung der Netzbelastung, im unrichtigen oder gestörten Arbeiten oder im Versagen von Reglern und Apparaten, in konstruktiven Mängeln, in unrichtiger Betriebsführung und in von außen kommenden Ursachen.

Hierzu habe ich einen, hauptsächlich die Wasserkraftwerke betreffenden, Beitrag geliefert, der allenfalls bezüglich der Wasserwerke ergänzt werden sollte.

2. Kritische Untersuchung, wieweit bei den Druckrohrleitungen verschiedener Systeme und bei den gebräuchlichen Bauarten von Turbinenreglern, Absperrvorrichtungen aller Art, Bedienungsorganen und Sicherheitsreglern überhaupt damit zu rechnen sein wird, daß die unter 1. behandelten Ursachen zum Auftreten von Druckstößen führen können.

3. Tunlichst zahlenmäßige Untersuchung der durch die angeführten Ursachen hervorgerufenen Druckstöße, für jede Art von Ursache getrennt, unter Berücksichtigung der üblichen Konstruktionen.

4. Verwertung des im Wege der Aussendung von Fragebogen einzuholenden Stoffes über einschlägige Beobachtungen im Betriebe von Kraftwerken und Wasserwerken.

5. Untersuchung, nach welchen Gesichtspunkten und in welchem Ausmaße bei den einzelnen Wasserkraftwerken und Wasserwerken diese Ursachen als Ausgangsbedingungen für die Druckstoßberechnungen wirklich herangezogen werden sollen. Hierbei wird sich zeigen, wieweit man allgemeine Gesichtspunkte aufstellen kann und wieweit man sie etwa nach der Bestimmung, Wichtigkeit und Bauart der Werke abstufen wird.

Meiner Ansicht nach wäre es schließlich Sache der verantwortlichen Rohrindustrie, die praktischen Folgerungen aus den obigen Untersuchungen zu ziehen und darüber schlüssig zu werden, wieweit neben der üblichen Bemessung der Druckrohre nach den im ordentlichen Betrieb auftretenden Beanspruchungen etwa auch noch die Bemessung nach den einmaligen oder sehr seltenen außerordentlichen Beanspruchungen Platz zu greifen hat.

Über den Bruch der Rohrleitung Zasip[1].

Von R. THOMANN, Graz.

Mit 11 Abbildungen.

I. Beschreibung der Anlage.

Die Anlage Zasip der Krainischen Industrie-Gesellschaft, Assling, ist für folgende Daten gebaut:

$$\text{Nutzfallhöhe} \quad \ldots \ldots \quad H = 50,7 \text{ m}$$
$$\text{Wassermenge} \quad \ldots \ldots \quad Q = 6 \text{ m}^3/\text{s}$$
$$\text{Nutzleistung} \quad \ldots \ldots \quad N = 3407 \text{ PS}$$
$$\text{Drehzahl} \quad \ldots \ldots \ldots \quad n = 500/\text{min}.$$

Vom Wasserschloß führt eine Rohrleitung von 1900 mm Innendurchmesser und rund 139 m Länge zur Turbine. Die Leitung besteht aus elektrisch geschweißten Rohren von rund 9 m Länge, die unter sich durch Stahlguß- und Winkeleisenflanschen verbunden sind. Die Blechstärke beträgt oben 10, in der Mitte 11, unten 12 mm. Die Leitung stützt sich auf einen an die Zentrale angebauten Betonklotz und ist oben in einen Wellblechschuß axial beweglich. Die Rohre sind in ihrer *Mitte* je durch einen Sattel unterstützt; die Flanschen befinden sich also in der Mitte zwischen zwei Auflagepunkten.

Im unteren Betonklotz verengt sich die Leitung bis auf 1340 mm Durchmesser und schließt dort an eine Drosselklappe mit automatischer Auslösung an. Die Klappe ist um 5 mm exzentrisch gelagert, so daß stets ein statisches Moment auf Schließen wirkt. Dieses ist zunächst klein, vergrößert sich aber bis zum vollständigen Schluß auf rund 350 mkg. Um die Klappe aus der offenen Stellung heraus zu bewegen, ist auf ihrer Welle ein Hebel mit Belastungsgewicht angebracht. Die Schlußgeschwindigkeit der Klappe wird geregelt durch eine auf der Welle sitzende Flüssigkeitsbremse.

An die Drosselklappe schließt sich unmittelbar das Gehäuse der Spiralturbine an.

Der Geschwindigkeitsregler ist mit einer Anzahl automatisch wirkender Vorrichtungen ausgestattet. Unter anderem soll er die Schlußbewegung der Drosselklappe einleiten, sobald die Drehzahl ein gewisses Maß übersteigt.

Im Wasserschloß ist die Rohrleitung durch eine Fallschütze absperrbar, die entweder im Wasserschloß von Hand oder von der Zentrale aus elektrisch betätigt werden kann. Auch soll sie ausgelöst werden, wenn die Wassergeschwindigkeit im Rohr einen gewissen Betrag übersteigt.

II. Der Bruch der Leitung.

Am Abend des 31. Dezember 1931 wurden zwecks Einstellung der Drosselklappe Versuche ausgeführt, in deren Verlauf die Rohrleitung plötzlich barst. Wie aus der Abb. 1 ersichtlich, zertrümmerte der aus der Bruchöffnung austretende Wasserstrahl das Dach der Zentrale;

---

[1] Z. T. aus dem Aufsatz des gleichen Verfassers: Über Drucksteigerungen in Rohrleitungen bei der Betätigung von Absperrorganen. Wasserkr. u. Wasserwirtsch. 1936 S. 109 u. f.

es entstand aber auch sonst erheblicher Schaden durch die vollständige Überschwemmung des Maschinenraumes, der elektrischen Einrichtung samt Generator und der ganzen Grube,

Abb. 1.

in der das Maschinenhaus stand. Wie durch ein Wunder konnten sich alle bei dem Versuch beteiligten Personen noch rechtzeitig, zum Teil ins Freie, zum Teil auf die Kranbahn retten.

Geplatzt ist der Schuß in der Mitte des untersten Rohres, also derjenige, der auf dem Sockel auflag. Das Rohr war so montiert, daß die Längsnaht nach oben zu liegen kam; diese riß beim Bruch in ihrer ganzen Ausdehnung auf. Die Rundnähte des Schusses barsten bis zur Sockelkante. Die abgerissenen Blechflügel bogen sich, wie aus den Abb. 1 bis 3 ersichtlich, um die Sockelkanten um, und zwar auf der einen Seite bis auf 50°, auf der anderen bis auf 75° gegenüber der ursprünglichen Lage.

III. Erhebungen an der intakten Leitung.

An dem intakt gebliebenen Teil der Leitung wurde folgendes erhoben:

a) Schweißnähte. Soweit diese nach ihrem Äußeren beurteilt werden konnten, erschienen sie zum Teil gut und regelmäßig sowie in ihrer Stärke richtig aufgetragen; daneben fanden sich aber Stellen, an denen die Raupen zu schwach und unregelmäßig ausgeführt waren. Ein schlüssiges Urteil über ihre Festigkeit erlaubte der äußere Augenschein nicht.

b) Ausbesserungen von Stellen, an denen beim ersten Füllen der Leitung sich Undichtheiten gezeigt hatten, geschahen durch aufgeschweißte Bleche (Rohr Nr. 5). An der betreffenden Stelle wies das Rohr in der Innenseite Anlauffarben auf, ein Zeichen dafür, daß die Erwärmung während des Aufschweißens eine beträchtliche Höhe erreicht hatte.

c) Form der Rohre. Die einzelnen Schüsse wichen in Form und Umfang etwas voneinander ab. Auch waren manche nicht ganz zylindrisch, sondern etwas bombiert, doch konnte diese Erscheinung nicht etwa als nachträgliche Aufbauchung durch Innendruck angesprochen werden; sie mußte vielmehr schon bei der Erzeugung der Rohre entstanden sein. Die Abweichungen vom mittleren Umgang waren übrigens nicht erheblich, sie betrugen rund $\frac{1}{2}$ bis $\frac{2}{3}\,^0/_{00}$.

IV. Feststellung von Ursache und Verlauf des Bruches.

Die Untersuchung hatte sich nach zwei Richtungen zu bewegen: Einmal war, soweit möglich, der größte Druck festzustellen, der bei den Versuchen mit der Drosselklappe entstanden sein konnte, und sodann durch metallographische und Festigkeitsuntersuchung des geborstenen Teiles klarzustellen, ob für die Möglichkeit eines Bruches höhere Drücke notwendig gewesen wären, als sie durch Versuch und Rechnung erhalten wurden.

a) Die Berechnung des größten Überdruckes vor dem Bruch der Leitung. Für die Beurteilung der Vorgänge konnte folgendes erhoben werden. Nach den Aussagen des Versuchsleiters und des Maschinisten wurde bei dem letzten Versuch vor dem Bruch die Turbine ungefähr bis zum 4. Teilstrich am Zeiger des Reglers geöffnet und nach Erreichung der Drehzahl 400 wieder zu schließen begonnen. Nach der Skizze, die der Maschinist zur Klarstellung zu den Akten gab, war die Turbine, am Regler abgelesen, bis auf 0,27 geöffnet, als die Drosselklappe ausgelöst wurde. Nachrechnung und Vergleich mit Modellversuchen ergaben, daß die Wassermenge bei dieser Öffnung 1550 l/s betragen hat.

Die Schlußzeit der Drosselklappe wurde mit der Stoppuhr gemessen und zu 18,3 s festgestellt.

Die Bewegung der Drosselklappe erfolgt unter dem Einfluß der folgenden Kräfte und deren Momente:

a) des Momentes des Hebelgewichtes;

b) des Momentes zufolge der Exzentrizität der Drosselklappe;

c) des hydrodynamischen Momentes, herrührend von der Verschiedenheit des Durchflusses auf den beiden Hälften der Klappe und der Wirbelbildung an beiden Flügeln;

d) das Moment der Bremskräfte in der Ölbremse.

Die Bremse ist mit zwei radial verlaufenden Flügelkolben und zwei festen Querwänden ausgestattet. Während des 1. Teiles der Bewegung aus der offenen Klappenstellung erfolgt die Überströmung durch eine an beiden Enden der Flügel im Gehäuse eingearbeitete Nut, durch eine Überströmung in der einen Scheidewand und eine dritte Überströmung, die durch einen einstellbaren Stift von 18 mm Durchmesser eingestellt werden kann.

Abb. 2.

Nach einer Drehung von rund 18° ist die erste, bei 32° die zweite Überströmung geschlossen, so daß die letzten 25° nur noch unter dem Einfluß der dritten Überströmung zurückgelegt werden. Der Steuerstift der letzten war bei dem Versuch auf 4,5 mm Abstand eingestellt, gemessen von der unteren Erzeugenden der horizontalen Bohrung an.

Dies sind die einzigen Anhaltspunkte, die zur Bestimmung der stark wechselnden Kräfte der Ölbremse zur Verfügung standen.

Als weiteres Element zur Feststellung des Schließgesetzes war die Veränderlichkeit des Durchflusses durch die Drosselklappe zu suchen (s. Abb. 4). In geneigter Lage verkleinert die Klappe den Querschnitt bis auf einen frei bleibenden Durchtritt, der, in jeder Vertikalebene senkrecht zur Klappenachse ähnlich verlaufend, eine gesamte Fläche frei läßt von der Größe

$$f = f_0\left(1 - \frac{a}{r}\sin\alpha\right),$$

wobei f_0 die freie Fläche bei ganz geöffneter, f diejenige bei geneigter Stellung der Klappe bezeichnet; α ist der Drehwinkel, gemessen von der ganz geöffneten Stellung an, a die radiale Abmessung der Klappe, r die Entfernung von Klappenachse bis zur Rohrwand, beide in der gleichen Vertikalebene senkrecht zur Klappenachse gemessen. Die Vernachlässigung der Nabenverengung ist zulässig, weil von keinem Einfluß auf das Endergebnis. Der Wert von $\frac{a}{r}$ ist im Falle Zasip 1,2.

Abb. 3.

Ist Q die Wassermenge bei einer beliebigen, Q_0 diejenige bei ganz geöffneter Klappe, und nimmt man ferner an, daß die Turbinenöffnung, wie dies auch der Fall war, während der Drosselklappenbewegung konstant bleibe, so ist die Geschwindigkeit c, mit der das Wasser bei beliebiger Stellung der Klappe durch die freie Fläche durchströmt,

$$c = \frac{Q}{f} = \frac{Q}{f_0\left(1 - \dfrac{a}{r}\sin\alpha\right)}$$

und die entsprechende Druckhöhe

$$\frac{c^2}{2g} = \frac{Q^2}{2g\,f_0^2\left(1 - \dfrac{a}{r}\sin\alpha\right)^2}.$$

Hierin sind allerdings die Kontraktionen des Strahles am Klappenrand vernachlässigt, was zur Folge hat, daß im Endergebnis die Wassermengenkurve zuerst weniger, am Ende rascher abfällt, als wenn die in Wirklichkeit vorhandenen Kontraktionen berücksichtigt würden.

Nimmt man an, daß die der Turbine zur Verfügung stehende Fallhöhe H_T gleich sei der statischen Fallhöhe H_0, vermindert um die Höhe der Durchflußgeschwindigkeit durch die Klappe, so ergibt sich folgende Gleichung:

$$H_T = H_0 - \frac{c^2}{2g} = H_0 - \frac{Q^2}{2g\,f_0^2\left(1 - \dfrac{a}{r}\sin\alpha\right)^2}.$$

Hierin ist wieder eine kleine Vereinfachung enthalten, die aber auf das Endergebnis kaum von Einfluß ist, die nämlich, daß bei ganz geöffneter Klappe die Höhe der Durchflußgeschwindigkeit tatsächlich nicht, wie in der Rechnung angenommen, vollständig verlorengeht.

Die Fallhöhe der Turbine zu irgendeinem Zeitpunkt ist bei konstanter Öffnung gleich der normalen H_0, multipliziert mit dem Quadrat des Verhältnisses der Wassermenge, so daß sich ergibt:

$$H_T = H_0\left(\frac{Q}{Q_0}\right)^2; \quad H_0 - H_T = H_0\left[1 - \left(\frac{Q}{Q_0}\right)^2\right],$$

also auch

$$H_0\left(\frac{Q}{Q_0}\right)^2 = H_0 - \frac{Q^2}{2g\,f_0^2\left(1 - \dfrac{a}{r}\sin\alpha\right)^2}$$

und nach einigen Umformungen:

$$\left(\frac{Q}{Q_0}\right)^2 = \frac{1}{1 + \dfrac{c^2}{2gH_0\left(1 - \dfrac{a}{r}\sin\alpha\right)^2}}.$$

b) Das Schließgesetz der Drosselklappe. Wie schon oben erwähnt, wirkt auf die Klappe ein Drehmoment, hervorgerufen vom Gewicht an dem außen angebrachten Hebel, ein zweites von der Exzentrizität herrührend und endlich das hydrodynamische Drehmoment. Das erstere ist nur ein kleiner Bruchteil der anderen und daher von wenig Einfluß. Der zweite Anteil macht im Maximum bei ganz geschlossener Klappe um 5 mm Exzentrizität der letzteren 350 mkg aus. Das hydrodynamische Drehmoment ist erheblich größer, nur hat es sein Maximum bei einer Mittelstellung der Drosselklappe und ist bei ganz offener und bei ganz geschlossener Klappe gleich Null. Wir nehmen der Einfachheit halber an, daß es sich nach einer sin-Funktion von $(n\,\alpha)$ ändere. Um den ziemlich komplizierten Verlauf des Gesamtmomentes mit der Winkeländerung der Klappe analytisch auszudrücken, wurde der Ansatz gemacht:

$$M = k\gamma\,(H_0 - H_T)\,r^3\sin(n\,\alpha) + M_0.$$

k bedeutet hierin einen Faktor der konstant angenommen wurde, γ ist das Gewicht der Volumseinheit Wasser, $(H_0 - H_T)$ die Differenz der Druckhöhen vor und hinter der Klappe, r der Radius des Klappenrohres, α der Drehwinkel der Klappe und M_0 ein konstanter Anteil des Momentes.

Die in der Ölbremse sich entwickelnden Gegenkräfte und Momente sind proportional der Winkelgeschwindigkeit der Klappe anzusetzen, weil die Strömung von Ölen (Flüssigkeit hoher Zähigkeit) durch die engen Spalten laminar erfolgt. Es darf also gesetzt werden:

$$\frac{d\alpha}{dt} = \mu F_d M,$$

wobei μ eine Konstante der Ölbremse, F_d die Überströmfläche bedeutet, deren Wert, wie schon angegeben, wechselt.

Setzt man den Wert M ein und zieht die Konstante zu einem neuen Faktor λ zusammen, schreibt also

$$\mu k \gamma p^3 = \lambda,$$

so ergibt sich:

$$\frac{d\alpha}{dt} = \lambda F_d \left[(H_0 - H_T) \sin(n\alpha) + \frac{\mu}{\lambda} M_0 \right] = \frac{1}{f'_{(\alpha)}}$$

$$dt = \frac{1}{\lambda F_d \left[(H_0 - H_T \sin(n\alpha) + \frac{\mu}{\lambda} M_0 \right]} d\alpha = f'_{(\alpha)} d\alpha.$$

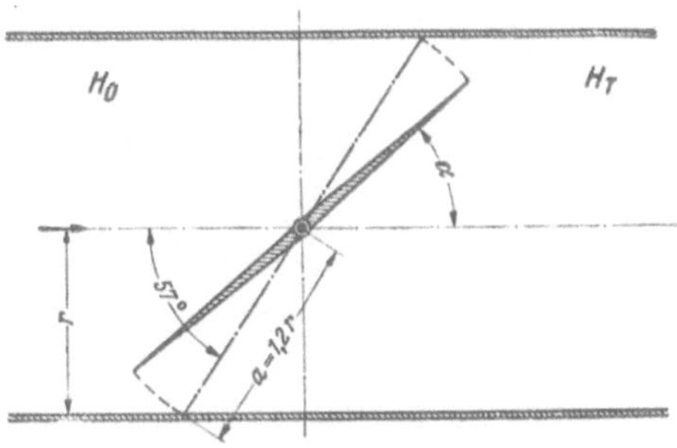

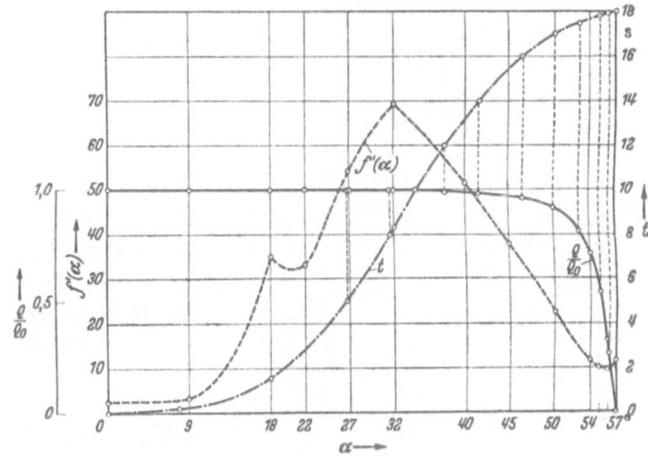

Abb. 4.

Um die Gleichung benützen zu können, sind noch die Größen n und M_0 zu bestimmen, und zwar so, daß der Verlauf der erhaltenen analytischen Funktion den wirklichen Kräfteverlauf möglichst gut widerspiegelt.

Setzt man $n = 3$, führt also in die Gleichung $\sin(3\alpha)$ ein, so wird der davon abhängige Teil des Momentes bei geschlossener Klappe (Drehwinkel 57°) beinahe gleich Null. Der Ansatz würde also wohl den Verlauf des hydrodynamischen Teiles, nicht aber den durch Exzentrizität verursachten gut beschreiben. Um auch den letzteren Einfluß zu berücksichtigen, wäre n kleiner als 3 zu wählen; mit 2,5 ist schon entschieden zu weit gegangen, weil dann der Wert des Drehmomentes bei vollständigem Schluß der Klappe größer wird als das Moment durch Exzentrizität. Der richtige Wert von n wird also zwischen 2,5 und 3 liegen. Ihn ganz genau anzugeben, ist wohl nicht möglich, es genügt aber die Rechnung für diese beiden Werte auszuführen; man weiß dann, daß das richtige Ergebnis zwischen diesen beiden Grenzwerten eingeschlossen sein wird. $\frac{\mu}{\lambda} M_0$ ist so angenommen, daß es etwa $^1/_{10}$ des Maximums des übrigen Teiles ausmacht. Sein Einfluß auf das Endergebnis ist übrigens nicht groß.

Die absoluten Werte des Faktors λ kennt man allerdings nicht. Trotzdem kann der Höchstdruck

Abb. 5. Druckstoßkurven $f'_{(\alpha)}$, $\frac{Q}{Q_0}$ und t für eine Wassermenge von 1550 l/s zu Beginn der Schließbewegung.

berechnet werden, weil die *verhältnismäßigen* Werte und die gesamte Schlußzeit der Klappe bekannt sind. Die letztere ist in der Rechnung zu 16 s angenommen worden.

Die obige Gleichung für dt kann nämlich zwischen den Werten Null und demjenigen bei vollständigen Abschluß der Klappe integriert werden, wenn man $f'_{(\alpha)}$ für genügend viele α ausrechnet und die Werte als Ordinaten über den Abszissenwerten α aufträgt.

In Abb. 5 finden sich Kurven von $f'_{(\alpha)}$ gestrichelt, die Integralkurve davon, d. h. die Zeit t strichpunktiert und das Verhältnis $\frac{Q}{Q_0}$ ausgezogen, alle in Funktion des Winkels α aufgetragen.

Auf der Integralkurve $t = f'_{(\alpha)}$ läßt sich der Zeitmaßstab für das Verhältnis $\dfrac{Q}{Q_0}$ finden.

Trägt man $\dfrac{Q}{Q_0}$ in Funktion der Zeit auf (Abb. 5), so erhält man damit die erste Grundlage zur Berechnung des entstehenden Druckstoßes.

Der letztere kann nun nach irgendeiner der bekannten Rechnungsmethoden bestimmt werden.

Die Fortpflanzungsgeschwindigkeit der Druckwelle im Rohr ergibt sich dabei zu rund

$$a = 900 \ \mathrm{m/s},$$

die Reflexionszeit zu

$$t_r = 0,31 \ \mathrm{s}.$$

In der Abb. 6 sind für die Turbinenöffnung 0,27 die Kurven von $\dfrac{Q}{Q_0}$ und der Druckhöhe $(H + h)$ im untersten Querschnitt der Leitung in Funktion der Zeit aufgetragen. Die Kurven lassen deutlich erkennen, daß die Drosselung durch die Klappe zunächst fast wirkungslos bleibt, um gegen den vollständigen Schluß der Klappe zu auf einmal sehr schroff anzuwachsen. Die Folge davon ist ein entsprechend rascher Anstieg des Druckes, und zwar trotz der außerordentlich stark abgestuften Bremswirkung der Ölbremse.

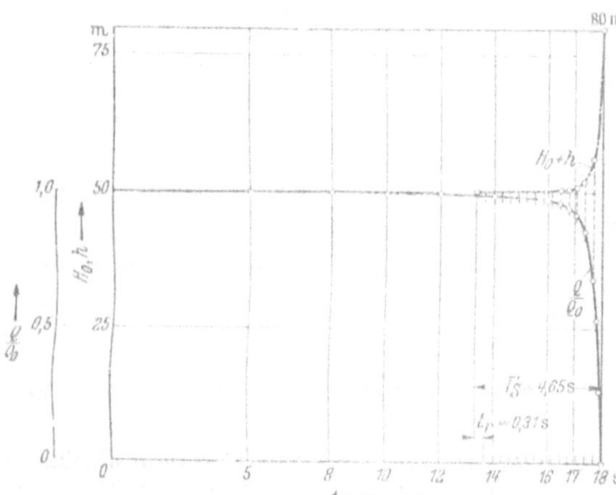

Abb. 6. Druckstoßkurven — und $H_0 - h$ bei der Wassermenge Q_0 von 1550 l/s zu Beginn der Schließbewegung.

Um zu sehen, wie sich der Druckverlauf gestaltet hätte, wenn die Turbine im Moment des Auslösens der Drosselklappe vollständig geöffnet gewesen wäre, wurde die Rechnung auch noch unter der Annahme der Wassermenge

$$Q_0 = 6,25 \ \mathrm{m^3/s}$$

durchgeführt. Die Ergebnisse finden sich in Abb. 7. Wie man erkennt, wäre die Druckerhöhung auch bei voll geöffneter Turbine nur bis rund 10 atm angestiegen. Die Schlußzeit der Drosselklappe hätte zwar statt 18 nur rund 5 s betragen, doch hätte sich die größere Schlußgeschwindigkeit in der Hauptsache im ersten Teil der Bewegung ausgewirkt, während am Schluß der Bewegung der Verlauf der Wassermenge ungefähr gleich geblieben wäre.

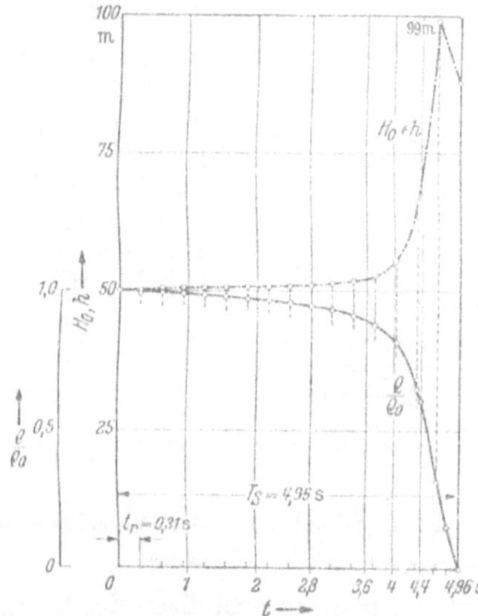

Abb. 7. Druckstoßkurven — und $H_0 - h$ bei der Wassermenge Q_0 von 6250 l/s zu Beginn der Schließbewegung.

V. Der Druck nach dem Maximalmanometer.

Während der Einstellungsversuche war unmittelbar vor der Drosselklappe ein Manometer mit Schleppzeiger angeschlossen; der letztere stand auf 8,2 atm. Manometeranzeige und Rechnung stimmen also gut miteinander überein.

Da das Manometer, wie die nachträgliche Prüfung ergab, etwas zu hohen Druck zeigte, das Ergebnis der Rechnung von 8,0 atm infolge der verschiedenen Vereinfachungen eher zu niedrig ist, dürfte der wahrscheinlichste Wert des Druckstoßes bei rund 8,1 atm liegen.

VI. Die Materialuntersuchung.

Diese hat den Zweck, festzustellen, ob etwa ein Widerspruch zwischen den obigen Rechnungsergebnissen und der Anzeige des Maximalmanometers einerseits und der Beschaffenheit von Blechmaterial und gerissener Schweißnaht andererseits bestehe. Es ist nicht zu bestreiten, daß, wenn das Blech den Lieferbedingungen genügt und die Schweißnaht tadellos und ohne schwächere Stellen gezogen worden wäre, ein weit größerer Druck als der oben festgestellte notwendig gewesen wäre, um einen Riß, sei es im Blech, sei es in der Schweißnaht, herbeizuführen.

Das Gutachten der Mechanisch-Technischen Versuchsanstalt Graz weist ausführlich nach, daß in der gerissenen Schweißnaht genügend schwache Stellen vorhanden waren, um bei einem Innendruck von rund 8 atm einen Bruch möglich erscheinen zu lassen; es hält Teile der Naht schon bei 5 atm für gefährdet. Erfolgt ein Anriß, so werden die benachbarten Stellen sofort auf Biegung beansprucht, sie reißen, wenn sie nicht erheblich höhere Festigkeit aufweisen als diejenigen im Anriß, weiter ein. Von einer gewissen Länge des Risses an gibt es zufolge der großen zusätzlichen Beanspruchung kein Halten mehr, und es können dann, wie beim Bruch Zasip geschehen, auch die Rundnähte in Mitleidenschaft gezogen werden.

Auf alle Fälle steht das Ergebnis der Materialprüfung nicht im Gegensatz zu demjenigen der Berechnung der größten Druckhöhe und der Anzeige des Maximalmanometers.

VII. Gesamtergebnis.

Die vorstehenden Untersuchungen zeigen,

a) daß bei den Versuchen zum Einstellen der Drosselklappe ein Höchstdruck von etwa 81 m entstand,

b) daß der mittlere Schuß des Rohres Nr. 4 unter diesem Druck geplatzt ist,

c) daß weder die beim Bruch aufgetretenen Erscheinungen noch die Materialuntersuchung die Annahme eines größeren Innendruckes als Ursache für den Bruch verlangen.

VIII. Die Reihenfolge der Vorversuche.

Im Verlauf der Verhandlung über den Unfall ist noch die Frage gestellt worden, ob die Lieferantin der Turbine die Vorversuche zur Einstellung aller Teile der Anlage nicht in einer anderen Reihenfolge hätte ausführen sollen. Es wurde besonders gerügt, daß nicht mit den Versuchen zur Einstellung der Fallschütze begonnen worden sei.

Es ist zuzugeben, daß die letztere Reihenfolge richtiger gewesen wäre. Allein einmal hätte die Stauklappe der Fallschütze und ihre Einstellung doch nur bei voller Wassermenge richtig erfolgen können, also nur bei voller Belastung des Generators und damit erst zu späterer Zeit. Auf der anderen Seite hätte man das Risiko übernehmen müssen, mit einem noch nicht eingestellten Regler und nicht eingestellter Drosselklappe auf Vollast zu gehen. Die Wahrscheinlichkeit, mit diesem Vorgehen das Unrichtige zu treffen, wäre beinahe ebenso groß gewesen, wie diejenige beim Beginn der Einstellungsversuche in der Zentrale. Mit Bestimmtheit zu sagen, welche Reihenfolge in einem Einzelfall richtig ist, wäre nur dann möglich, wenn man im voraus wissen könnte, an welcher Stelle der Anlage ein Versager eintritt. Man braucht z. B. nur anzunehmen, daß, wie das früher nicht allzuselten vorkam, die Spirale zu Bruch gehen könnte, um die vorherige Bereitstellung der Drosselklappe als das dringendste anzusehen.

Im übrigen war die Fallschütze immerhin so weit bereit, daß sie von unten elektrisch hätte betätigt werden können, wenn die elektrische Leitung durch den austretenden Wasserstrahl nicht schon zerstört gewesen wäre.

IX. Die Abänderung der Drosselklappe.

Die eben geschilderten Umstände und Gefahrmomente ließen eine Verbesserung des Drosselklappenantriebes in der Richtung als dringend notwendig erscheinen, daß die Schließgeschwindigkeit am Ende stark verkleinert wird, ohne die Gesamtschlußzeit unzulässig zu vergrößern. Das nächstliegende Mittel, die weitere Verkleinerung der Drosselöffnung an der Ölbremse, hätte zu wenig Sicherheit geboten, ganz abgesehen davon, daß damit auch die Schlußzeit der Klappe stark vergrößert worden wäre. Eine wirksame Verbesserung mußte dagegen durch eine zweckmäßige Veränderung des auf die Klappe wirkenden äußeren Drehmomentes zu erzielen sein; es wurde daher vorgeschlagen, eine Anordnung zu treffen, wie sie Abb. 8 zeigt.

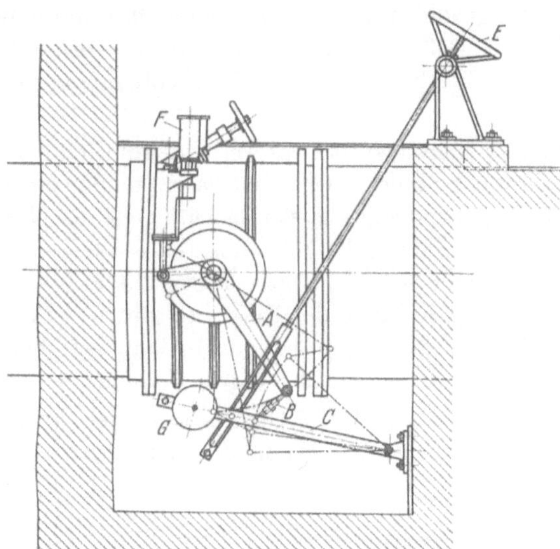

Abb. 8. Drosselklappe mit neuem Antrieb.

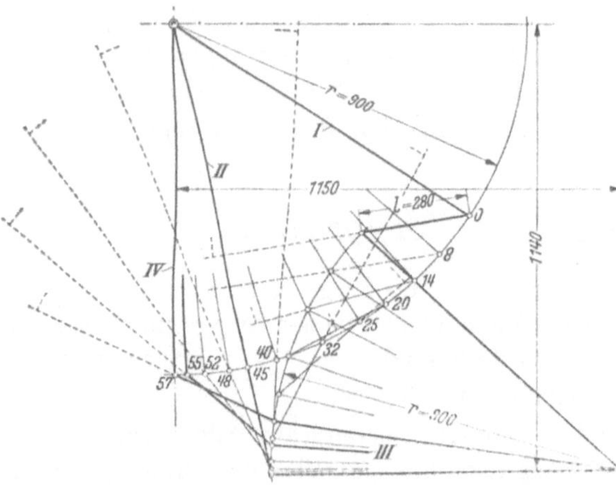

Abb. 9, Hebelwerk in verschiedenen Lagen.

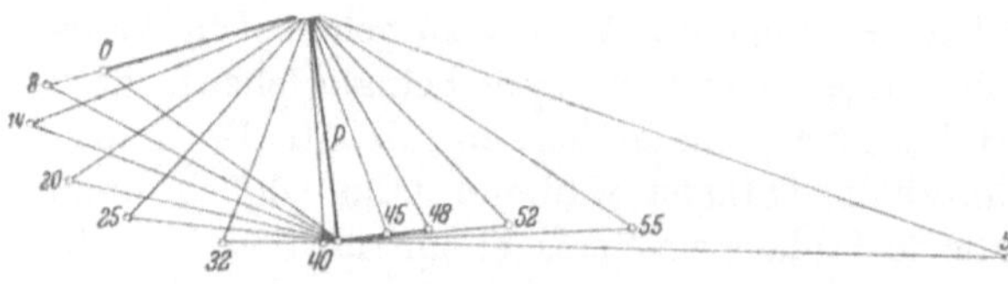

Abb. 10. Kräfteplan für verschiedene Lagen.

Der zur Öffnung der Klappe dienende Druckzylinder links oben (von der Achse aus gesehen) konnte beibehalten werden. Dagegen wurde das (verschiebbare) Gewicht G nicht mehr unmittelbar auf den Klappenhebel S, sondern auf einen Hebel C aufgesetzt, der mit A durch den in seiner Länge nachstellbaren Lenker B in Verbindung steht. Die Anordnung der Drehpunkte wurde so getroffen, daß B in einer Mittelstellung in Strecklage gelangt, hier das Moment O ergibt und im weiteren Verlauf negative Momente auf die Klappe überträgt. Abb. 9 und 10 zeigen die Kräftepläne, die dieser Anordnung entsprechen; P in Abb. 10 ist die auf Punkt B umgerechnete Gewichtskraft G. Die Strecklage tritt bei Winkel 45° ein. Die Kräfte sind nun so bemessen, daß die Klappe, wenn nicht weiter nachgeholfen wird, 1 bis 2° vor dem völligen Abschluß stillsteht (s. a. Abb. 11, Kurve V). Um sie vollständig schließen zu können, bewegt sich ein Zapfen des Hebels C in einer Kulisse, die durch ein Handrad E verstellt werden kann. Der dabei zu überwindende Weg von der Tieflage des Zapfens bis zu der Stellung vollständigen Schlusses ist kurz, die Kraft, weil B und C in Kniehebelstellung stehen, nicht groß.

Der neue Klappenantrieb ist nach diesem Schema ausgeführt worden; die damit angestellten Untersuchungen zeigen, daß das gesteckte Ziel voll erreicht worden ist. Nachstehend sei von den vielen Versuchsreihen nur die eine herausgegriffen, bei der die größte Druckerhöhung eintreten mußte und auch eintrat, diejenige, bei der die Turbine bei und nach Auslösung der Drosselklappe in der Stellung *voller* Belastung, entsprechend einem Durchfluß von 6,25 m³/s, belassen wurde.

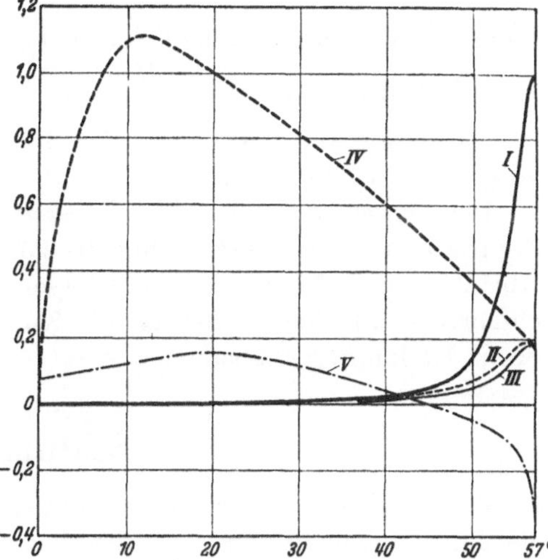

Abb. 11. Kurven der Drehmomente an Drosselklappen.

Versuch Nr.	Umdrehungen an der Drosselschraube der Ölbremse	ReglerÖffnnng	Schlußzeit der Klappe s	Druck vor der Drosselklappe kg/cm²	hinter der Drosselklappe kg/cm²
20	$3\frac{3}{4}$	10	12	5	5,4
26	$4\frac{1}{2}$	10	10	5	5,5
30	5	10	9	5,1	5,6
36	$5\frac{1}{2}$	10	9	5	5,5

Die Angaben in Spalte 2 sind so zu verstehen, daß die Verschlußschraube der Drosselung an der Ölbremse zunächst vollständig geschlossen und von da um die in Spalte 2 angegebene Zahl Umdrehungen geöffnet wurde.

Selbst bei der allerschärfsten Probe, Abschluß der Klappe in 9.s bei *voll geöffneter Turbine*, ist also nur eine Druckerhöhung von 10% eingetreten.

Die nachstehenden Versuchszahlen lassen die entscheidende Verbesserung der Verhältnisse durch den Einbau des neuen Hebelwerks auch bei *nicht voll geöffneter* Turbine deutlich erkennen.

Versuche mit altem und mit neuem Antrieb.

Antrieb	Öffnung am Regler abgelesen	Schlußzeit der Klappe in s	Drucksteigerung in m	Drucksteigerung in %
alt	0,27	19	30,3	60
neu	0,4	21	2	4
neu	0,5	17	2	4
neu	0,8	10	3	6

Vergleich zwischen Rechnungsergebnis und anderweitigen Versuchsangaben[1].

Die beachtenswerten Ausführungen von Du Bois und Schnyder (s. Fußnote) gestatten, einen Vergleich zwischen der Wirkung der vorstehend angenommenen und der bei Versuchen gefundenen Momentenkurven zu ziehen. Von den letzteren wurde die Kurve *IV* nach Du Bois und Schnyder herangezogen, weil sie zu einer Klappe gehört, die noch die beste Übereinstimmung mit der untersuchten zu zeigen scheint (Abschlußwinkel etwa 60°). Da die Kurve *IV* offenbar ohne Drosselung nach der Klappe erhalten wurde, mußten die Ordinaten zuerst mit dem Verhältnis des veränderlichen Druckunterschiedes $\frac{H_0-H_T}{H_0}$ multipliziert werden, wenn sie den Verlauf des Momentes bei nachgeschalteter Turbine richtig wiedergeben sollten. In Abb. 11 stellt Kurve *I* dieses Verhältnis dar, berechnet für die Turbinenöffnung 0,27 (1,55 cbm/s); Kurve *II* zeigt den Verlauf des Momentes nach der Gleichung

$$M = kr\,(H_0 - H_T)\,r^3 \sin(n\alpha).$$

---

[1] Gelpke: Turbinen und Regler des Kraftwerkes Ritom. Z.VDI 1923 S. 436. — Du Bois: A propos des vannes-papillon. Bull. techn. Suisse rom. 1934, Heft 5, 6 u. 26. — Schnyder: Über Drosselklappen. Wasserkr. u. Wasserwirtsch. 1935 S. 266. — Mueller, H.: Drosselklappen in Grundablässen. Z. Forschg. Geb. Ing.-Wes. 1933 Nr. 5.

Kurve *IV* stellt die von Schnyder angegebene Größe φ seiner Gleichung

$$M = \varphi\,(p_1 - p_2)\,\frac{D^3}{12} = \varphi\,\gamma\,(H_0 - H_T)\,\frac{2}{3}\,r^3$$

für die Du Boissche Kurve *IV* dar, Kurve *III* die gleiche multipliziert mit den entsprechenden veränderlichen Werten $\frac{H_0 - H_T}{H_0}$ der Kurve *I*.

Kurve *V* zeigt den Verlauf des durch den neuen Lenkerantrieb auf die Klappenwelle ausgeübten Drehmomentes.

Die Kurven lassen erkennen, wie sehr der Höchstwert seine Lage ändert, wenn sich hinter der Klappe eine Drosselstelle, hier die Turbine, befindet. Von der Abszisse 12° bei ungestörtem Ablauf ist er auf Abszisse 56° bei Drosselung durch die Turbine versetzt worden, allerdings mit entsprechend kleinerem Betrag. Die Kurven *II* und *III* stimmen hierin trotz ganz verschiedener Herkunft gut überein.

Schlußbemerkungen.

Wenn sich die vorstehenden Untersuchungen auch auf eine bestimmte Ausführung beziehen, so werden daraus doch die Grundsätze herausgelesen werden können, auf die es bei der Konstruktion solcher Abschlußorgane ankommt. Es muß unbedingt darauf gesehen werden, daß unabhängig von zufälligen Veränderungen der Ölbremse der Abschluß so erfolgt, daß die Drucksteigerung auch dann in zulässigen Grenzen verbleibt, wenn die Turbine nicht oder nicht vollständig abschließt. Denn dieser letztere Zustand kann immer eintreten, wenn der Regler das Leitrad nicht schließt, wenn dieses verklemmt wird oder an ihm Schaufeln ausgebrochen sind.

In dem gezeigten Beispiel sollte am ursprünglichen Klappenantrieb möglichst wenig geändert werden; auch sonst war man durch die gegebenen Platzverhältnisse stark gebunden. Im Falle einer Neukonstruktion wäre manches wesentlich eleganter zu lösen gewesen.

Bei Abschlußorganen, die mit Druckflüssigkeit betrieben werden, ist es ohne weiteres möglich, den gleichen Baugrundsatz auf die Steuerung und deren Rückführung anzuwenden. Auch dürfte es sich bei manchen Neuausführungen empfehlen, die Ölbremse nicht proportional mit der Klappenwelle anzutreiben, sondern die Relativgeschwindigkeit zwischen Kolben und Zylinder durch Schränkung der Antriebshebel in der letzten Phase des Abschlusses stark zu steigern.

Selbstverständlich sind bei Abschlußorganen im *oberen* Teil der Rohrleitung, d. h. nahe beim Wasserschloß, die Umstände wesentlich günstiger. Ist die Belüftung der Leitung ausreichend, so kann die Klappe auch einmal rascher schließen als vorgesehen, ohne daß großer Schaden entsteht. Die angestellten Betrachtungen an der üblichen Ausführung selbsttätig schließender Organe beziehen sich also nur auf solche, die im unteren Teil der Leitung sitzen.

Das hier über Drosselklappen Gesagte kann sinngemäß auch auf anders gebaute Abschlußorgane übertragen werden.

Über den Druckstoß in einsträngigen Rohrleitungen.

Von F. TÖLKE, Berlin-Charlottenburg.

Mit 83 Abbildungen.

Die Theorie der Druckstöße in den Leitungen von Wasserkraft- und Wasserwerken hat in den beiden letzten Jahrzehnten eine solche Förderung erfahren, daß wir heute den Verlauf der Druckstöße selbst in sehr weitverzweigten Rohrleitungen eingehend verfolgen können. Wie es in allen Zweigen der Technik zu geschen pflegt, so ging man auch beim Aufbau der Druckstoßtheorie zunächst von gewissen vereinfachenden Voraussetzungen aus und suchte sich dann den wachsenden Bedürfnissen immer stärker anzupassen. Naturgemäß weitete sich Hand in Hand damit der erforderliche Rechen- und Zeichenaufwand immer mehr aus, so daß man sich heute fragen muß, ob nicht durch strengere Fassung der Ausgangsvoraussetzungen und umfassendere mathematische Behandlung das Druckstoßproblem zweckentsprechender und durchsichtiger behandelt werden kann. In den letzten Jahren sind zahlreiche Vorstöße in dieser Richtung gemacht worden, die alle zunächst die einsträngige Leitung, als das Grundelement der Druckstoßtheorie, herausstellen.

Die Theorie der einsträngigen Druckrohrleitung wurde bekanntlich durch den großen Strömungstheoretiker JOUKOWSKY[1] begründet, der seinen Betrachtungen eine reibungsfreie Flüssigkeit und eine Leitung von konstanter Wandstärke und konstantem Querschnitt zugrunde legte. Offensichtlich ohne die 1900 veröffentlichten Arbeiten von JOUKOWSKY zu kennen, entwickelte ALLIEVI[2] eine in allen Einzelheiten ausgearbeitete Druckstoßtheorie. Sie wurde 1902 in italienischer, 1904 in französischer und 1909 in deutscher Sprache veröffentlicht und damit weiten Fachkreisen zugänglich gemacht.

ALLIEVI baute seine Theorie auf dem aus der BERNOULLIschen Energiegleichung folgenden quadratischen Reglergesetz auf. Hierdurch sowie durch die Elimination der Wellenfortpflanzungsfunktion entstand eine gewisse Schwerfälligkeit der ALLIEVIschen Theorie für die praktische Anwendung. Es war daher von größter Bedeutung für die Weiterentwicklung der Druckstoßtheorie, daß BRAUN[3] das Reglergesetz linearisierte und die Wellenfortpflanzungsfunktion explizit darstellte. Die schon 1909 von BRAUN gegebene Klassifizierung der Druckstoßerscheinungen ist mit oder ohne Nennung des Namens von BRAUN für alle späteren Veröffentlichungen richtungweisend geblieben.

Im Anschluß an die Untersuchungen von JOUKOWSKY, ALLIEVI und BRAUN entstanden zunächst eine ganze Reihe wertvoller zeichnerischer Verfahren, die, wie z. B. das von SCHNYDERS, es ermöglichten, auch sehr verwickelte Druckstoßprobleme einer befriedigenden Behandlung zugänglich zu machen.

In jüngster Zeit hat die Weiterentwicklung der Druckstoßtheorie dadurch neuen Auftrieb erfahren, daß die Veränderlichkeit von Wandstärke und Querschnitt in die Betrachtung

---

[1] JOUKOWSKY: Über den hydraulischen Stoß in den Wasserleitungsrohren. Petersburg und Leipzig: Voß 1900.

[2] ALLIEVI, L., R. DUBS u. V. BATAILLARD: Allgemeine Theorie über die veränderliche Bewegung des Wassers in Leitungen. Berlin: Springer 1909.

[3] BRAUN, E.: Druckschwankungen in Rohrleitungen. Stuttgart: K. Wittwer 1909.

einbezogen wurde. FAVRE[1] hat 1938 eine diesbezügliche, sehr streng aufgebaute Druckstoßtheorie veröffentlicht. Inwieweit es mit dieser sehr verwickelten Theorie möglich sein wird, den tatsächlich auftretenden Veränderlichkeiten Rechnung zu tragen, ist schwer vorauszusehen. Nichtsdestoweniger stellt die FAVREsche Theorie einen großen Fortschritt dar, denn sie liefert eine strenge und geschlossene Lösung für den Fall linear veränderlicher Wellenfortpflanzungsgeschwindigkeit und linear veränderlichen Rohrdurchmessers. Voraussetzungen dieser Art kommen den tatsächlichen Verhältnissen naturgemäß erheblich näher als die in der ALLIEVIschen Theorie zugrunde gelegten mittleren Fortpflanzungsgeschwindigkeiten.

Weniger streng aufgebaut, aber einer unmittelbaren Anwendung zugänglich ist ein von EVANGELISTI[2] beschrittener Weg, um die Veränderlichkeit von Wandstärke und Querschnitt zu berücksichtigen. EVANGELISTI führt ähnlich wie ALLIEVI das Problem auf zwei partielle simultane Differentialgleichungen erster Ordnung zurück, in denen aber nicht mehr Geschwindigkeit und Druckhöhe, sondern Wassermenge und Druckhöhe die Veränderlichen sind. Die Differentialgleichungen von EVANGELISTI stimmen trotz ihres erheblich weiter gespannten Anwendungsbereiches in der Form mit denjenigen von ALLIEVI weitgehend überein. Dadurch lassen sich alle auf die ALLIEVIsche Lösung angewendeten Rechnungsverfahren wie insbesondere diejenigen von BRAUN unmittelbar auf die EVANGELISTIsche Lösung übertragen.

In den nachfolgenden Untersuchungen soll nun der durch die Arbeiten von JOUKOWSKY, ALLIEVI, BRAUN und EVANGELISTI vorgezeichnete Weg weiter beschritten und zu einer auch strengeren Ansprüchen genügenden und die Rohrreibung einschließenden Theorie ausgebaut werden. Hierfür wird es notwendig sein, die Theorie noch einmal von Grund aus aufzubauen und dabei nur solche Vernachlässigungen zuzulassen, die im Hinblick auf die Anwendung tragbar oder in ihrer Reichweite zu überblicken sind.

I. Allgemeine theoretische Grundlagen und Lösungsverfahren mit Hilfe der Wellenfortpflanzungsfunktion.

1. Zugrunde gelegte Bezeichnungen.

Die zugrunde gelegten Bezeichnungen entsprechen den von Professor BÖSS eingangs veröffentlichten Druckstoßnormen. Für die wichtigsten Größen können die Bezeichnungen auch aus der Abb. 1 entnommen werden.

2. Die Gleichgewichtsbedingung.

Zur Aufstellung der Gleichgewichtsbedingung werden an den Stellen x und $x + \Delta x$ Schnitte senkrecht zur Rohrachse geführt und die Kräfte betrachtet, welche auf die zwischen den Schnitten befindliche Flüssigkeitsmasse wirken. Diese Kräfte ergeben sich aus den Druckkräften, aus den Trägheitskräften, aus den Reibungskräften und aus den Gewichtskräften. Jede dieser vier Kräftegruppen läßt sich zu einer resultierenden Kraft in axialer Richtung zusammenfassen, wobei von vornherein darauf Rücksicht genommen werden kann, daß zum Schluß noch der Grenzübergang für $\Delta x \to 0$ vollzogen werden muß.

Der Wasserdruck belastet die betrachtete Wassermasse gemäß Abb. 2a teils über die Schnittflächen, teils über die Rohrberandung. Denkt man sich die größere der beiden Schnitt-

---

[1] FAVRE, H.: Théorie des coups de bélier dans les conduites à caracté istiques lineairement variables. Rev. gén. Hydraulique 1938.
[2] EVANGELISTI, G.: Sul calcolo del colpo d'ariete nelle condotte forzate a caratteristiche variabili. Energia elettr. 1939.

flächen in zwei Teilflächen zerlegt, dergestalt, daß sich die eine Teilfläche gerade mit der kleineren Schnittfläche deckt, so heben sich die auf die äußere Ringteilfläche wirkenden Wasserdrucke gerade mit den von der Rohrberandung herrührenden Drucken auf. Wird daher diese in Abb. 2a punktiert angedeutete Kräftegruppe von vornherein außer Betracht gelassen, so verbleiben lediglich die auf die beiden Stirnflächen vom Querschnitt F wirkenden Druckkräfte. Diese liefern den Axialkraftüberschuß

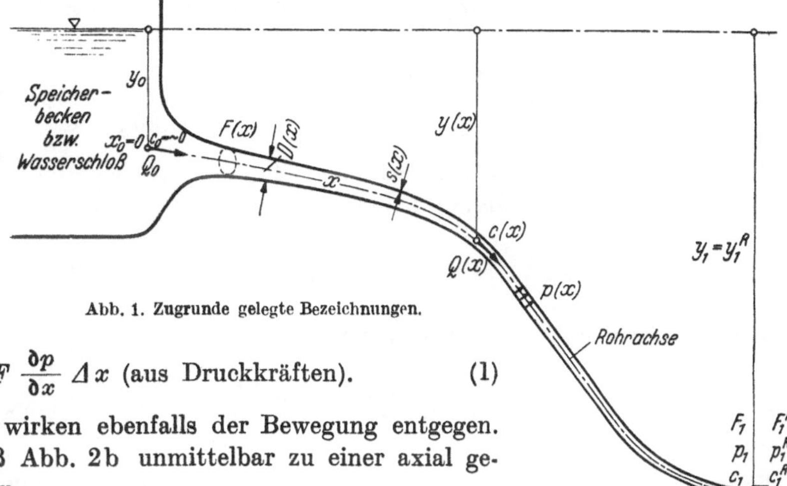

Abb. 1. Zugrunde gelegte Bezeichnungen.

$$\varDelta P = - F\,\frac{\partial p}{\partial x}\,\varDelta x \quad \text{(aus Druckkräften).} \tag{1}$$

Die Trägheitskräfte wirken ebenfalls der Bewegung entgegen. Sie lassen sich gemäß Abb. 2b unmittelbar zu einer axial gerichteten Resultierenden

$$\varDelta T = - \varDelta m\,b$$

zusammenfassen, wobei sich die Masse zu

$$\varDelta m = \frac{\gamma}{g}\,\varDelta V = \frac{\gamma}{g}\,F\varDelta x$$

und die Beschleunigung zu

$$b = \frac{\partial c}{\partial t} + \frac{\partial(\tfrac12 c^2)}{\partial x}$$

ergibt. Die Einführung dieser Größen in die Ausgangsgleichung liefert

$$\varDelta T = \frac{-\gamma}{g}\,F\left(\frac{\partial c}{\partial t} + \frac{\partial(\tfrac12 c^2)}{\partial x}\right)\varDelta x \quad \text{(aus Trägheitskräften).} \tag{2}$$

Die Reibungskräfte wirken ebenfalls der Bewegung entgegen. Da der Neigungswinkel der Rohrberandung gegen die Achse (Abb. 2c) durchweg klein ist, kann die resultierende Reibungskraft mit hinreichender Genauigkeit auf die Axiallänge $\varDelta x$ bezogen werden. Wird für den Zusammenhang zwischen Geschwindigkeit und Energieliniengefälle das CHEZY-EITELWEINsche Gesetz zugrunde gelegt und der Reibungsbeiwert nach HRUSCHKA[1] entsprechend der LANGschen Formel mit $\tfrac14\lambda$ eingeführt, so erhält man für die resultierende Reibungskraft

$$\varDelta R = - \frac{\lambda\gamma}{4}\,\frac{c^2}{2g}\,D\pi\,\varDelta x \cdot \mathrm{sgn}\,c \quad \text{(aus Reibungskräften)[2].} \tag{3}$$

Die Gewichtskraft $\gamma F\varDelta x$ ist die einzige in Richtung der Bewegung wirkende Kraft. Bezeichnet φ den Neigungswinkel der Rohrachse gegen die Waagerechte (Abb. 2d), so folgt für die Axialkomponente der Gewichtskraft

$$\varDelta G_a = \gamma F \sin\varphi\,\varDelta x.$$

---

[1] HRUSCHKA, A.: Druckrohrleitungen der Wasserkraftwerke. Wien und Berlin: Springer 1929.
[2] In deiser Gleichung ist sgn c im allgemeinen gleich $+1$; erst in dem seltenen Falle, daß die Geschwindigkeitsrichtung von der Turbine zum Wasserschloß gerichtet ist, nimmt sgn c auch den Wert -1 an.

Unter Bezugnahme auf Abb. 1 kann $\sin \varphi$ auch als Differentialquotient der Ordinate y nach der Bogenlänge x dargestellt werden. Wird dieses in der Ausgangsgleichung berücksichtigt, so ergibt sich

$$\Delta G_a = \gamma F \frac{dy}{dx} \Delta x \quad \text{(aus Gewichtskräften)}. \tag{4}$$

Werden in die Gleichgewichtsbedingung

$$\Delta P + \Delta T + \Delta R + \Delta G_a = 0$$

die Kräfte gemäß (1) bis (4) eingeführt, so folgt, wenn gleichzeitig durch das Gewicht $\gamma F \Delta x$ der Flüssigkeitsmasse dividiert wird,

$$\frac{\partial}{\partial x}\left(\frac{p}{\gamma}\right) + \frac{1}{g}\frac{\partial c}{\partial t} + \frac{\partial}{\partial x}\left(\frac{c^2}{2g}\right) + \frac{\lambda}{D}\frac{c^2}{2g}\cdot \operatorname{sgn} c - \frac{dy}{dx} = 0.$$

Werden hierin noch die Beziehungen

$$\frac{1}{g}\frac{\partial c}{\partial t} = \frac{1}{gF}\frac{\partial Q}{\partial t}, \qquad \frac{\lambda}{D}\frac{c^2}{2g} = \frac{\partial}{\partial x}\int_0^x \frac{\lambda}{D}\frac{c^2}{2g}\cdot \operatorname{sgn} c\, dx$$

berücksichtigt, so ergibt sich schließlich bei geeigneter Zusammenfassung

$$\frac{\partial}{\partial x}\left(\frac{p}{\gamma} - y + \frac{c^2}{2g} + \int_0^x \frac{\lambda}{D}\frac{c^2}{2g}\cdot \operatorname{sgn} c\, dx\right) + \frac{1}{gF}\frac{\partial Q}{\partial t} = 0. \tag{5}$$

In (5) stellt die runde Klammer nichts anderes als die Energiehöhenfunktion der strömenden Flüssigkeit unter Einschluß der Rohrreibungsverluste dar. Im Gegensatz zur stationären Strömung ist diese hier natürlich keine Konstante mehr, sondern gemäß

$$H(x, t) = \frac{p}{\gamma} - y + \frac{c^2}{2g} + \int \frac{\lambda}{D}\frac{c^2}{2g}\cdot \operatorname{sgn} c\, dx \tag{6}$$

eine Funktion von x und t. Mit (6) nimmt die Gleichgewichtsbedingung die außerordentlich durchsichtige Form

$$\frac{\partial H}{\partial x} + \frac{1}{gF}\frac{\partial Q}{\partial t} = 0 \tag{7}$$

an.

3. Die Kontinuitätsbedingung.

Die Kontinuitätsbedingung sagt aus, daß an jeder Stelle x zu jedem Zeitpunkt t die Kontinuität des Strömungsdurchflusses gewahrt sein muß. Um diese Bedingung analytisch zu formulieren, schafft man sich zunächst einmal einen Kontrollraum, im vorliegenden Falle zweckmäßig dadurch, daß man an zwei benachbarten Punkten x und $x + \Delta x$ der Rohrachse Normalschnitte geführt denkt. Der dadurch geschaffene Kontrollraum vom Inhalt $F \Delta x$ ist als fest und unveränderlich anzusehen, im Gegensatz zu dem vom Wasser eingenommenen Raum, der, sei es z. B. durch Dehnung des Rohres oder durch Zusammendrückung des Wassers, über den Kontrollraum hinaus oder in den Kontrollraum hineingreifen kann.

Betrachtet man nun die in einem kleinen Zeitelement in den Kontrollraum ein- und austretenden Wassermengen, so verlangt die Kontinuitätsbedingung, daß diese sich gerade aufheben, und zwar soll dieses streng genommen erst für $\Delta x \to 0$ und $\Delta t \to 0$ der Fall sein. Im Hinblick auf diesen später zu vollziehenden Grenzübergang können Glieder höherer Ordnung in $\Delta x \Delta t$ von vornherein als bedeutungslos unterdrückt werden. Dies erleichtert die Herleitung insbesondere dadurch, daß die drei Einflußfaktoren der Axialströmung, der

Kompressibilität des Wassers und der Elastizität der Rohrleitung getrennt voneinander betrachtet werden können. Die Gesamtwirkung folgt dann durch Überlagerung der Einzelwirkungen.

Für die Axialströmung können Kontrollraum und Wasserraum als zusammenfallend angesehen werden, womit sich die aus Abb. 3a ersichtlichen Strömungsverhältnisse ergeben. Es folgt hieraus ein Ausflußüberschuß gemäß

$$\varDelta \varDelta Q = \frac{\partial Q}{\partial x}\, \varDelta x \varDelta t. \qquad (8)$$

Bei Betrachtung des Einflusses der Kompressibilität des Wassers kann das Rohr als starr zugrunde gelegt und der Einfluß der Axialströmung außer Betracht gelassen werden. Man hat es dann gemäß Abb. 3b mit einem an der einen Stirnfläche offenen Druckgefäß zu tun, in welchem das Wasser zufolge seiner Kompressibilität eine Volumenverminderung gemäß

$$\varDelta V = \varepsilon_{fl} F \varDelta x = \frac{p}{E_{fl}} F \varDelta x$$

erfährt. Nun ist hier aber nicht nach der Volumenverminderung an sich, sondern nach derjenigen Volumenverminderung gefragt, die sich im Zeitteilchen $\varDelta t$ infolge der zeitlichen Änderung des Druckes p einstellt. Für diese ergibt sich

$$\varDelta \varDelta V = \frac{\partial \varDelta V}{\partial t}\, \varDelta t = \frac{F}{E_{fl}} \frac{\partial p}{\partial t}\, \varDelta x \varDelta t.$$

Da diese Volumenverminderung durch in den Kontrollraum einströmendes Wasser ausgeglichen werden muß, ist sie gleichbedeutend mit einem Ausflußüberschuß

$$\varDelta \varDelta Q = \frac{F}{E_{fl}} \frac{\partial p}{\partial t}\, \varDelta x \varDelta t \quad \text{(aus der Kompressibilität des Wassers).} \qquad (9)$$

Bei Betrachtung des Einflusses der Rohrelastizität kann das gleiche Druckgefäß wie eben zugrunde gelegt werden, aber nunmehr mit inkompressibler Flüssigkeit und elastischer Wandung. Wird die Querkontraktion zunächst unberücksichtigt gelassen, so wird die Rohrwandung gemäß Abb. 3c eine elastische Zunahme des Halbmessers von

$$\varDelta \frac{D}{2} = \varepsilon_r \frac{D}{2} = \frac{\tfrac{1}{2} p}{s E_r} \frac{D}{2} = \frac{\tfrac{1}{4} p D^2}{s E_r}$$

erfahren. Dieser entspricht eine Volumenausweitung von

$$\varDelta V = \varDelta \frac{D}{2}\, D \pi \varDelta x = \frac{\tfrac{1}{4} p D^2}{s E_r}\, D \pi \varDelta x = \frac{p D F}{s E_r}\, \varDelta x.$$

Ähnlich wie im vorigen Falle folgt hieraus für die Volumenausweitung im Zeitteilchen $\varDelta t$

$$\varDelta \varDelta V = \frac{\partial \varDelta V}{\partial t}\, \varDelta t = \frac{D F}{s E_r} \frac{\partial p}{\partial t}\, \varDelta x \varDelta t.$$

Diese Volumenausweitung ist gleichbedeutend mit einem Ausflußüberschuß von

$$\varDelta \varDelta Q = \frac{D F}{s E_r} \frac{\partial p}{\partial t}\, \varDelta x \varDelta t \qquad (10\,\text{a})$$

(aus Rohrelastizität bei freier Längsbeweglichkeit der Leitung).

In (10a) ist der Einfluß der Querkontraktion μ unberücksichtigt gelassen. Eine solche Annahme setzt voraus, daß die Rohrleitung in der Längsrichtung frei beweglich ist und die Längsverformung in den Dilatationen ausgeglichen wird. Ist diese freie Längsbeweglichkeit während des Druckstoßvorganges behindert, z. B. durch Reibung über den Auflagersockeln, so wird die Rohrelastizität durch die Querkontraktion herabgesetzt. Bezeichnet σ_x die in diesem Falle unter der Wirkung von p entstehende Längsspannung, so folgen nach der Elastizitätstheorie die Ring- und Längsdehnungen zu

$$\varepsilon_r = \frac{\frac{1}{2} p \, D}{s \, E_r} - \mu \, \frac{\sigma_x}{E_r}, \qquad \varepsilon_x = \frac{\sigma_x}{E_r} - \mu \, \frac{\frac{1}{2} p \, D}{s \, E_r} \, .$$

Bei behinderter Längsbeweglichkeit ist $\varepsilon_x = 0$, und man erhält

$$\frac{\sigma_x}{E_r} = \mu \, \frac{\frac{1}{2} p \, D}{s \, E_r}$$

und damit für die Ringdehnung

$$\varepsilon_r = \frac{\frac{1}{2} p \, D}{s \, E_r} \, (1 - \mu^2).$$

Unter Zugrundelegung dieses Wertes gelangt man in ähnlicher Weise wie vorhin zu einem Ausflußüberschuß von

$$\Delta \Delta Q = \frac{D \, F}{s \, E_r} \, (1 - \mu^2) \, \frac{\partial p}{\partial t} \, \Delta x \Delta t \tag{10b}$$

(aus Rohrelastizität bei behinderter Längsbeweglichkeit der Leitung).

Die Überlagerung der Einzelwirkungen gemäß (8) bis (10) liefert den Gesamtausflußüberschuß. Dieser muß zufolge der Kontinuitätsbedingung verschwinden. Bei Unterdrückung des gemeinsamen Faktors $\Delta x \Delta t$ folgt

$$\frac{\partial Q}{\partial x} + \frac{F}{E_{fl}} \frac{\partial p}{\partial t} + \frac{DF}{s \, E_r} \frac{\partial p}{\partial t} = 0 \quad \text{bzw.} \quad \frac{\partial Q}{\partial x} + \frac{F}{E_{fl}} \frac{\partial p}{\partial t} + \frac{DF}{s \, E_r} \, (1 - \mu^2) \frac{\partial p}{\partial t} = 0. \tag{11}$$

Durch **geeignete** Zusammenfassung und Erweiterung mit $\frac{g}{\gamma}$ und bei Einführung der sog. Wellenfortpflanzungsgeschwindigkeit oder Wellenschnelligkeit

$$a \, (x) = \sqrt{\frac{g \, E_{fl}}{\gamma \left(1 + \dfrac{D \, E_{fl}}{s \, E_r}\right)}} \qquad \text{bzw.} \qquad a \, (x) = \sqrt{\frac{g \, E_{fl}}{\gamma \left(1 + \dfrac{D E_{fl}}{s \, E_r} (1 - \mu^2)\right)}} \tag{12/13}$$

$$\text{(bei freier Längsbeweglichkeit)} \qquad \text{(bei behinderter Längsbeweglichkeit)}$$

läßt sich (11) auch in der kürzeren Form

$$\frac{\partial Q}{\partial x} + \frac{g F}{a^2} \frac{\partial}{\partial t} \left(\frac{p}{\gamma}\right) = 0 \tag{14}$$

schreiben.

Der Bau von (7) legt es nahe, an Stelle von $\frac{p}{\gamma}$ die Energiehöhenfunktion H gemäß (6) einzuführen. Zunächst folgt durch Differentiation und mit $c = \frac{Q}{F}$

$$\frac{\partial H}{\partial t} = \frac{\partial}{\partial t} \left(\frac{p}{\gamma}\right) + \frac{\partial}{\partial t} \left(\frac{c^2}{2g} + \int_0^x \frac{\lambda}{D} \frac{c^2}{2g} \cdot \text{sgn} \, c \, dx\right) = \frac{\partial}{\partial t} \left(\frac{p}{\gamma}\right) + \frac{Q}{g F^2} \frac{\partial Q}{\partial t} + \int_0^x \frac{\lambda}{D} \frac{Q}{g F^2} \frac{\partial Q}{\partial t} \cdot \text{sgn} \, c \, dx$$

und damit

$$\frac{\partial}{\partial t} \left(\frac{p}{\gamma}\right) = \frac{\partial H}{\partial t} - \frac{Q}{g F^2} \frac{\partial Q}{\partial t} - \int_0^x \frac{\lambda}{D} \frac{Q}{g F^2} \frac{\partial Q}{\partial t} \cdot \text{sgn} \, c \, dx. \tag{15}$$

Die Berücksichtigung von (15) in (14) liefert die Kontinuitätsgleichung in der Form

$$\frac{\partial Q}{\partial x} - \frac{Q}{a^2 F} \frac{\partial Q}{\partial t} - \frac{F}{a^2} \int_0^x \frac{\lambda}{D} \frac{Q}{F^2} \frac{\partial Q}{\partial t} \cdot \text{sgn} \, c \, dx + \frac{g F}{a^2} \frac{\partial H}{\partial t} = 0. \tag{16}$$

Nun ist aus der Wellentheorie bekannt, daß größenordnungsmäßig

$$\left|\frac{\partial Q}{\partial t}\right| = \sim \left|a\,\frac{\partial Q}{\partial x}\right|$$

ist. Damit folgt für das zweite Glied in (16) größenordnungsmäßig

$$\frac{Q}{a^2 F}\,\frac{\partial Q}{\partial t} \overset{!}{=} (\pm)\,\frac{Q}{a F}\,\frac{\partial Q}{\partial x} \overset{!}{=} (\pm)\,\frac{c}{a}\,\frac{\partial Q}{\partial x}.$$

Im ungünstigen Falle nimmt $\dfrac{c}{a}$ etwa den Wert 0,01 an, womit das zweite Glied in (16) größenordnungsmäßig 1% und weniger von dem ersten Gliede ausmacht. Es kann daher bedenkenlos gegenüber dem ersten Gliede unterdrückt werden.

Wird die gleiche Größenordnungsabschätzung in dem dritten Gliede von (16) berücksichtigt, so ergibt sich zunächst

$$\frac{F}{a^2}\int\limits_0^x \frac{\lambda}{D}\,\frac{Q}{F^2}\,\frac{\partial Q}{\partial t}\cdot \operatorname{sgn} c\,dx \overset{!}{=} (\pm)\,\frac{F}{a^2}\int\limits_0^x \frac{\lambda}{D}\,\frac{Q a}{F^2}\,\frac{\partial Q}{\partial x}\cdot \operatorname{sgn} c\,dx.$$

Von den unter dem Integral stehenden Gliedern ist λ nahezu konstant, $\operatorname{sgn} c$ gewöhnlich $+\,1$, Q und $\dfrac{\partial Q}{\partial x}$ nur wenig mit x veränderlich, während $\dfrac{a}{DF^2}$ mit wachsendem x monoton zunimmt. Hieraus folgt einmal, daß das Integral seinen Größtwert annimmt, wenn $x = L$ gesetzt wird, und zum anderen, daß für das Integral die folgende Größenabschätzung besteht:

$$\left|\frac{F}{a^2}\int\limits_0^x \frac{\lambda}{D}\,\frac{Q}{F^2}\,\frac{\partial Q}{\partial t}\operatorname{syn} c\,dx\right| < \frac{F_1}{a_1^2}\,\frac{\lambda}{D_1}\,\frac{Q_1 a_1}{F_1^2}\,\frac{\partial Q}{\partial x}\cdot L = \frac{\lambda c_1 L}{a_1 D_1}\,\frac{\partial Q}{\partial x}.$$

Wird im Falle einer Kraftwerksleitung

$$\lambda = 0,02, \quad L = 1000\ \text{m}, \quad D_1 = 1\ \text{m}, \quad c_1 = 5\ \text{m/s}, \quad a_1 = 1000\ \text{m/s}$$

gesetzt, so errechnet sich

$$\left|\frac{F}{a^2}\int\limits_0^x \frac{\lambda}{D}\,\frac{Q}{F^2}\,\frac{\partial Q}{\partial t}\operatorname{sgn} c\,dx\right| < 0{,}1\,\frac{\partial Q}{\partial x}.$$

Hiernach macht bei Kraftwerksleitungen das dritte Glied in (16) größenordnungsmäßig weniger als 10% des ersten Gliedes aus und wird daher in vielen Fällen unbedenklich gestrichen werden können.

Im Falle von Wasserwerksleitungen führt die Streichung des dritten Gliedes zu erheblich größeren Fehlern und muß daher unterbleiben.

Dort, wo das zweite und dritte Glied in (16) unterdrückt werden kann, zieht sich die Kontinuitätsgleichung auf die vereinfachte Form

$$\frac{\partial Q}{\partial x} + \frac{g F}{a^2}\,\frac{\partial H}{\partial t} = 0 \tag{17}$$

zusammen.

4. Die Druckstoßgleichungen.

Gleichgewichtsbedingung und Kontinuitätsbedingung liefern ein vollständiges System von zwei simultanen Differentialgleichungen für die beiden Unbekannten H und Q. Durch Zusammenfügung von (7) und (17) folgt

$$\left.\begin{aligned}\frac{\partial H}{\partial x} + \frac{1}{g F}\,\frac{\partial Q}{\partial t} &= 0\\[2mm]\frac{\partial Q}{\partial x} + \frac{g F}{a^2}\,\frac{\partial H}{\partial t} &= 0\end{aligned}\right\}\quad \text{mit}\quad \left.\begin{aligned}H &= \frac{p}{\gamma} - y + \frac{c^2}{2g} + \int\limits_0^x \frac{\lambda}{D}\,\frac{c^2}{2g}\cdot \operatorname{sgn} c\,dx\\[2mm]Q &= cF\end{aligned}\right\}. \tag{18}$$

---

[1] Man muß sich stets vor Augen halten, daß die Strenge der Befriedigung der Kontinuitätsgleichung immer nur in der Theorie besteht. In Wirklichkeit können die maßgebenden Faktoren, wie Rohrelastizität und Wasserkompressibilität in Größenordnungen schwanken, welche die Streichung des Reibungsgliedes bis zur Größenordnung von 10% des ersten Gliedes durchaus rechtfertigen.

3*

Wird die erste der Gln. (18) mit gF multipliziert und dann nach x differenziert und hiervon die nach t differenzierte zweite der Gln. (18) abgezogen, so ergibt sich eine Differentialgleichung zweiter Ordnung für die Energiehöhenfunktion H. Wird die zweite der Gln. (18) mit $\dfrac{a^2}{gF}$ multipliziert und dann nach x differenziert und hiervon die nach t differenzierte erste der Gln. (18) abgezogen, so entsteht eine entsprechende Differentialgleichung für die Wassermenge Q. Diese Differentialgleichungen lauten

$$F \frac{\partial^2 H}{\partial x^2} + \frac{dF}{dx} \frac{\partial H}{\partial x} - \frac{F}{a^2} \frac{\partial^2 H}{\partial t^2} = 0,$$

$$\frac{a^2}{F} \frac{\partial^2 Q}{\partial x^2} + \frac{d \frac{a^2}{F}}{dx} \frac{\partial Q}{\partial x} - \frac{1}{F} \frac{\partial^2 Q}{\partial t^2} = 0,$$

oder nach Division durch F bzw. $\dfrac{a^2}{F}$

$$\frac{\partial^2 H}{\partial x^2} + \frac{d \ln F}{dx} \frac{\partial H}{\partial x} - \frac{1}{a^2} \frac{\partial^2 H}{\partial t^2} = 0,$$

$$\frac{\partial^2 Q}{\partial x^2} + \frac{d \ln \frac{a^2}{F}}{dx} \frac{\partial Q}{\partial x} - \frac{1}{a^2} \frac{\partial^2 Q}{\partial t^2} = 0. \tag{19}$$

Für die weitere Behandlung sollen die Differentialgleichungen (18) bzw. (19) zunächst auf eine dimensionslose Form gebracht werden. Bezeichnet τ gemäß

$$\tau = \frac{t}{T_l} \qquad \text{mit} \qquad T_l = \int_0^L \frac{dx}{a(x)} \tag{20}$$

eine dimensionslose Zeit, die auf die sog. Laufzeit, in der sich ein Druckstoß vom Regelorgan zum Wasserschloß fortpflanzt, bezogen ist, und ξ gemäß

$$\xi = \frac{1}{T_l} \int_0^x \frac{dx}{a(x)} \quad \text{mit} \quad \xi_0 = 0, \qquad \xi_1 = \frac{1}{T_l} \int_0^L \frac{dx}{a(x)} = 1 \tag{21}$$

eine erstmals von EVANGELISTI[1] eingeführte dimensionslose Abszisse, und wird ferner H gemäß

$$H = H_{Jou}\, \eta \tag{22}$$

durch den sog. JOUKOWSKY-Stoß

$$H_{Jou} = \frac{c_{1,\max} a_1}{g} \tag{23}$$

und Q gemäß

$$Q = Q_{1,\max}^R\, \zeta \tag{24}$$

durch die größte, vom Regler durchgelassene Wassermenge

$$Q_{1,\max}^R = c_{1,\max} F_1 = c_{1,\max}^R F_1^R \tag{25}$$

ausgedrückt, so nehmen die Druckstoßgleichungen die nachfolgenden, außerordentlich durchsichtigen Formen an:

$$\frac{\partial \eta}{\partial \xi} + \frac{a}{a_1} \frac{F_1}{F} \frac{\partial \zeta}{\partial \tau} = 0,$$

$$\frac{\partial \eta}{\partial \tau} + \frac{a}{a_1} \frac{F_1}{F} \frac{\partial \zeta}{\partial \xi} = 0; \tag{26}$$

$$\frac{\partial^2 \eta}{\partial \xi^2} + \frac{d \ln \left(\frac{a_1 F}{a F_1} \right)}{d\xi} \frac{\partial \eta}{\partial \xi} - \frac{\partial^2 \eta}{\partial \tau^2} = 0,$$

$$\frac{\partial^2 \zeta}{\partial \xi^2} + \frac{d \ln \left(\frac{a F_1}{a_1 F} \right)}{d\xi} \frac{\partial \zeta}{\partial \xi} - \frac{\partial^2 \zeta}{\partial \tau^2} = 0. \tag{27}$$

[1] EVANGELISTI, G.: Sul calcolo del colpo d'ariete nelle condotte forzate a caratteristiche variabili. Energia elettr. 1939.

5. Das EVANGELISTIsche allgemeine Integral der Druckstoßgleichungen.

Die Druckstoßgleichungen (26) und (27) stimmen der Form nach mit den schon einleitend erwähnten EVANGELISTIschen Differentialgleichungen überein, für welche EVANGELISTI erstmalig die Lösung gegeben hat. Es handelt sich dabei zwar um keine strenge Lösung, aber doch um eine Lösung, welche den wirklichen Verhältnissen in befriedigender Weise nahekommen dürfte. Die Anpassung der EVANGELISTIschen Lösung an die vorliegenden Verhältnisse liefert das Integral von (26) und (27) in der Form

$$\eta = \eta_0 + \sqrt{\frac{aF_1}{a_1F}}\,[\Phi\,(\tau + \xi - 1) + \Psi\,(\tau - \xi - 1)],$$

$$\zeta = \zeta_0 - \sqrt{\frac{a_1F}{aF_1}}\,[\Phi\,(\tau + \xi - 1) - \Psi\,(\tau - \xi - 1)]. \tag{28}$$

Um zu einer Beurteilung der Güte dieser Näherungslösung zu gelangen, möge (28) in (27) eingeführt werden. Nach Ausführung der langwierigen Differentiationen ergibt sich

$$\frac{\partial^2\eta}{\partial^2\xi} + \frac{d\ln\left(\frac{a_1F}{aF_1}\right)}{d\xi}\,\frac{\partial\eta}{\partial\xi} - \frac{\partial^2\eta}{\partial\tau^2} = -\frac{aF_1}{a_1F}\,\frac{d^2\sqrt{\frac{a_1F}{aF_1}}}{d\xi^2}\,[\Phi\,(\tau + \xi - 1) - \Psi\,(\tau - \xi - 1)],$$

$$\frac{\partial^2\zeta}{\partial\xi^2} + \frac{d\ln\left(\frac{aF_1}{a_1F}\right)}{d\xi}\,\frac{\partial\zeta}{\partial\xi} - \frac{\partial^2\zeta}{\partial\tau^2} = +\frac{a_1F}{aF_1}\,\frac{d^2\sqrt{\frac{aF_1}{a_1F}}}{d\xi^2}\,[\Phi\,(\tau + \xi - 1) + \Psi\,(\tau - \xi - 1)]. \tag{29}$$

Nach (29) werden die beiden Differentialgleichungen in sämtlichen ersten und zweiten Differentialquotienten der Funktionen Φ und Ψ identisch befriedigt. Es verbleiben lediglich Glieder, welche die Funktionen selbst enthalten. Diese sind aber klein, gemessen an den Gliedern der linken Seiten der Differentialgleichungen, insbesondere gemessen an den zweiten Differentialquotienten nach τ. Im übrigen sind die beiden Differentialgleichungen überall dort streng erfüllt, wo die zweite Ableitung von

$$\sqrt{\frac{a_1F}{aF_1}} \quad \text{bzw.} \quad \sqrt{\frac{aF_1}{a_1F}}$$

verschwindet. Dies ist mit Ausnahme der Übergänge zwischen den Rohrschüssen überall der Fall, so daß im ganzen gesehen die Anpassung an die Wirklichkeit recht befriedigend ist.

Man könnte gegenüber einer solchen Schlußfolgerung einwenden, daß Wellenfortpflanzungsgeschwindigkeit und Rohrquerschnitt an den Übergängen plötzliche Änderungen erfahren und dadurch Wellenaufspaltungen mit sehr steilen Köpfen zu erwarten sind, was die Anwendbarkeit der Näherungslösung (28) in Frage stellen würde. Gegenüber solchen Befürchtungen darf jedoch bemerkt werden, daß es in elastischen Rohrleitungen überhaupt keine plötzlichen Änderungen gibt, denn außer den Ring- und Längsspannungen treten an den Übergangsstellen noch Biegungsspannungen auf, die auch bei plötzlichen Querschnittsänderungen die Kontinuität des Spannungsflusses und der Formänderungen gewährleisten.

Die beiden in (28) auftretenden zunächst willkürlichen Funktionen Φ und Ψ heißen Wellenfortpflanzungsfunktionen, und zwar beschreibt die Φ-Funktion eine von der Turbine zum Wasserschloß aufsteigende Welle, die Ψ-Funktion eine vom Wasserschloß zur Turbine absteigende Welle. Die analytische Bestimmung dieser Funktionen ist erst in Verbindung mit den Randbedingungen möglich.

6. Die Einlaufbedingung am Wasserschloß.

Die Schwingungen des Wasserschlosses vollziehen sich im Vergleich zu denen der Rohrleitung so langsam, daß der Wasserschloßspiegel während der Druckstoßschwingung als unveränderlich angenommen werden kann. Demzufolge kann für den Einlauf stets der hydrostatische Druck

$$p_0 = \gamma y_0 \quad (\text{Einlauf, } x = x_0 = 0) \tag{30}$$

zugrunde gelegt werden. Ferner wird am Einlauf der Rohrquerschnitt F_0 stets aus strömungstechnischen Gründen trompetenartig erweitert (Abb. 1), womit die Einlaufgeschwindigkeit c_0 naturgemäß klein wird, so daß mit hinreichender Genauigkeit die Geschwindigkeitshöhe

$$\frac{c_0^2}{2g} = 0 \quad (\text{Einlauf, } x = x_0 = 0) \tag{31}$$

gesetzt werden kann.

Wird in der Energiehöhenfunktion gemäß (6) für die Stelle $x = 0$

$$H\,(0,\, t) = \frac{p_0}{\gamma} - y_0 + \frac{c_0^2}{2g}$$

(30) und (31) berücksichtigt, so folgt

$$H\,(0,\, t) = 0 \quad (\text{Einlauf, } x = x_0 = 0). \tag{32}$$

Am Einlauf ist also die Energiehöhenfunktion zu allen Zeiten konstant und gerade gleich null.

Über den Wassermengenaustausch $Q\,(0,\, t)$ am Einlauf lassen sich naturgemäß keinerlei allgemeine Aussagen machen.

Aus $H\,(0,\, t) = 0$ folgt nach (22) auch

$$\eta\,(0,\, \tau) = 0.$$

Wird diese Bedingungsgleichung zusammen mit $\xi = 0$ in die erste der Gln. (28) eingeführt, so ergibt sich

$$0 = \eta_0 + \sqrt{\frac{a\overline{F_1}}{a_1 F}}\,[\Phi\,(\tau - 1) + \Psi\,(\tau - 1)] \quad (\text{Einlauf}). \tag{33}$$

Diese Bedingungsgleichung läßt sich für alle Zeitpunkte nur dann erfüllen, wenn

$$\eta_0 = 0, \quad \Psi\,(\tau) = -\,\Phi\,(\tau) \tag{34}$$

gesetzt wird. Dies ist physikalisch gleichbedeutend mit einer Totalreflektion der von unten ankommenden Welle. Die Einführung von (34) in (28) liefert

$$\begin{aligned}
\eta &= +\sqrt{\frac{a\overline{F_1}}{a_1 F}}\,[\Phi\,(\tau + \xi - 1) - \Phi\,(\tau - \xi - 1)], \\
\zeta &= -\sqrt{\frac{a_1 F}{a\overline{F_1}}}\,[\Phi\,(\tau + \xi - 1) + \Phi\,(\tau - \xi - 1)] + \zeta_0
\end{aligned} \tag{35}$$

7. Die Anlaufbedingung zur Zeit $t=0$.

Zur Zeit $t = 0$, d. h. im Augenblicke des Einsetzens der Schwingung, soll sich die Leitung im stationären Strömungszustande befinden. In diesem Augenblicke lauten daher Gleichgewichts- und Kontinuitätsbedingung

$$\begin{aligned}
H\,(x,\, 0) &= \text{konst.} \\
Q\,(x,\, 0) &= \text{konst.}
\end{aligned} \quad (t = 0).$$

Da die Energiehöhenfunktion an der Stelle $x = 0$ stets den Wert null besitzt, muß die Konstante der ersten Gleichung den Wert null annehmen. Die Konstante der zweiten Gleichung ist gleich der Wassermenge Q_{stat} im Augenblicke des Schwingungsanlaufs. Demgemäß folgt

$$\begin{aligned}
H\,(x,\, 0) &= 0, \\
Q\,(x,\, 0) &= Q_{stat}.
\end{aligned} \tag{36}$$

Die entsprechenden Bedingungsgleichungen für η und ζ lauten in Verbindung mit (22) und (24)

$$\begin{aligned}
\eta\,(\xi,\, 0) &= 0, \\
\zeta\,(\xi,\, 0) &= \frac{Q_{stat}}{Q_{1,\,\max}^R}
\end{aligned} \tag{37}$$

Diese Bedingungsgleichungen sind gleichbedeutend mit

$$\Phi\,(\tau) = 0 \quad \text{für} \quad \tau \leqq 0,$$

$$\zeta_0 = \frac{Q_{stat}}{Q^R_{1,\,max}}\,. \tag{38}$$

Durch Verbindung von (38) und (35) folgt

$$\eta = \sqrt{\frac{a F_1}{a_1 F}}\,[\Phi\,(\tau + \xi - 1) - \Phi\,(\tau - \xi - 1)]\,,$$

$$\zeta = \frac{Q_{stat}}{Q^R_{1.\,max}} - \sqrt{\frac{a_1 F}{a F_1}}\,[\Phi\,(\tau + \xi - 1) + \Phi\,(\tau - \xi - 1)]\,, \tag{39}$$

$$\Phi\,(\tau) = 0 \quad \text{für} \quad \tau \leqq 0\,.$$

8. Die Steuerbedingung am Regelorgan.

Der Strömungsvorgang im Regelorgan ist an sich eine recht verwickelte Erscheinung. Angesichts der großen Längsausdehnung der Leitung können jedoch diese Strömungsverhältnisse außer Betracht gelassen und das Regelorgan durch eine achsensymmetrisch angeordnete und schneidenförmig wirkende, zeitlich veränderliche Querschnittseinschnürung ersetzt werden; für Ringschieber- und Nadelverschlüsse ist eine solche Annahme praktisch erfüllt, für Franzisturbinen gilt sie dagegen nur angenähert.

Bei einer schneidenförmigen Querschnittseinschnürung bzw. Querschnittsöffnung erfahren Druck und Geschwindigkeit plötzliche Änderungen. Werden gemäß Abb. 1 die reglerseitigen Bezugsgrößen gegenüber den rohrseitigen durch den Index R unterschieden und wird der Energieverlust im Regelorgan als bedeutungslos gegenüber dem der Rohrleitung vernachlässigt, so lauten Gleichgewichts- und Kontinuitätsbedingung

$$H\,(L,\,t) = \frac{p_1}{\gamma} - y_1 + \frac{c_1^2}{2g} + \int_0^L \frac{\lambda}{D}\,\frac{c^2}{2g}\cdot \operatorname{sgn} c\,d x = \frac{p_1^R}{\gamma} - y_1 + \frac{(c_1^R)^2}{2g} + \int_0^L \frac{\lambda}{D}\,\frac{c^2}{2g}\cdot \operatorname{sgn} c\,d x,$$

$$Q\,(L,\,t) = F_1 c_1 = F_1^R c_1^R\,. \tag{40}$$

Wird c_1^R vermittelst der zweiten dieser Gleichungen durch c_1 ausgedrückt, so liefert die erste Gleichung

$$H\,(L,\,t) = \frac{p_1^R}{\gamma} - y_1 + \left(\frac{F_1}{F_1^R}\right)^2 \frac{c_1^2}{2g} + \int_0^L \frac{\lambda}{D}\,\frac{c^2}{2g}\cdot \operatorname{sgn} c\,d x\,. \tag{41}$$

Wird diese Gleichung nach

$$F_1 c_1 = Q\,(L,\,t)$$

aufgelöst, nachdem vorher das Integral gemäß

$$\int_0^L \frac{\lambda}{D}\,\frac{c^2}{2g}\cdot \operatorname{sgn} c\,d x = F_1^2 c_1^2 \int_0^L \frac{\lambda}{D}\,\frac{c^2}{2g\,F_1^2 c_1^2}\cdot \operatorname{sgn} c\,d x$$

umgeschrieben wurde, so folgt bei entsprechender Zusammenfassung

$$Q\,(L,\,t) = \frac{F_1^R \sqrt{2g\left[y_1 - \dfrac{p_1^R}{\gamma} + H\,(L,\,t)\right]}}{\sqrt{1 + \left(\dfrac{F_1^R}{F_1}\right)^2 \displaystyle\int_0^L \frac{\lambda}{D}\,\frac{c^2}{c_1^2}\cdot \operatorname{sgn} c\,d x}}\,. \tag{42}$$

Diese Funktionalbeziehung zwischen Q und H läßt sich nun nach dem von Braun[1] erstmalig beschrittenen Wege linearisieren, was für die weitere theoretische Behandlung von

---

[1] Braun, E.: Druckschwankungen in Rohrleitungen. Stuttgart: K. Wittwer, 1909.

entscheidender Bedeutung ist. In der Wurzel im Zähler ist nämlich $H(L, t)$ in praktischen Anwendungsfällen höchstens halb so groß wie $y_1 - \frac{p_1^R}{\gamma}$, so daß mit hinreichender Genauigkeit

$$\sqrt{2g\left[y_1 - \frac{p_1^R}{\gamma} + H(L, t)\right]} = \sqrt{2g\left(y_1 - \frac{p_1^R}{\gamma}\right)}\left[1 + \frac{\frac{1}{2}H(L, t)}{y_1 - \frac{p_1^R}{\gamma}}\right] \tag{43}$$

gesetzt werden kann. Die Einführung von (43) in (42) liefert

$$Q(L, t) = \frac{F_1^R \sqrt{2g\left(y_1 - \frac{p_1^R}{\gamma}\right)}}{\sqrt{1 + \left(\frac{F_1^R}{F_1}\right)^2 \int\limits_0^L \frac{\lambda}{D} \frac{c^2}{c_1^2} \cdot \operatorname{sgn} c \, dx}}\left[1 + \frac{\frac{1}{2}H(L, t)}{y_1 - \frac{p_1^R}{\gamma}}\right]. \tag{44}$$

Durch Heranziehung von (22) bis (24) läßt sich diese Beziehung zwischen Q und H in eine entsprechende Beziehung zwischen ζ und η umschreiben. Man erhält

$$\zeta(1, \tau) = \frac{\frac{F_1^R}{Q_{1,\max}^R} \sqrt{2g\left(y_1 - \frac{p_1^R}{\gamma}\right)}}{\sqrt{1 + \left(\frac{F_1^R}{F_1}\right)^2 \int\limits_0^L \frac{\lambda}{D} \frac{c^2}{c_1^2} \cdot \operatorname{sgn} c \, dx}}\left[1 + \frac{c_{1,\max} a_1}{2g\left(y_1 - \frac{p_1^R}{\gamma}\right)}\eta(1, \tau)\right]. \tag{45}$$

Bezeichnet $Q_{1,\,stat}^R$ die zu der Reglerstellung F_1^R im stationären Zustande gehörige Durchlaßwassermenge, so liefert das TORICELLIsche Ausflußgesetz

$$Q_{1,\,stat}^R = F_1^R \sqrt{2g\left(y_1 - \frac{p_1^R}{\gamma}\right)}, \qquad Q_{1,\max}^R = F_{1,\max}^R \sqrt{2g\left(y_1 - \frac{p_1^R}{\gamma}\right)}. \tag{46}$$

Werden ferner noch die Beziehungen

$$F_1 = \frac{Q_{1,\max}^R}{c_{1,\max}}, \qquad c = \frac{Q}{F}, \qquad c_1 = \frac{Q_1}{F_1} \tag{47}$$

berücksichtigt, so läßt sich in (45) der in Bruchform dastehende Faktor in der Form

$$\varphi(t) = \frac{\dfrac{Q_{1,\,stat}^R(t)}{Q_{1,\max}^R}}{\sqrt{1 + \left[\dfrac{Q_{1,\,stat}^R(t)\,c_{1,\max}}{Q_{1,\max}^R \sqrt{2g\left(y_1 - \frac{p_1^R}{\gamma}\right)}}\right]^2 \int\limits_0^L \frac{\lambda}{D} \frac{F_1^2}{F^2} \frac{Q^2}{Q_1^2} \cdot \operatorname{sgn} c \, dx}} \tag{48}$$

schreiben. Die für die Reglereinwirkung maßgebende Kennfunktion $\varphi(t)$ sei als abgewandelte Regleröffnungsfunktion bezeichnet[1]. Bei Vernachlässigung der Reibung wird der Nenner in (48) eins; in diesem Falle ist die Regleröffnungsfunktion mit dem sog. Öffnungsverhältnis identisch.

Die zweite in (45) auftretende Kennfunktion ist die Funktion

$$\varepsilon(t) = \frac{c_{1,\max} a_1}{2g\left[y_1 - \frac{p_1^R(t)}{\gamma}\right]}. \tag{49}$$

Sie heißt Rohrkennfunktion oder Rohrcharakteristik.

---

[1] Unter der Regleröffnungsfunktion $\varphi(t)$ wird nach den Druckstoßnormen der Zähler von (48) bezeichnet.

Bei Heranziehung der Rohrcharakteristik und der gemeinen Regleröffnungsfunktion läßt sich die abgewandelte Regleröffnungsfunktion auch in der Form

$$\psi(t) = \frac{\dfrac{Q^R_{1,stat}(t)}{Q^R_{1,max}}}{\sqrt{1 + \left[\dfrac{Q^R_{1,stat}(t)}{Q^R_{1,max}}\right]^2 \dfrac{c_{1,max}}{a_1}\,\varepsilon(t)\int\limits_0^L \dfrac{\lambda}{D}\dfrac{F_1^2}{F^2}\dfrac{Q^2}{Q_1^2}\cdot \operatorname{sgn} c\, dx}} = \frac{\varphi(t)}{\sqrt{1 + \varphi^2(t)\,\dfrac{c_{1,max}}{a_1}\,\varepsilon(t)\int\limits_0^L \dfrac{\lambda}{D}\dfrac{F_1^2}{F^2}\dfrac{Q^2}{Q_1^2}\cdot \operatorname{sgn} c\, dx}} \tag{50}$$

darstellen.

Die Einführung von (48) und (49) in (45) liefert die Steuerungsbedingung am Reglerorgan in der Form

$$\zeta(1,\tau) = \overline{\varphi}(\tau)\,[1 + \varepsilon(\tau)\,\eta(1,\tau)]. \tag{51}$$

9. Stufenweise Bestimmung der Wellenfortpflanzungsfunktion.

Durch die Steuerungsbedingung (51) wird die Wellenfortpflanzungsfunktion $\Phi(\tau)$ eindeutig festgelegt. Wird in (39) $\xi = 1$ gesetzt, so folgt zunächst

$$\begin{aligned}
\eta(1,\tau) &= \Phi(\tau) - \Phi(\tau-2),\\
\zeta(1,\tau) &= \frac{Q_{stat}}{Q^R_{1,max}} - \Phi(\tau) - \Phi(\tau-2).
\end{aligned} \tag{52}$$

Werden diese Funktionswerte in (51) eingeführt, so ergibt sich

$$\frac{Q_{stat}}{Q^R_{1,max}} - \Phi(\tau) - \Phi(\tau-2) = \overline{\varphi})(\tau) + \varepsilon(\tau)\,\overline{\varphi}(\tau)\,\Phi(\tau) - \varepsilon(\tau)\,\overline{\varphi}(\tau)\,\Phi(\tau-2)$$

oder aufgelöst nach $\Phi(\tau)$

$$\Phi(\tau) = \frac{\dfrac{Q_{stat}}{Q^R_{1,max}}\,\overline{\varphi}(\tau)}{1 + \varepsilon(\tau)\,\overline{\varphi}(\tau)} - \Phi(\tau-2)\,\frac{1 - \varepsilon(\tau)\,\overline{\varphi}(\tau)}{1 + \varepsilon(\tau)\,\overline{\varphi}(\tau)}. \tag{53}$$

Die Gl. (53) stellt eine Rekursionsformel dar, mit deren Hilfe die Wellenfortpflanzungsfunktion stufenweise für Bereichsstücke von $\Delta\tau = 2$ berechnet werden kann.

Für $\tau \leqq 0$ war nach (39) $\Phi(\tau)$ überall gleich null. Demgemäß ist für $\tau \leqq 2$ auch $\Phi(\tau-2)$ überall gleich null, womit nach (53) die Wellenfortpflanzungsfunktion für $0 \leqq \tau \leqq 2$ unmittelbar durch das erste Glied der Rekursionsformel (53) gegeben ist. Man erhält daher das folgende Rechenschema für die Wellenfortpflanzungsfunktion:

$$\begin{aligned}
\tau \leqq 0 \quad &: \Phi(\tau) = 0,\\[2mm]
0 \leqq \tau \leqq 2 &: \Phi(\tau) = \frac{\dfrac{Q_{stat}}{Q^R_{1,max}} - \overline{\varphi}(\tau)}{1 + \varepsilon(\tau)\,\overline{\varphi}(\tau)},\\[2mm]
\tau \leqq 2 \quad &: \Phi(\tau) = \frac{\dfrac{Q_{stat}}{Q^R_{1,max}} - \overline{\varphi}(\tau)}{1 + \varepsilon(\tau)\,\overline{\varphi}(\tau)} - \Phi(\tau-2)\,\frac{1 - \varepsilon(\tau)\,\overline{\varphi}(\tau)}{1 + \varepsilon(\tau)\,\overline{\varphi}(\tau)}.
\end{aligned} \tag{54}$$

Dieses Schema stimmt in der Form völlig mit dem BRAUNschen[1] Rechenschema überein. Die Einbeziehung der Querschnitts- und Wandstärkenveränderlichkeit sowie der Reibungsverluste läßt sich somit ohne erhebliche Erschwerung des Rechnungsganges bewerkstelligen.

---

[1] BRAUN, E.: Druckschwankungen in Rohrleitungen. Stuttgart: K. Wittwer, 1909.

10. Zusammenstellung der gefundenen Ergebnisse.

Es sollen nun die gefundenen Ergebnisse zusammengestellt werden, und zwar sollen dabei, um die mechanische Bedeutung der Formeln möglichst klar in Erscheinung treten zu lassen, die vorübergehend eingeführten Abkürzungen wieder durch die Ausgangsgrößen ersetzt werden. Durch Verbindung von (12/13), (21) bis (24), (35), (37), (49), (50) und (54) ergibt sich

$$
\begin{aligned}
H\,(x,t) &= \frac{c_{1,\max}\,a_1}{g}\,\sqrt{\frac{a\,F_1}{a_1\,F}}\left[\,\Phi\!\left(\frac{t+\int_0^x\frac{d\,x}{a\,(x)}-T'_l}{T_1}\right)-\Phi\!\left(\frac{t-\int_0^x\frac{d\,x}{a\,(x)}-T'_l}{Tt}\right)\right], \\[2ex]
Q\,(x,t) &= Q_{stat}-Q^R_{1,\max}\,\sqrt{\frac{a_1\,F}{a\,F_1}}\left[\,\Phi\!\left(\frac{t+\int_0^x\frac{d\,x}{a\,(x)}-T_l}{T_l}\right)+\Phi\!\left(\frac{t-\int_0^x\frac{d\,x}{a\,(x)}-T}{T_l}\right)\right]
\end{aligned}
\tag{55}
$$

$$
\begin{aligned}
&\frac{t}{T_l}\leqq 0:\ \Phi\!\left(\frac{t}{T_l}\right)=0, \\[2ex]
&0\leqq\frac{t}{T_l}\leqq 2:\ \Phi\!\left(\frac{t}{T_l}\right)=\frac{\dfrac{Q_{stat}}{Q^R_{1,\max}}-\bar\varphi\!\left(\frac{t}{T_l}\right)}{1+\varepsilon\!\left(\frac{t}{T_l}\right)\bar\varphi\!\left(\frac{t}{T_l}\right)}, \\[3ex]
&\frac{t}{T_l}\leqq 2:\ \Phi\!\left(\frac{t}{T}\right)=\frac{\dfrac{Q_{stat}}{Q^R_{1,\max}}-\bar\varphi\!\left(\frac{t}{T_l}\right)}{1+\varepsilon\!\left(\frac{t}{T_l}\right)\bar\varphi\!\left(\frac{t}{T_l}\right)}-\Phi\!\left(\frac{t}{T_l}-2\right)\frac{1-\varepsilon\!\left(\frac{t}{T_l}\right)\ddot\varphi\!\left(\frac{t}{T_l}\right)}{1+\varepsilon\!\left(\frac{t}{T_l}\right)\bar\varphi\!\left(\frac{t}{T_l}\right)}.
\end{aligned}
\tag{56}
$$

$$
a\,(x)=\sqrt{\frac{\frac{g}{\gamma}\,E_{fl}}{1+\frac{DE_{fl}}{sE_r}}}\qquad\text{bzw.}\qquad a\,(x)=\sqrt{\frac{\frac{g}{\gamma}\,E_{fl}}{1+(1-\mu^2)\,\frac{DE_l}{sE_r}}},
$$

$$
\varepsilon\!\left(\frac{t}{T_l}\right)=c_{1,\max}\,a_1\,\frac{\frac{1}{2}}{y_1-\frac{1}{\gamma}\,p^R_1\!\left(\frac{t}{T_l}\right)},\qquad
\varphi\!\left(\frac{t}{T_l}\right)=\frac{Q^R_{1,stat}\!\left(\frac{t}{T_l}\right)}{Q^R_{1,\max}},
$$

$$
\begin{aligned}
\bar\varphi\!\left(\frac{t}{T_l}\right)&=\frac{\dfrac{Q^R_{1,stat}\!\left(\frac{t}{T_l}\right)}{Q^R_{1,\max}}}{\sqrt{1+\left(\dfrac{Q^R_{1,stat}\!\left(\frac{t}{T_l}\right)}{Q^R_{1,\max}}\right)^2\dfrac{c_{1,\max}}{a_1}\,\varepsilon\!\left(\frac{t}{T_l}\right)\displaystyle\int_0^{l}\frac{\lambda}{D}\frac{F_1^2\,Q^2}{F^2\,Q_1^2}\cdot\operatorname{sgn}c\,d\,x}} \\[3ex]
&=\frac{\varphi\!\left(\frac{t}{T_l}\right)}{\sqrt{1+\varphi^2\!\left(\frac{t}{T_l}\right)\dfrac{c_{1,\max}}{a_1}\,\varepsilon\!\left(\frac{t}{T_l}\right)\displaystyle\int_0^{l}\frac{\lambda}{D}\frac{F_1^2\,Q^2}{F^2\,Q_1^2}\cdot\operatorname{sgn}c\,d\,x}}
\end{aligned}
\tag{57}
$$

In diesen Formeln bezeichnet T_l die sog. Laufzeit, die durch das Integral

$$
T_l=\int_0^{l}\frac{d\,x}{a\,(x)}
\tag{58}
$$

gegeben ist, $c_{1,\,\mathrm{max}}$ die Höchstgeschwindigkeit, die das Regelorgan im stationären Betriebe erlaubt, $Q_{1,\,\mathrm{max}}^{R}$ die zugehörige Höchstwassermenge, Q_{stat} die Durchflußwassermenge bei Beginn des Regelvorganges, p_{1}^{R} den Druck in atü hinter dem Regelorgan, ε die Rohrkennfunktion $\overline{\varphi}$ die abgewandelte Regleröffnungsfunktion, a die Wellenfortpflanzungsgeschwindigkeit und Φ die Wellenfortpflanzungsfunktion. Bei der Regleröffnungsfunktion bezeichnet $Q_{1,\,stat}^{R}$ diejenige Wassermenge, die das Regelorgan bei der im Zeitpunkte t vorhandenen Reglerstellung im stationären Betriebe durchlassen würde.

11. Erläuterung des allgemeinen Rechnungsganges.

Aus den vorstehenden Entwicklungen ergibt sich der allgemeine Rechnungsgang wie folgt. Man bestimmt zunächst für die einzelnen Rohrschüsse, und zwar getrennt für die freien Rohrstrecken und die Rohrverbindungsstrecken, die verschiedenen Ausgangsgrößen sowie die Wellenfortpflanzungsfunktion $a\,(x)$. Für die letztere wird man, je nachdem ob die Leitung in der Längsrichtung als frei beweglich oder behindert anzusehen ist, die Formeln (12) oder (13) benutzen; in vielen Fällen wird es sich empfehlen, nach beiden Formeln zu rechnen und das arithmetische Mittel in den Rechnungsgang einzuführen. Dann müssen T_l und $\int\limits_{0}^{x}\dfrac{dx}{a\,(x)}$ berechnet werden. Hierfür bildet man, am Wasserschloß beginnend, für die einzelnen Rohrstrecken und Rohrverbindungsstrecken die Werte $\dfrac{\Delta x}{a\,(x)}$, also die Quotienten von Rohrschußlänge und Wellenfortpflanzungsgeschwindigkeit und summiert sie der Reihe nach; der Endsummenwert am Regelorgan liefert die Laufzeit T_l. Die durch T_l dividierten Zwischensummenwerte ergeben die durch (21) eingeführte dimensionslose Abszisse ξ in Abhängigkeit von $x = \Sigma \Delta x$.

Die Rohrkennfunktion $\varepsilon\,(t)$ kann im allgemeinen als konstant angesehen werden. Bei Freistrahlturbinen ist der Druck p_{1}^{R} hinter dem Regelorgan stets gleich null. Bei Francis- und Kaplan-Turbinen wird man den Mittelwert von p_{1}^{R} zunächst schätzen müssen. Die Abschaltvorgänge in Pumpleitungen erfordern besondere Betrachtungen, worauf hier nicht näher eingegangen werden soll. In Gefälleleitungen ist p_{1}^{R} unmittelbar durch den Wasserstand im Ausgleichbehälter gegeben.

Die Regleröffnungsfunktion $\overline{\varphi}\,(t)$ ist, wenn von der Reibung zunächst abgesehen und die Wurzel zu 1 angenommen wird, durch das Steuerungsgesetz in Verbindung mit der Abhängigkeit zwischen Hub und stationär durchgelassener Wassermenge gegeben. Man ist bestrebt, $\varphi\,(t)$ linear zu halten. Die Berücksichtigung der Reibung setzt die Kenntnis der Wassermengenschwankung $Q\,(x,\,t)$ voraus. Dies zwingt zur Anwendung eines — allerdings in wenigen Schritten zum Ziele führenden Iterationsverfahrens. Man führt, sofern nicht schon bessere Abschätzungen zur Verfügung stehen, zunächst die zur Zeit $t = 0$ das Rohr durchfließende Wassermenge in den Integranden ein und wertet damit $\varphi\,(t)$ für die erste Laufzeitperiode also von $t = 0$ bis $t = T_l$ aus. Mit der so gewonnenen Näherungsfunktion bestimmt man dann H und Q für diese Periode und wertet damit das Integral in der φ-Funktion aus. In vielen Fällen ist die so verbesserte φ-Funktion bereits praktisch genau. Durch Fortsetzung des Iterationsverfahrens läßt sich die φ-Funktion beliebig genau bestimmen. Nach dem gleichen Verfahren werden die φ-Funktionen für die zweite Laufzeitperiode, $t_{L} \leqq t \leqq 2\,t_{L}$, und so fort bestimmt.

Nach Kenntnis von $\varepsilon\,(t)$ und $\overline{\varphi}\,(t)$ kann die Wellenfortpflanzungsfunktion $\Phi\,(t)$ unmittelbar berechnet werden. Man geht dabei zweckmäßig so vor, daß man ξ bestimmte Werte zulegt, z. B. $\xi = 0{,}0$, $\xi = 0{,}1$, $\xi = 0{,}2$, ..., $\xi = 1{,}0$ und für diese H und Q als Funktionen der Zeit darstellt. Wird für die τ-Unterteilung dasselbe Dezimalschema wie für die ξ-Unterteilung gewählt, so ist die Wellenfortpflanzungsfunktion für die auftretenden Argumente $\tau) + \xi - 1)$ bzw. $(\tau - \xi - 1)$ stets zahlenmäßig bekannt, was den Rechenaufwand sehr einschränkt. Die zu der Dezimalunterteilung der ξ-Werte gehörigen x-Werte können aus der Integralauftragung (21) unmittelbar entnommen werden. Diese x-Werte sind bei beliebig veränderlicher Wellenfortpflanzungsgeschwindigkeit selbstverständlich nicht mehr äquidistant.

Mit Q ist auch die Geschwindigkeit c bekannt und mit dieser nach (6) auch der Druck p bzw. der zusätzliche Stoßdruck $\dfrac{p}{\gamma} - y$. Da jedoch $c^2/2g$ im allgemeinen klein ist, kann H meist als mit dem zusätzlichen Stoßdruck identisch angesehen werden.

II. Anwendung auf die Berechnung der Öffnungsstöße in Kraftwerks-Druckrohrleitungen.

12. Allgemeiner Verlauf der Energieumsetzung beim Öffnen.

Die wichtigsten Druckstöße in den Rohrleitungen von Wasserkraftanlagen sind meist die Öffnungsstöße. Ihre Untersuchung ist daher an den Anfang der umfangreichen Arbeiten gestellt worden, die der Deutsche Druckstoßausschuß zur Beherrschung des Druckstoßproblems eingeleitet hat.

Wie die ausgedehnten zahlenmäßigen Durchrechnungen auf der Grundlage der in Abschnitt I entwickelten Druckstoßtheorie gezeigt haben, treten die größten Öffnungsstöße stets in der ersten bzw. in der zweiten Reflektionsperiode auf, d. h. bei Geschwindigkeiten, die im allgemeinen als klein gegenüber den Maximalgeschwindigkeiten angesehen werden können. Es ist daher im vorliegenden Falle erlaubt, die Geschwindigkeitshöhe $c^2/2g$ in den allgemeinen Formeln zu streichen; der hierdurch entstehende Fehler bewegt sich bei Kraftwerksleitungen um $\frac{1}{2}\%$ herum. Ferner soll entsprechend den Erläuterungen unter I, 11 für den Druck p_1^R hinter dem Regelorgan ein mittlerer Druck $p_{1,m}^R$ eingeführt und die Reibung unberücksichtigt gelassen werden. Man erhält dann für Rohrcharakteristik und Regleröffnungsfunktion

$$\varepsilon = \frac{c_{1,\max} a_1}{2\,g\left(y_1 - \dfrac{p_{1,m}^R}{\gamma}\right)}\,, \qquad \bar{\varphi}\,(t) = \varphi\,(t) = \frac{Q_{1,stat}^R\,(t)}{Q_{1,\max}^R}\,. \tag{59}$$

Weiterhin sei für das Regelorgan der in zunehmendem Maße angestrebte Fall des linearen Öffnens vorausgesetzt. Ihm entspricht, wenn $t_{ö,\max}$ die zu $Q_{1,\max}^R$ gehörige Öffnungszeit bezeichnet, die Regleröffnungsfunktion

$$\varphi\,(t) = \frac{t}{t_{ö,\max}} \quad \text{(Lineares Öffnen)}. \tag{60}$$

Da hier lediglich das Öffnen von Nullstellung aus betrachtet werden soll, ist die stationäre Ausgangswassermenge

$$Q_{stat} = 0. \tag{61}$$

Aus (60) folgt in Verbindung mit (20)

$$\varphi\,(\tau) = \frac{T_l}{t_{ö,\max}}\,\tau \quad \text{(Lineares Öffnen)}. \tag{62}$$

Damit lauten die Rekursionsformeln (54) zur Berechnung der Wellenfortpflanzungsfunktion

$$\tau \leqq 0 \qquad : \Phi\,(\tau) = 0,$$

$$0 \leqq \tau = 2 : \Phi\,(\tau) = -\frac{\dfrac{T_l}{t_{ö,\max}}}{1 + \dfrac{\varepsilon\,T_l}{t_{ö,\max}}\,\tau}\,,$$

$$\tau \geqq 2 \qquad : \Phi\,(\tau) = -\frac{\dfrac{T_l}{t_{ö,\max}}\,\tau}{1 + \dfrac{\varepsilon\,T_l}{t_{ö,\max}}\,\tau} - \Phi\,(\tau - 2)\,\frac{1 - \dfrac{\varepsilon\,T_l}{t_{ö,\max}}\,\tau}{1 + \dfrac{\varepsilon\,T_l}{t_{ö,\max}}\,\tau}\,. \tag{63}$$

Der Aufbau der Gln. (63) legt es nahe, eine abgewandelte Rohrkennfunktion

$$\varepsilon_{\ddot{o}} = \varepsilon \frac{T_l}{t_{\ddot{o},\max}} = \frac{c_{1,\max} a_1}{2g\left(y_1 - \dfrac{p_{1,m}^R}{\gamma}\right)} \frac{T_l}{t_{\ddot{o},\max}} \tag{64}$$

und eine abgewandelte Wellenfortpflanzungsfunktion

$$\Phi_{\ddot{o}}(\tau) = \Phi(\tau) \frac{t_{\ddot{o},\max}}{T_l} \tag{65}$$

einzuführen. Mit diesen läßt sich (63) in der sehr durchsichtigen Form

$$\begin{aligned}
\tau &\leqq 0 &&: \Phi_{\ddot{o}}(\tau) = 0\,, \\
0 &\leqq \tau = 2 &&: \Phi_{\ddot{o}}(\tau) = -\frac{\tau}{1 + \varepsilon_{\ddot{o}}\tau}\,, \\
\tau &\geqq 2 &&: \Phi_{\ddot{o}}(\tau) = -\frac{\tau}{1 + \varepsilon_{\ddot{o}}\tau} - \Phi_{\ddot{o}}(\tau - 2)\frac{1 - \varepsilon_{\ddot{o}}\tau}{1 + \varepsilon_{\ddot{o}}\tau}
\end{aligned} \tag{66}$$

schreiben.

Die Berücksichtigung von (61) und (65) in (39) liefert für die bezogene Druckstoßenergie und die bezogene Wassermenge

$$\left.\begin{aligned}
\eta &= \frac{H}{H_j} = \frac{T_l}{t_{\ddot{o},\max}} \sqrt{\frac{a\,F_1}{a_1 F}} \left[\Phi_{\ddot{o}}(\tau + \xi - 1) - \Phi_{\ddot{o}}(\tau - \xi - 1)\right], \qquad H_j = \frac{c_{1,\max}\,a_1}{g}, \\
\zeta &= \frac{Q}{Q_{1,\max}^R} = \frac{-T_l}{t_{\ddot{o},\max}} \sqrt{\frac{a_1 F}{a\,F_1}} \left[\Phi_{\ddot{o}}(\tau + \xi - 1) + \Phi_{\ddot{o}}(\tau - \xi - 1)\right]; \qquad Q_{1,\max}^R = c_{1,\max}\,F_1\,.
\end{aligned} \quad \text{mit} \right\} \tag{67}$$

Mit den Abkürzungen

$$\left.\begin{aligned}
\varkappa_{\ddot{o}}(\xi, \tau) &= \tfrac{1}{2}\left[\Phi_{\ddot{o}}(\tau + \xi - 1) - \Phi_{\ddot{o}}(\tau - \xi - 1)\right], \\
\lambda_{\ddot{o}}(\xi, \tau) &= \tfrac{1}{2}\left[\Phi_{\ddot{o}}(\tau + \xi - 1) - \Phi_{\ddot{o}}(\tau - \xi - 1)\right]
\end{aligned} \right\} \tag{68}$$

lauten die Gln. (67)

$$\left.\begin{aligned}
\eta &= \frac{H}{H_j} = \frac{2\,T_l}{t_{\ddot{o},\max}} \sqrt{\frac{a\,F_1}{a_1 F}}\,\varkappa_{\ddot{o}}(\xi, \tau), \\
\zeta &= \frac{Q}{Q_{1,\max}^R} = \frac{2\,T_l}{t_{\ddot{o},\max}} \sqrt{\frac{a_1 F}{a\,F_1}}\,\lambda_{\ddot{o}}(\xi, \tau); \\
H_j &= \frac{c_{1,\max}\,a_1}{g} \\
Q_{1,\max}^R &= c_{1,\max}\,F_1\,.
\end{aligned} \quad \text{mit} \right\} \tag{69}$$

Die Gln. (60) bzw. (62) gelten selbstverständlich nur für denjenigen Bereich des Reglerdiagramms, für welchen $\varphi(t)$ tatsächlich linear verläuft. Wird dieser Bereich durch irgendeine Teilöffnungszeit

$$t_{\ddot{o}} \leqq t_{\ddot{o},\max} \qquad \text{bzw.} \qquad \tau_{\ddot{o}} \leqq t_{\ddot{o},\max}$$

abgegrenzt, so ist oberhalb derselben die Regleröffnungsfunktion konstant, und zwar

$$\varphi(t) = \frac{t_{\ddot{o}}}{t_{\ddot{o},\max}} \qquad \text{bzw.} \qquad \varphi(\tau) = \frac{T_l\,\tau_{\ddot{o}}}{t_{\ddot{o},\max}}$$
$$(t \geqq t_{\ddot{o}} \quad \text{bzw.} \quad \tau \geqq \tau_{\ddot{o}})\,. \tag{70}$$

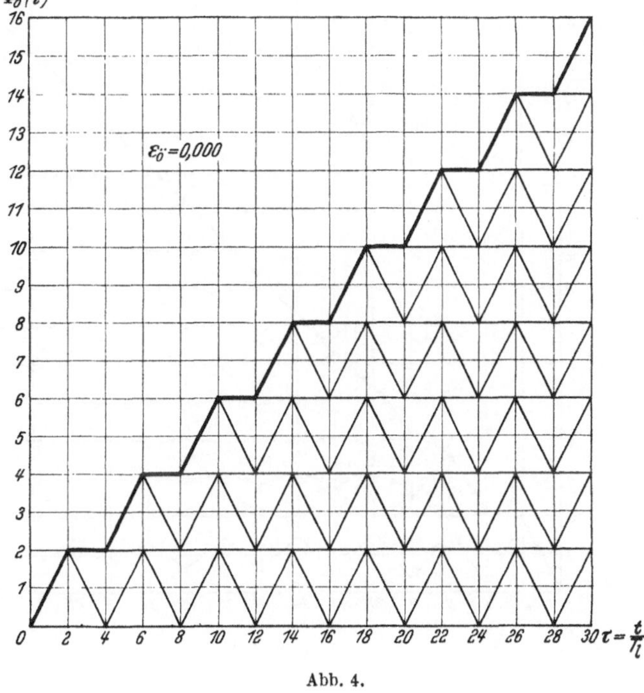

Abb. 4.

In diesem Falle tritt an Stelle der dritten der Gln. (66)

$$\tau \geqq \tau_{\ddot{o}} : \Phi_{\ddot{o}}(\tau) = -\frac{\tau_{\ddot{o}}}{1 + \varepsilon_{\ddot{o}}\tau_{\ddot{o}}}\,\Phi_{\ddot{o}}(\tau - 2)\frac{1 - \varepsilon_{\ddot{o}}\tau_{\ddot{o}}}{1 + \varepsilon_{\ddot{o}}\tau_{\ddot{o}}}\,. \tag{71}$$

Um einen allgemeinen Überblick über den Verlauf von bezogener Druckstoßenergie und bezogener Wassermenge zu erhalten, ist für die in (66) auftretenden Beiwertfunktionen

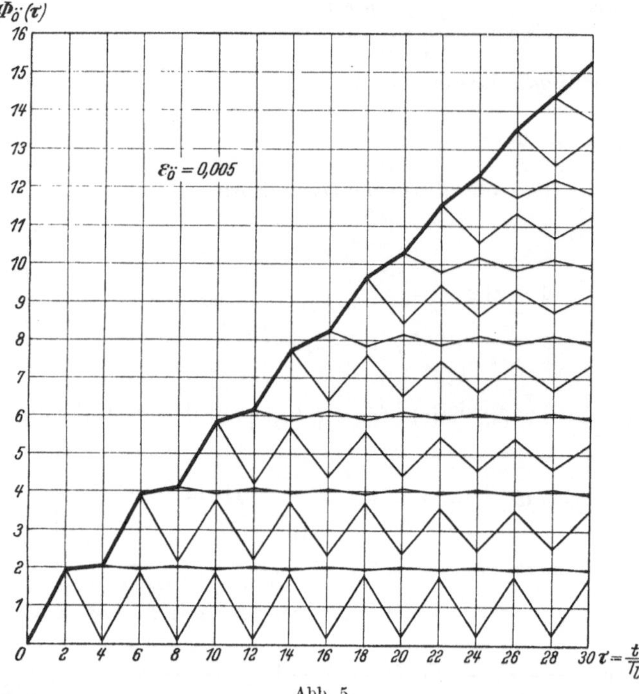

Abb. 5.

$$\frac{\tau}{1 + \varepsilon_{\delta}\tau} \quad \text{und} \quad \frac{1 - \varepsilon_{\delta}\tau}{1 + \varepsilon_{\delta}\tau}$$

vom Deutschen Druckstoßausschuß eine Funktionentafel aufgestellt worden, die in einem der nächsten Bände veröffentlicht werden wird. In dieser läuft $\varepsilon_{\ddot{o}}$ mit 0,005 Intervallteilung von 0,000 bis 0,250 und τ mit 0,1 Intervallteilung von 0,0 bis 30,0. Mit dieser Beiwerttafel läßt sich die abgewandelte Wellenfortpflanzungsfunktion (66) sehr schnell berechnen. Um einen Überblick über ihren Verlauf zu geben, ist in den Abb. 4 bis 11 $\Phi_{\ddot{o}}$ für die Rohrkennzahlen $\varepsilon_{\ddot{o}} = 0{,}000$, $\varepsilon_{\ddot{o}} = 0{,}005$, $\varepsilon_{\ddot{o}} = 0{,}025$, $\varepsilon_{\ddot{o}} = 0{,}050$, $\varepsilon_{\ddot{o}} = 0{,}100$, $\varepsilon_{\ddot{o}} = 0{,}250$, $\varepsilon_{\ddot{o}} = 0{,}500$ und $\varepsilon_{\ddot{o}} = 1{,}000$ aufgetragen worden. In den Abbildungen entsprechen die stark ausgezogenen Kurven einer beliebig ausgedehnten Wellenfortpflanzungsfunktion, während die dünn ausgezogenen und im ganzen waagerecht verlaufenden Kurven die Wellenfortpflanzungsfunktionen für Teilöffnungsvorgänge darstellen. Die Abzweigungspunkte entsprechen hierbei ganzen Vielfachen der Laufzeit T_l, für welche sich Extremlagen der Wellenfortpflanzungsfunktion ergeben. Teilöffnungen bis zur 2fachen, 6fachen, 10fachen, ... Laufzeit liefern die größten Ausschläge, Teilöffnungen bis zur 4fachen, 8fachen, 12fachen, ... Laufzeit die kleinsten Ausschläge der Wellenfortpflanzungsfunktion.

Die stark ausgezogene, beliebig fortgesetzte Wellenfortpflanzungsfunktion weist für kleine $\varepsilon_{\ddot{o}}$-Werte ausgesprochene Stufen von der Länge der doppelten Laufzeit auf,

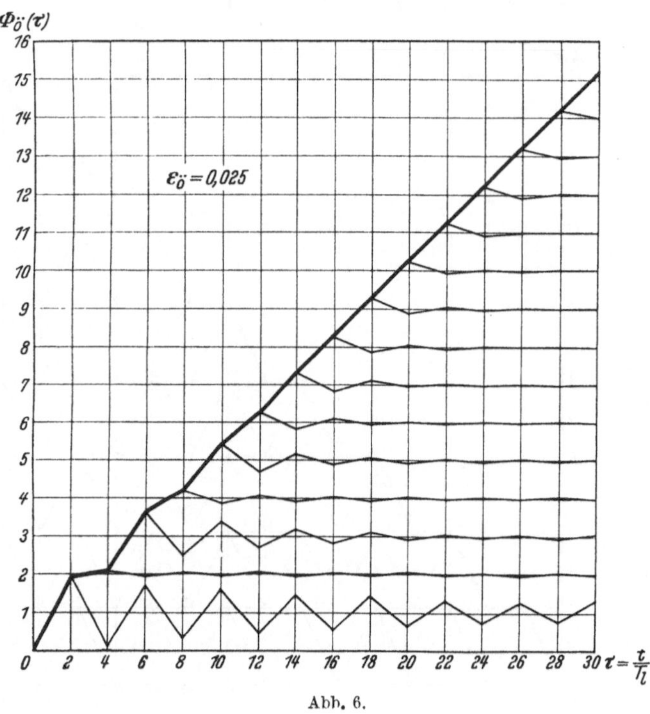

Abb. 6.

die sich mit zunehmendem $\varepsilon_{\ddot{o}}$ allmählich verlieren. Diese Stufen sind die Folge der Totalreflektion der aufsteigenden Wellen am Wasserschloß. Ferner werden die Wellenfortpflanzungsfunktionen mit wachsendem $\varepsilon_{\ddot{o}}$ in der Ordinate stark zusammengedrückt, was insbesondere der Vergleich der Abb. 4 und 11 anschaulich in Erscheinung treten läßt.

Die Wellenfortpflanzungsfunktionen der Teilöffnungen sind besonders im Grenzfalle $\varepsilon_{\ddot{o}} = 0{,}000$ sehr ausgeprägt. Dieser Grenzfall entspricht nach (64) einer Druckleitung mit sehr kleiner Durchflußgeschwindigkeit $c_{1,\,max}$ oder mit sehr kleiner Länge L und entsprechend kleiner Laufzeit T_l oder mit sehr großer Öffnungszeit $t_{\ddot{o},\,max}$ oder einer Verbindung dieser kennzeichnenden Merkmale. Die bei der 2 fachen, 6 fachen, 10 fachen, ... Laufzeit abzweigenden Kurven stellen sämtlich die gleiche periodische Schwingung dar, mit einer Periodenlänge von der vierfachen Laufzeit und einer Amplitude von der Größe 1 um die Mittellage. Die Kurven dagegen, die zur 4 fachen, 8 fachen, 12 fachen, ... Laufzeit abzweigen, weisen überhaupt keine Schwankungen auf, sondern laufen parallel zur Abszissenachse. Abzweigungen in Zwischenlagen zu den beiden herausgestellten Extremgruppen führen zu allmählich verlaufenden Übergängen und bieten für die Anwendung nichts Besonderes.

Vergleicht man die Wellenfortpflanzungsfunktionen der Teilöffnungen für verschiedene $\varepsilon_{\ddot{o}}$-Werte, so zeigt sich in eindrucksvoller Weise, wie die bei Teilöffnungen zur 2 fachen, 6 fachen, 10 fachen, ... Laufzeit sich abzweigenden Schwingungen immer mehr gedämpft werden, bis sie schließlich von $\varepsilon_{\ddot{o}} = 0{,}250$ ab den Charakter aperiodischer Schwingungen annehmen. Andererseits werden die bei Teilöffnungen zur 4 fachen, 8 fachen, 12 fachen, ... Laufzeit sich abzweigenden Wellenfortpflanzungsfunktionen allmählich angefacht, bis auch sie schließlich von $\varepsilon_{\ddot{o}} = 0{,}250$ ab zu aperiodischen Schwingungen ausarten.

Dieses bunte Bild des Verlaufes der Wellenfortpflanzungsfunktionen läßt es verständlich erscheinen, daß sich einer umfassenden Klärung der Druckstoßerscheinungen immer wieder die größten Schwierigkeiten entgegenstellten. Es möge jedenfalls hier schon festgehalten werden, daß im Bereich der echten Schwingungen, also für kleine $\varepsilon_{\ddot{o}}$-Werte, sich grundsätzlich verschiedene Schwingungszustände ergeben, je nachdem ob zur 2 fachen, 6 fachen, 10 fachen, ... Laufzeit oder zur 4 fachen, 8 fachen, 12 fachen, ... Laufzeit die Öffnung des Regelorgans angehalten wird.

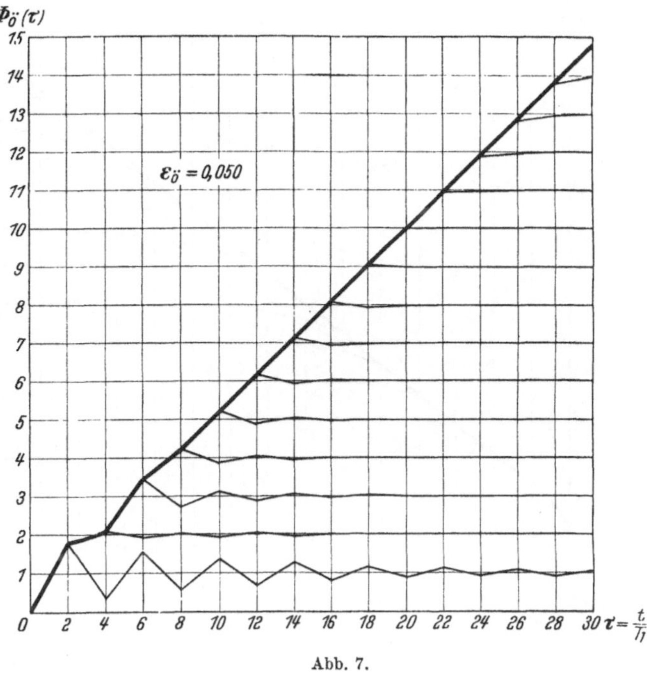

Abb. 7.

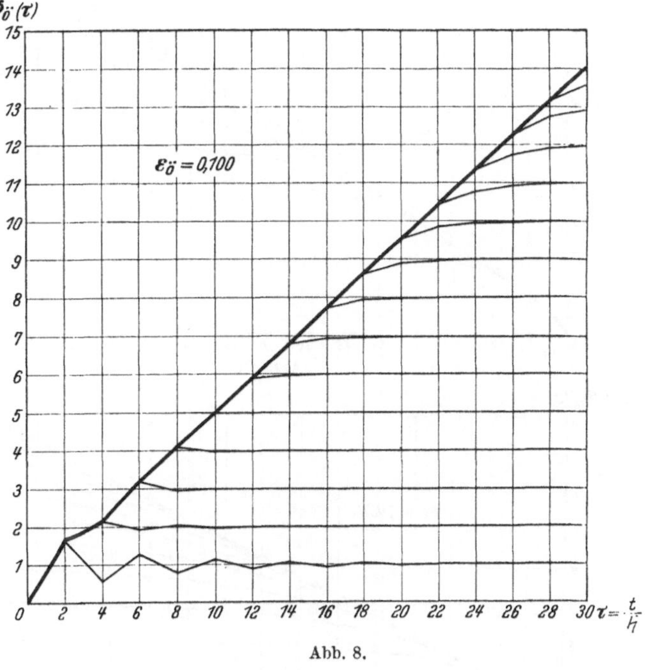

Abb. 8.

Aus den Abb. 12 bis 43 ist der Verlauf der Druckstoßfunktion

$$\varkappa_{\ddot{o}}\,(\xi, \tau) = \tfrac{1}{2}\,[\Phi_{\ddot{o}}\,(\tau + \xi - 1) - \Phi_{\ddot{o}}\,(\tau - \xi - 1)]$$

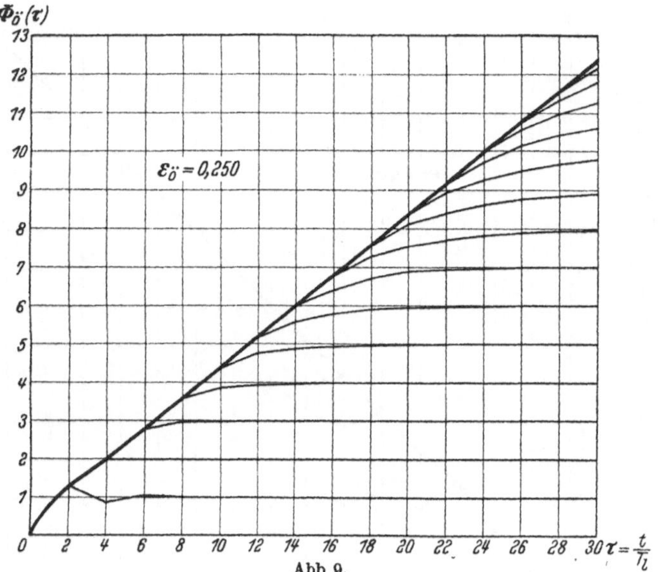

Abb 9.

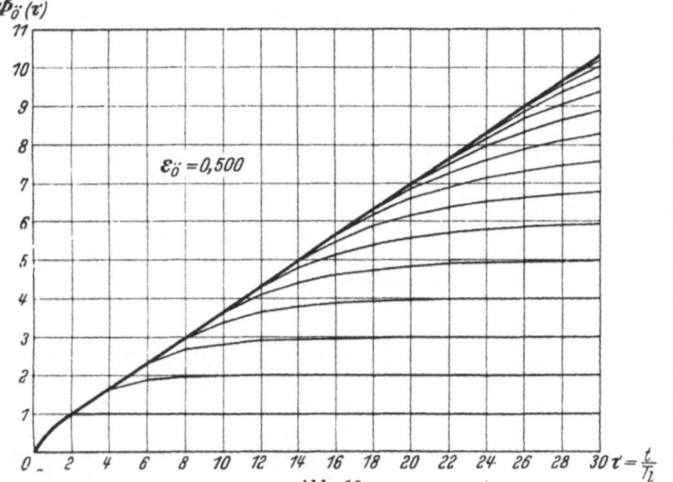

Abb. 10.

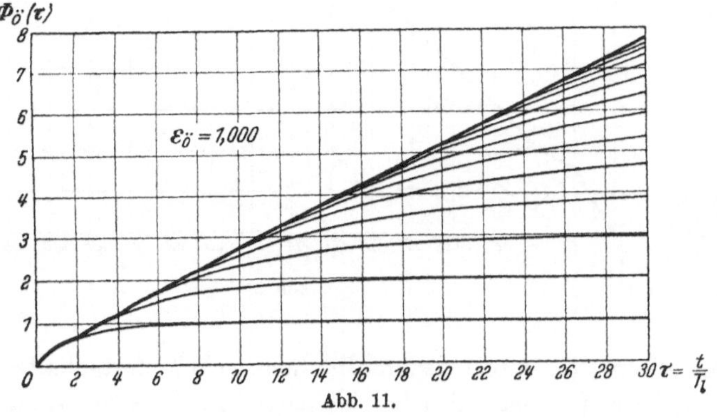

Abb. 11.

ersichtlich. Zu jedem $\varepsilon_{\ddot{o}}$-Wert gehören vier Abbildungen, die den Werten $\xi = 1$, $\xi = \tfrac{3}{4}$, $\xi = \tfrac{1}{2}$ und $\xi = \tfrac{1}{4}$ entsprechen; für den Wert $\xi = 0$ erübrigte sich eine Abbildung, da hierfür voraussetzungsgemäß $\varkappa_{\ddot{o}}$ stets null ist. In jeder Abbildung ist der Druckstoßverlauf für 13 Teilöffnungszustände enthalten; die Teilöffnungszeiten sind ähnlich wie in den Diagrammen der Wellenfortpflanzungsfunktion gerade so gewählt, daß das Regelorgan nach der 2fachen, 4fachen, 6fachen, ... 26fachen Laufzeit angehalten wird. Dadurch werden gerade die Extremwerte der Druckstöße erfaßt, denn die größten Öffnungsstöße ergeben sich, wenn das Regelorgan nach der 2fachen, 6fachen, 10fachen, ... Laufzeit angehalten wird, während die kleinsten Stöße beim Anhalten nach der 4fachen, 8fachen, 12fachen, ... Laufzeit entstehen. Die stark ausgezogenen Teile der Druckstoßkurven entstehen während der Öffnung des Regelorgans, während die schwach ausgezogenen Teile den Ausschwingvorgang nach Anhalten des Regelorgans wiedergeben.

Für kleine $\varepsilon_{\ddot{o}}$-Werte ergeben sich sehr schön ausgeprägte Schwingungen, die für $\varepsilon_{\ddot{o}} = 0$ periodisch verlaufen und mit wachsendem $\varepsilon_{\ddot{o}}$ immer stärker gedämpft werden. Schon von $\varepsilon_{\ddot{o}} = 0{,}025$ ab ist deutlich ersichtlich, wie die Druckstöße bei größeren Teilöffnungszeiten während des Reglerbetriebes einem ausgesprochenen Grenzwert zustreben. Von $\varepsilon_{\ddot{o}} = 0{,}250$ ab ist der Schwingungsverlauf im wesentlichen aperiodisch.

Die Abhängigkeit von ξ, die für $\varepsilon_{\ddot{o}} = 0$ besonders ausgeprägt in Erscheinung tritt, äußert sich einmal in der Form und einmal in der Amplitude der Wellen. Die für $\xi = 1$ vorhandenen Wellenspitzen werden mit zunehmendem Abstand vom Regel-

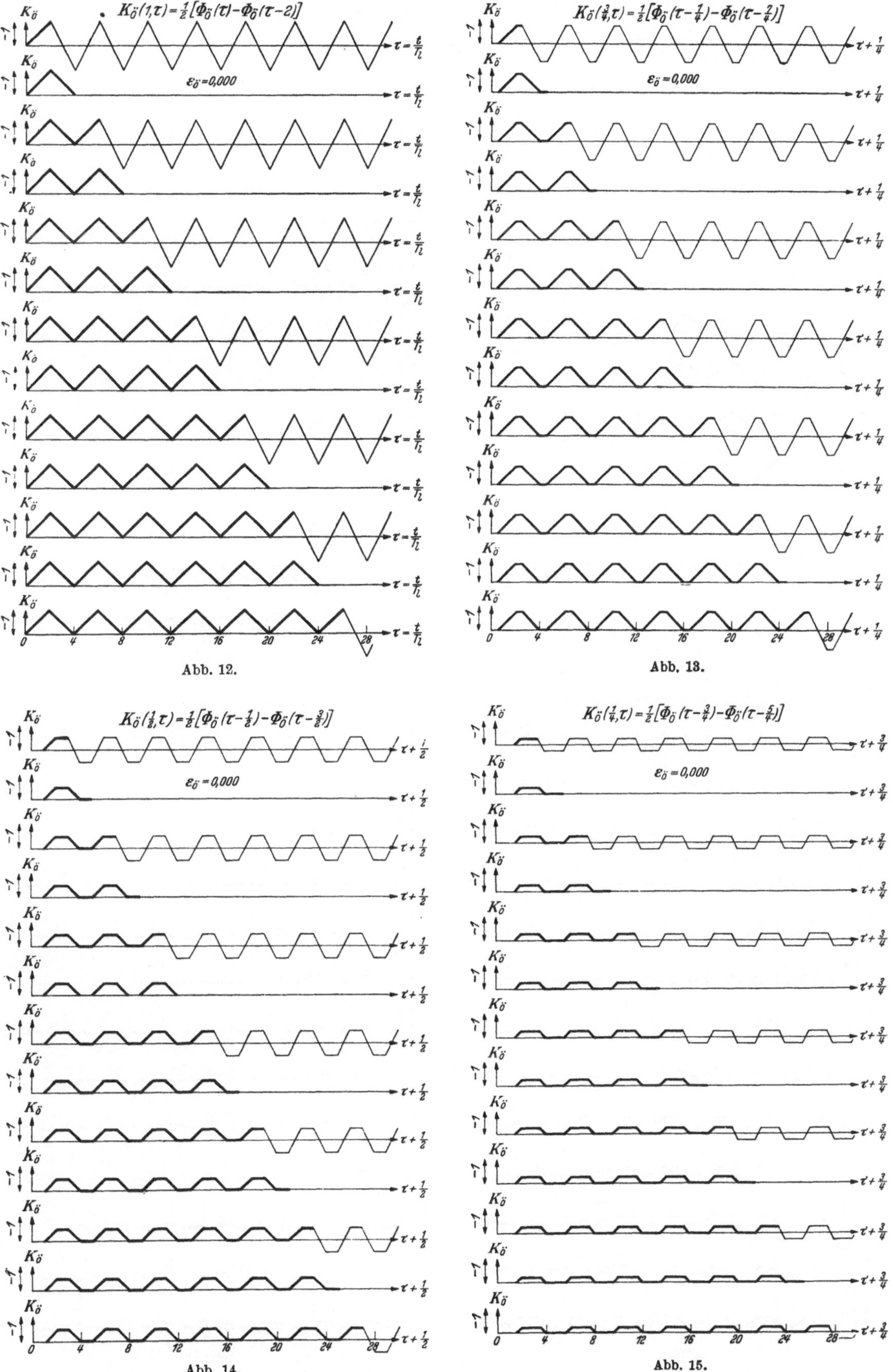

Abb. 12.

Abb. 13.

Abb. 14.

Abb. 15.

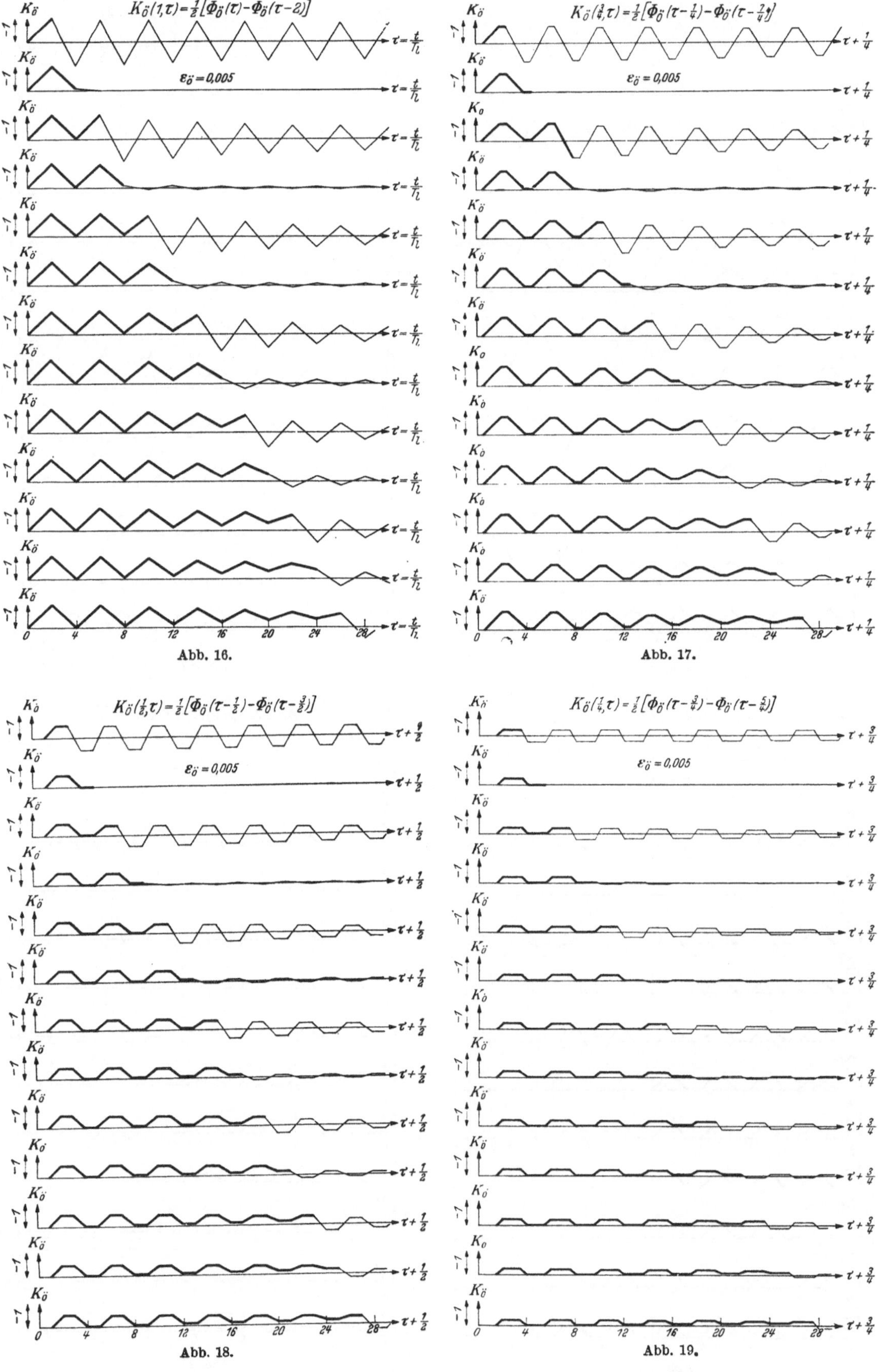

$K_{\ddot{o}}(1,\tau)=\tfrac{1}{2}\left[\Phi_{\ddot{o}}(\tau)-\Phi_{\ddot{o}}(\tau-2)\right]$
$\varepsilon_{\ddot{o}}=0{,}005$
Abb. 16.
$K_{\ddot{o}}(\tfrac{3}{4},\tau)=\tfrac{1}{2}\left[\Phi_{\ddot{o}}(\tau-\tfrac{1}{4})-\Phi_{\ddot{o}}(\tau-\tfrac{7}{4})\right]$
$\varepsilon_{\ddot{o}}=0{,}005$
Abb. 17.
$K_{\ddot{o}}(\tfrac{1}{2},\tau)=\tfrac{1}{2}\left[\Phi_{\ddot{o}}(\tau-\tfrac{1}{2})-\Phi_{\ddot{o}}(\tau-\tfrac{3}{2})\right]$
$\varepsilon_{\ddot{o}}=0{,}005$
Abb. 18.
$K_{\ddot{o}}(\tfrac{1}{4},\tau)=\tfrac{1}{2}\left[\Phi_{\ddot{o}}(\tau-\tfrac{3}{4})-\Phi_{\ddot{o}}(\tau-\tfrac{5}{4})\right]$
$\varepsilon_{\ddot{o}}=0{,}005$
Abb. 19.

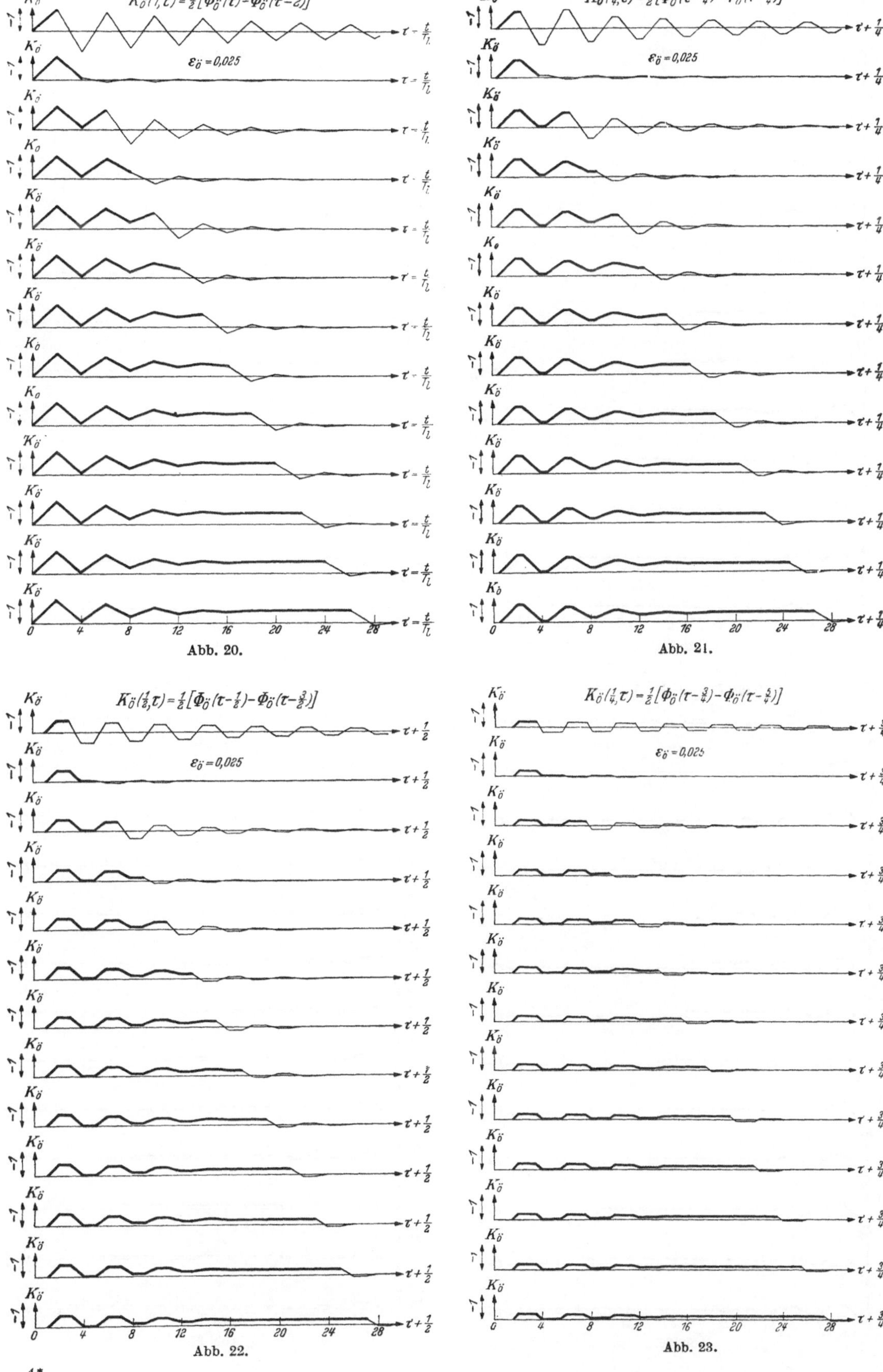

Abb. 20.

Abb. 21.

Abb. 22.

Abb. 23.

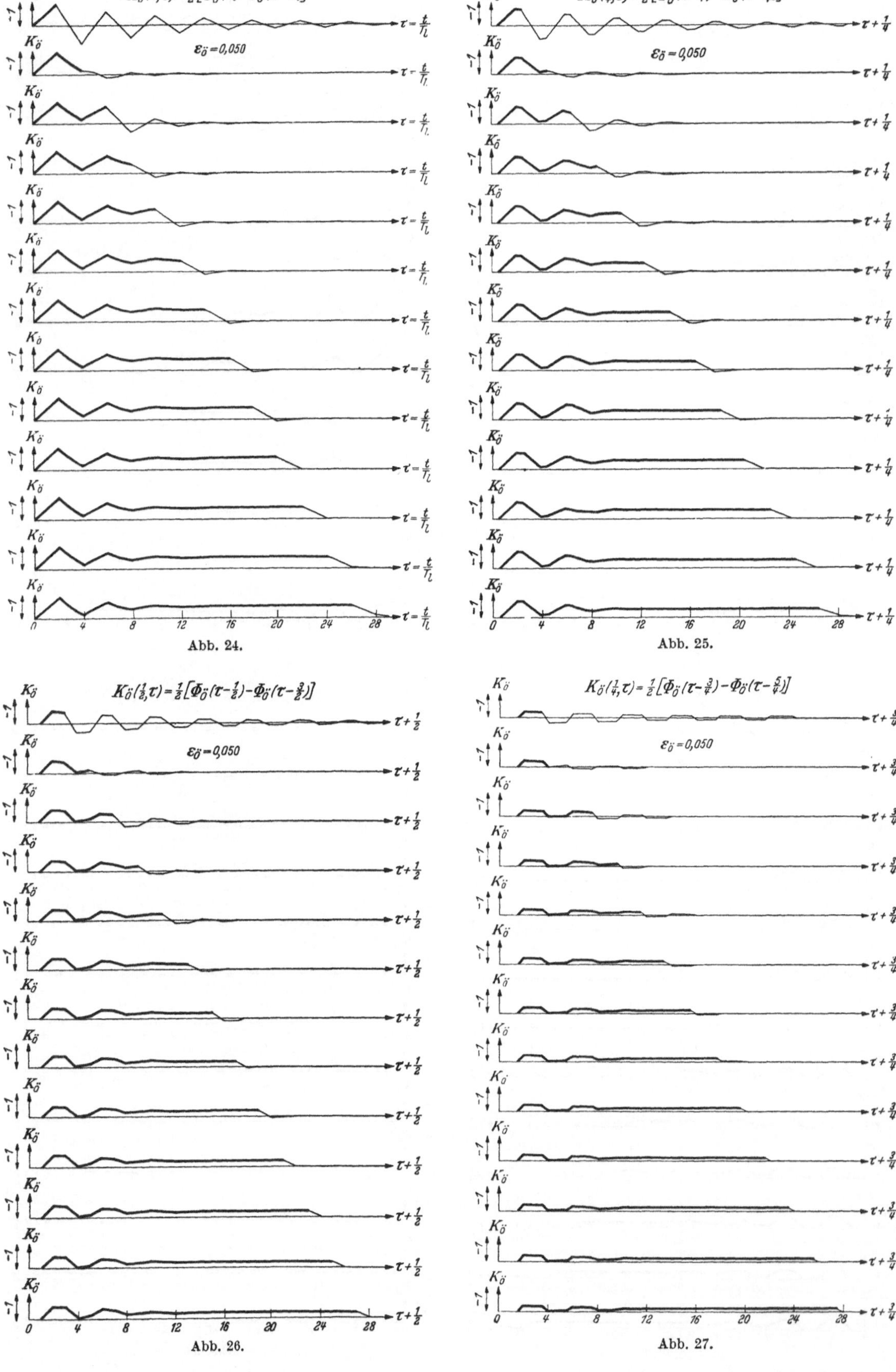

Abb. 24.

Abb. 25.

Abb. 26.

Abb. 27.

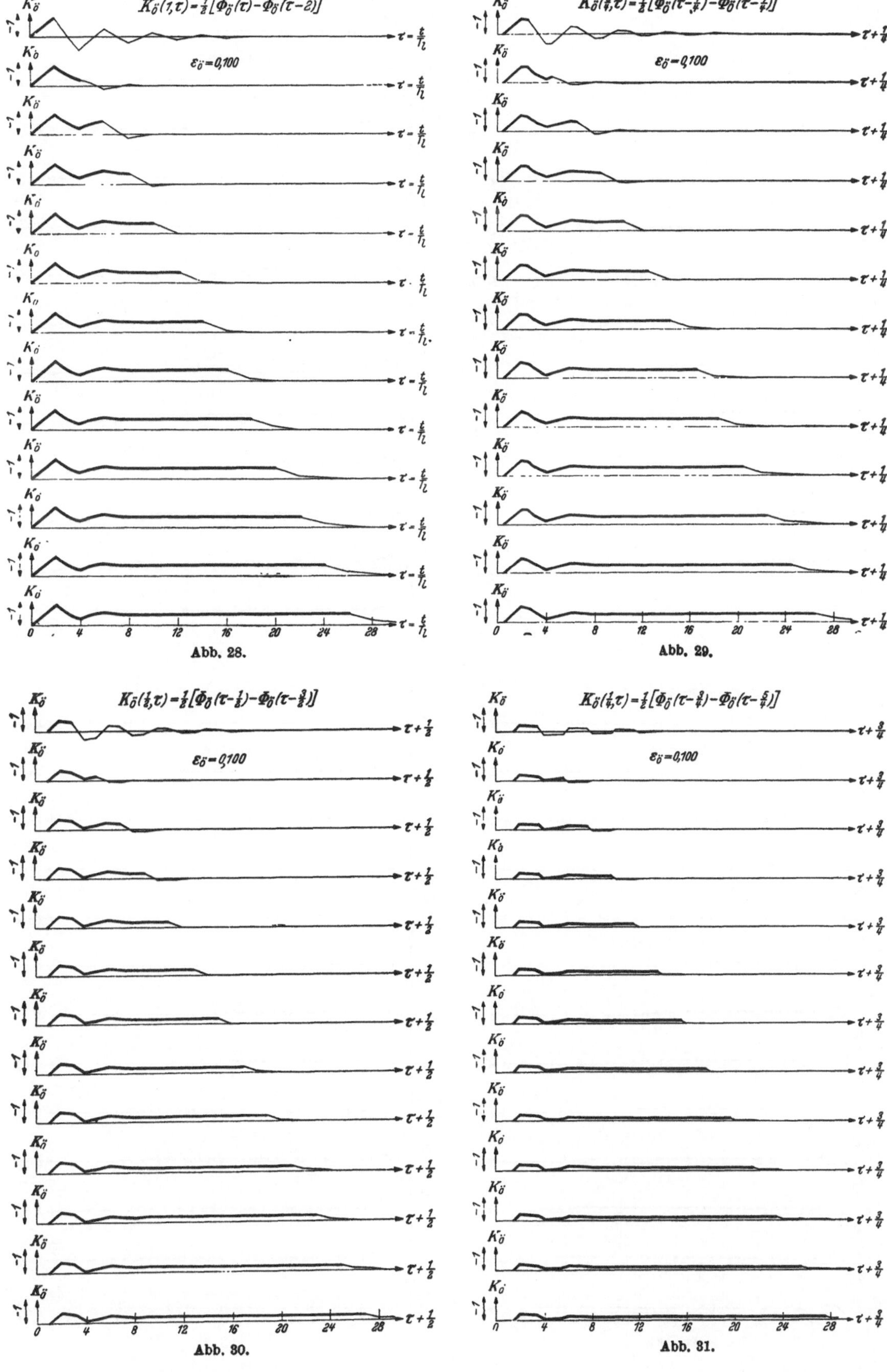

Abb. 28.

Abb. 29.

Abb. 30.

Abb. 31.

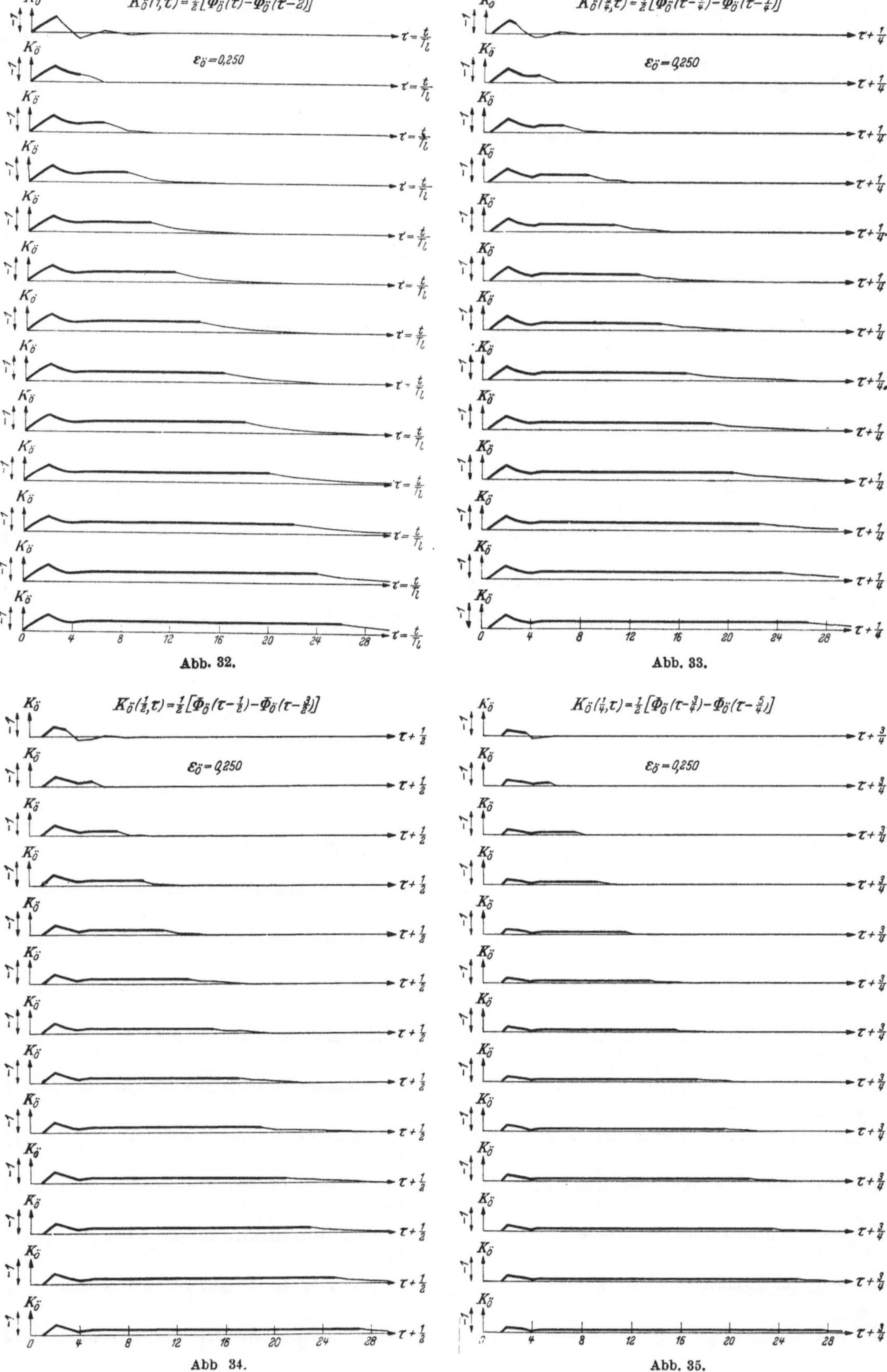

Abb. 32.   Abb. 33.

Abb. 34.   Abb. 35.

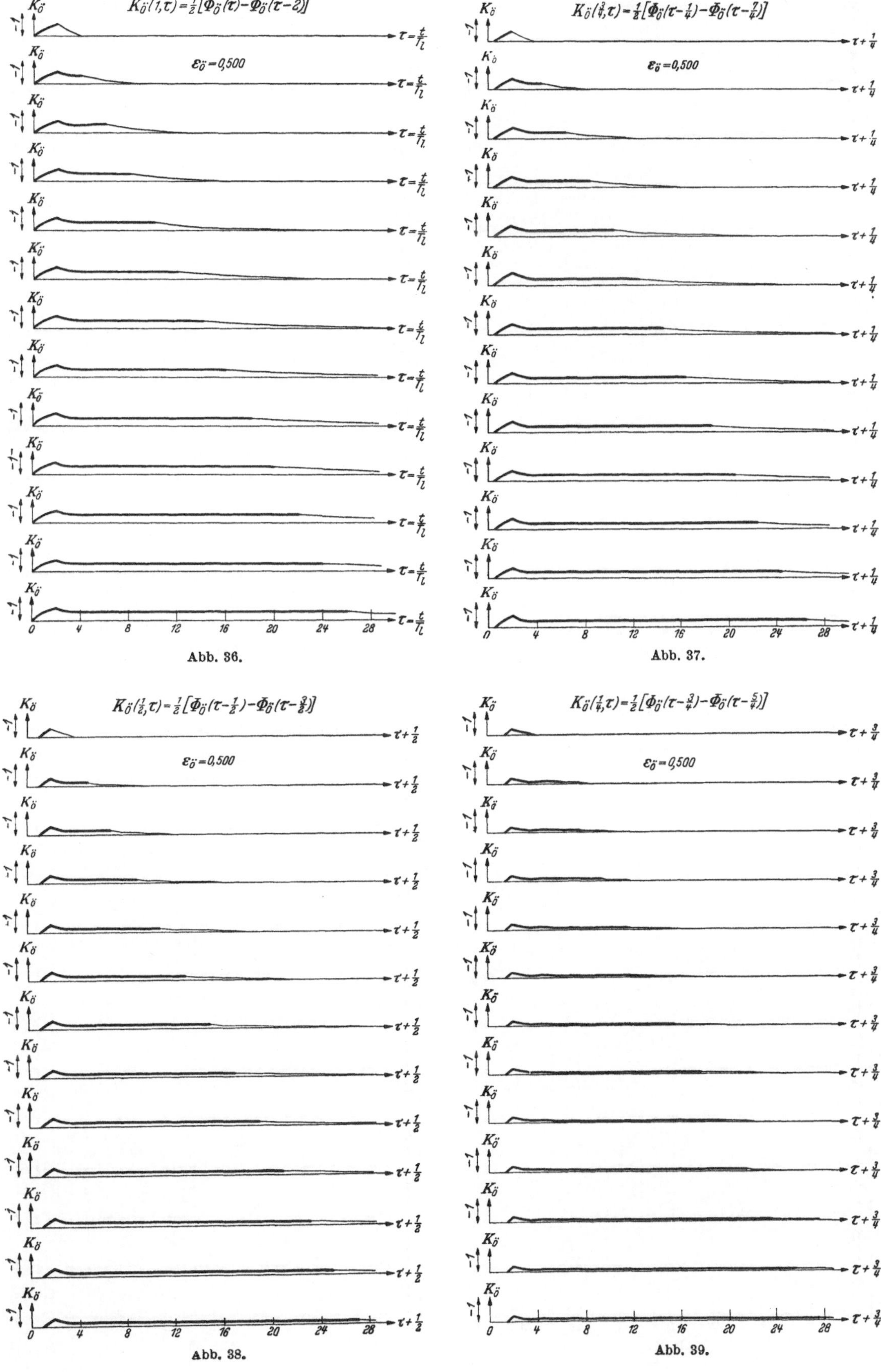

$$K_{\ddot{o}}(1,\tau)=\tfrac{1}{2}\left[\Phi_{\ddot{o}}(\tau)-\Phi_{\ddot{o}}(\tau-2)\right]$$

$$\varepsilon_{\ddot{o}}=0{,}500$$

Abb. 36.

$$K_{\ddot{o}}(\tfrac{3}{4},\tau)=\tfrac{1}{2}\left[\Phi_{\ddot{o}}(\tau-\tfrac{1}{4})-\Phi_{\ddot{o}}(\tau-\tfrac{7}{4})\right]$$

$$\varepsilon_{\ddot{o}}=0{,}500$$

Abb. 37.

$$K_{\ddot{o}}(\tfrac{1}{2},\tau)=\tfrac{1}{2}\left[\Phi_{\ddot{o}}(\tau-\tfrac{1}{2})-\Phi_{\ddot{o}}(\tau-\tfrac{3}{2})\right]$$

$$\varepsilon_{\ddot{o}}=0{,}500$$

Abb. 38.

$$K_{\ddot{o}}(\tfrac{1}{4},\tau)=\tfrac{1}{2}\left[\Phi_{\ddot{o}}(\tau-\tfrac{3}{4})-\Phi_{\ddot{o}}(\tau-\tfrac{5}{4})\right]$$

$$\varepsilon_{\ddot{o}}=0{,}500$$

Abb. 39.

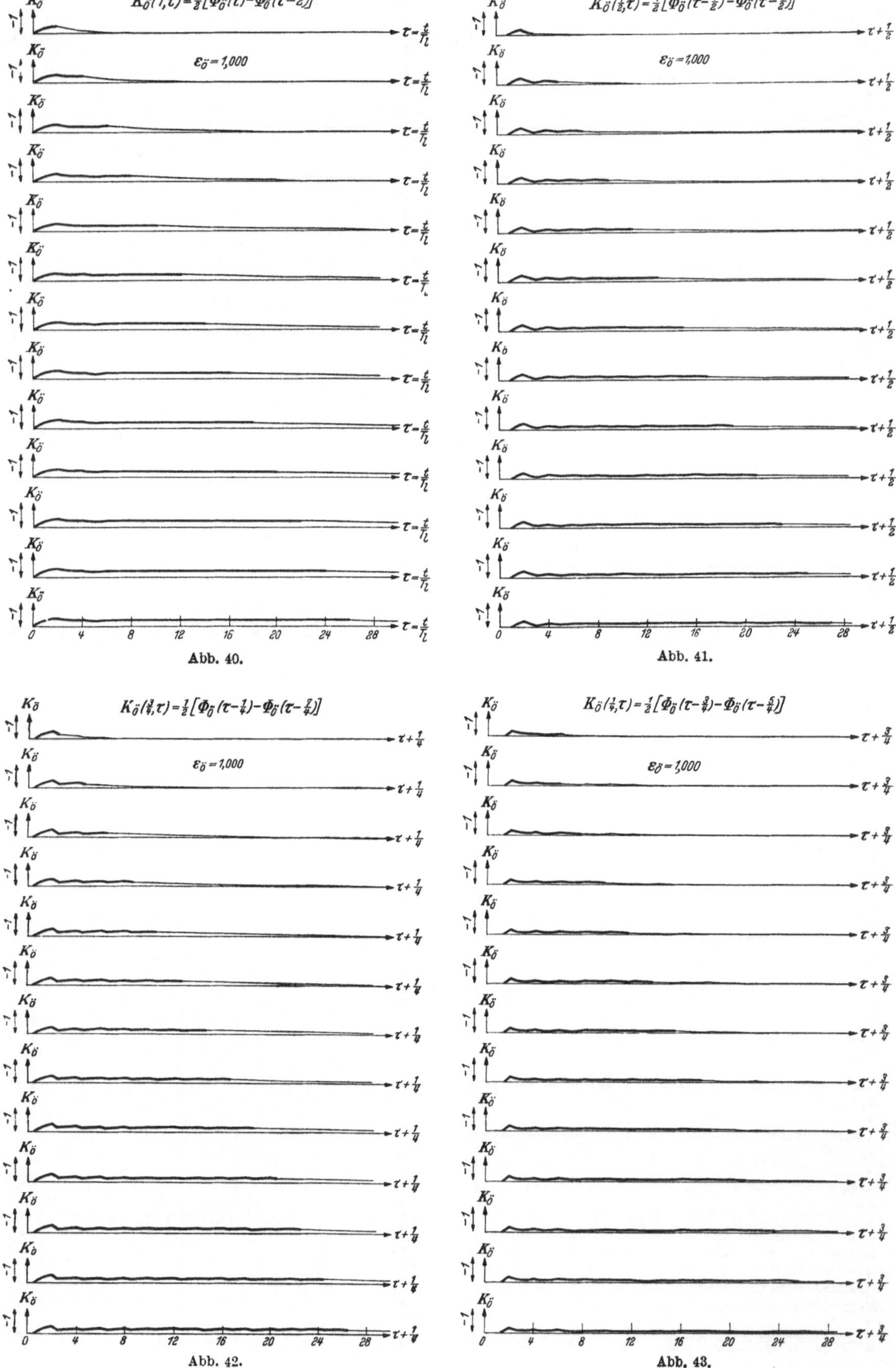

Abb. 40.   Abb. 41.

Abb. 42.   Abb. 43.

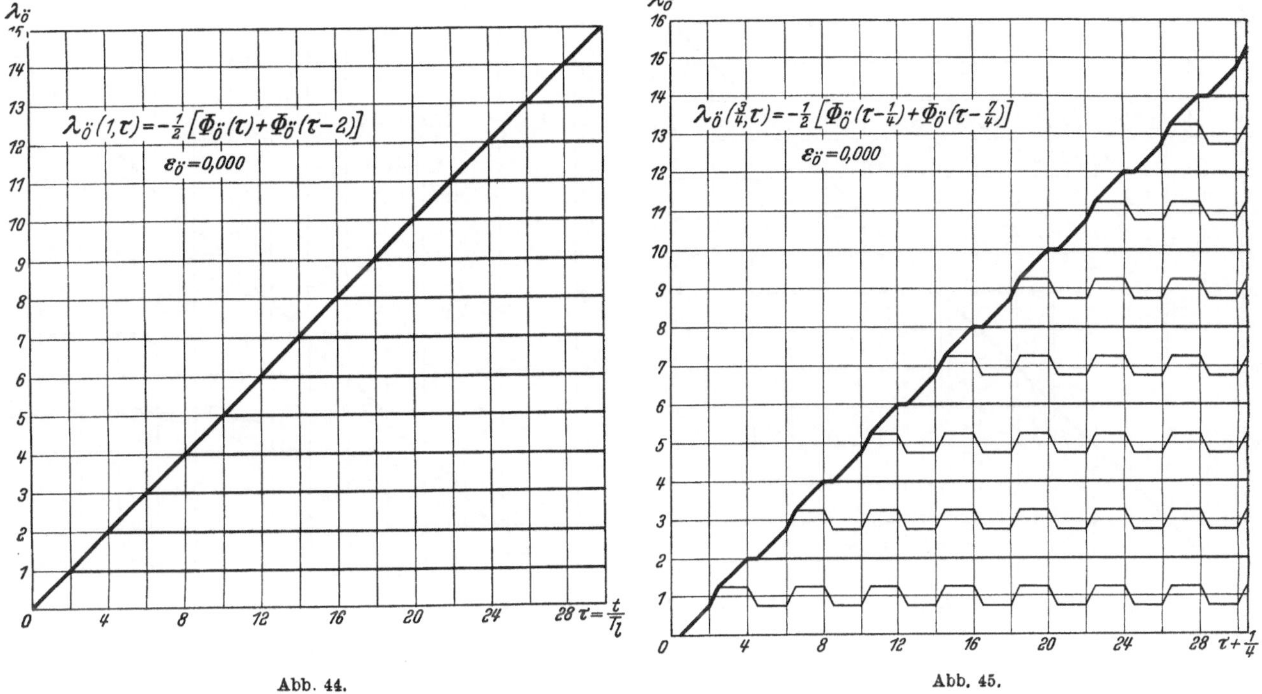

λ_ö
λ_ö(1,τ)=-½[Φ_ö(τ)+Φ_ö(τ-2)]
ε_ö=0,000
τ=t/T_r
Abb. 44.
λ_ö
λ_ö(¾,τ)=-½[Φ_ö(τ-¼)+Φ_ö(τ-7/4)]
ε_ö=0,000
τ+¼
Abb. 45.

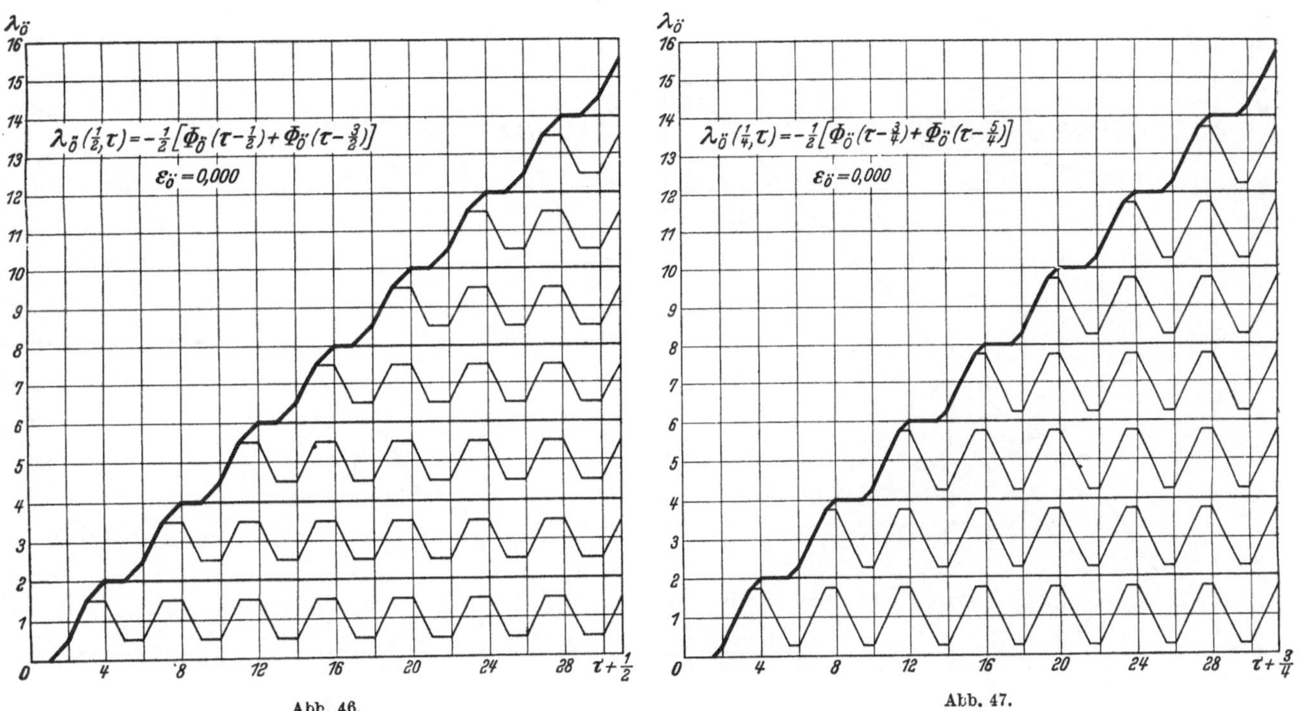

λ_ö
λ_ö(½,τ)=-½[Φ_ö(τ-½)+Φ_ö(τ-3/2)]
ε_ö=0,000
τ+½
Abb. 46.
λ_ö
λ_ö(¼,τ)=-½[Φ_ö(τ-¾)+Φ_ö(τ-5/4)]
ε_ö=0,000
τ+¾
Abb. 47.

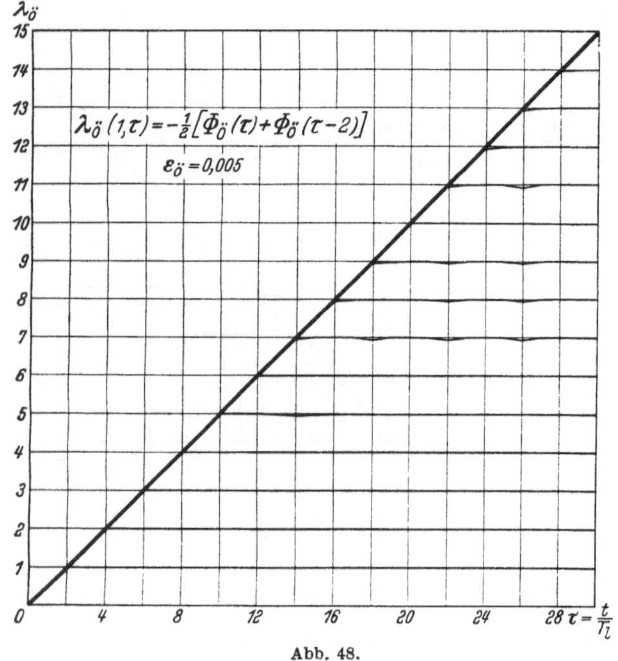

Abb. 48.

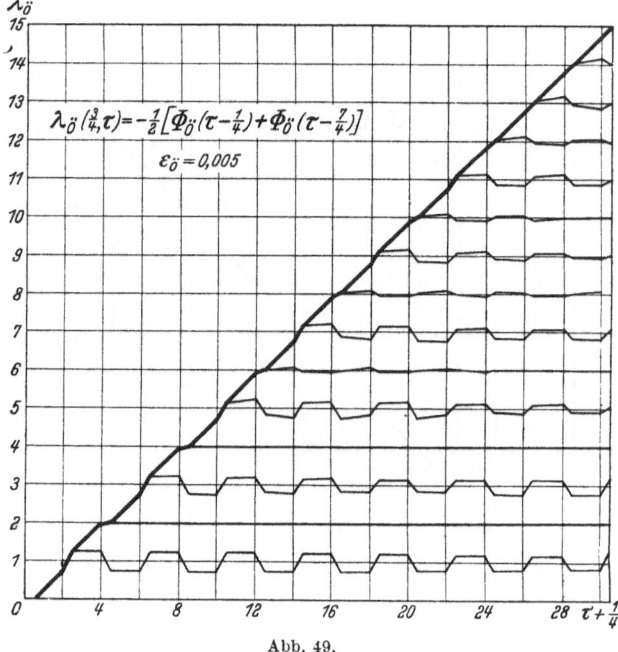

Abb. 49.

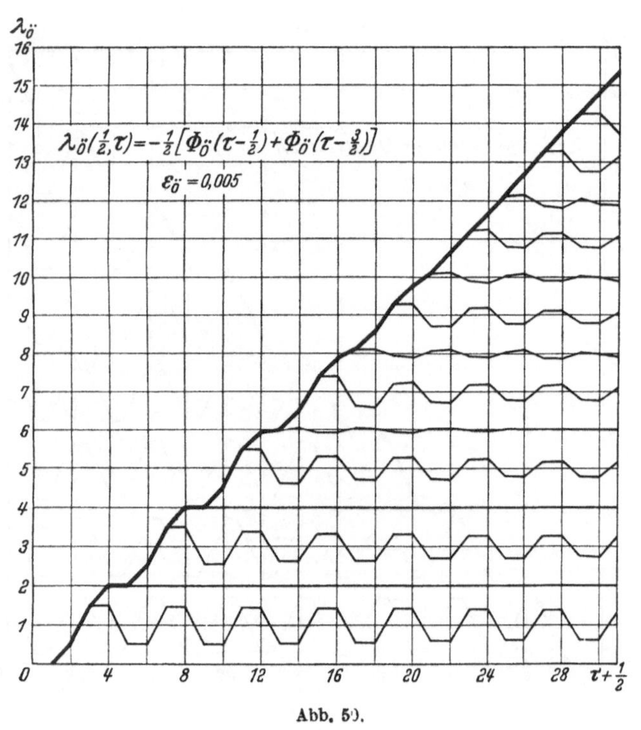

Abb. 50.

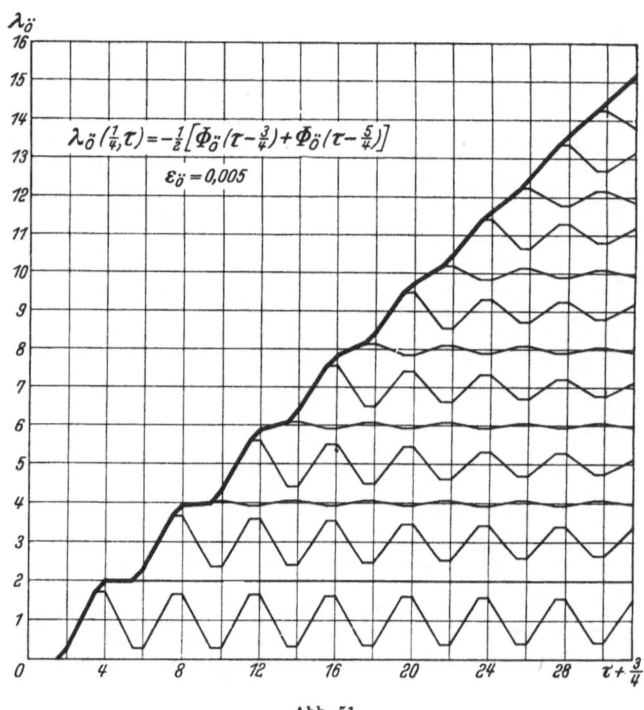

Abb. 51.

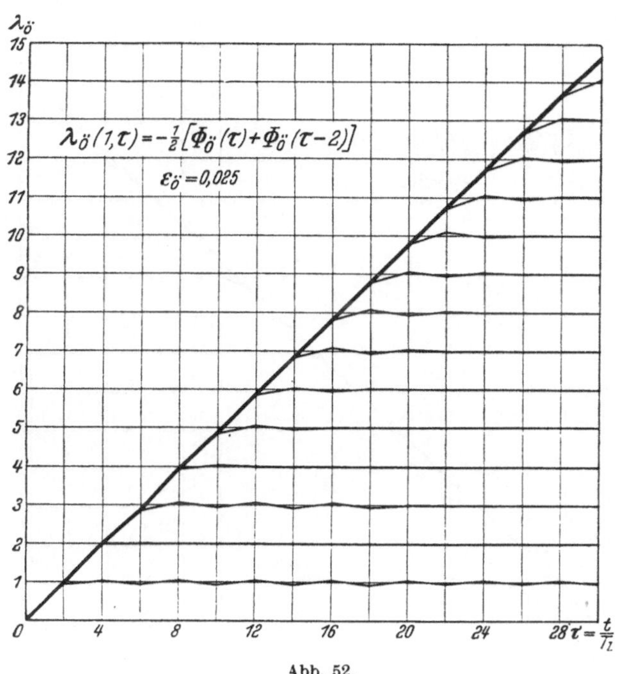

Abb. 52.

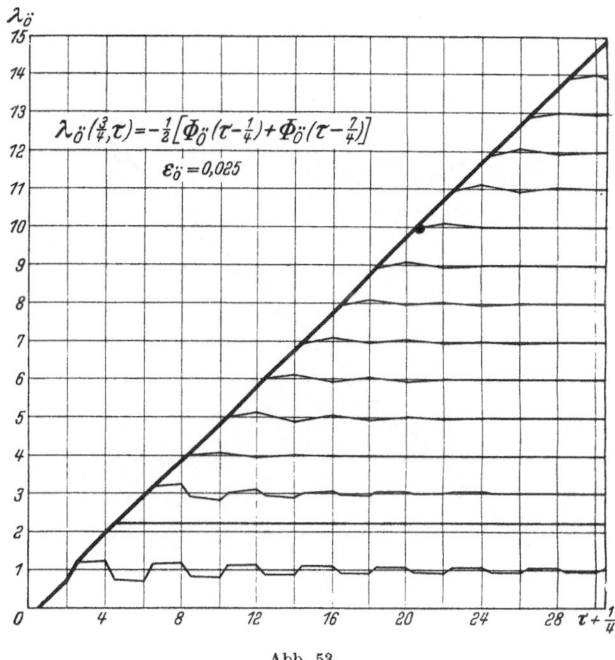

Abb. 53.

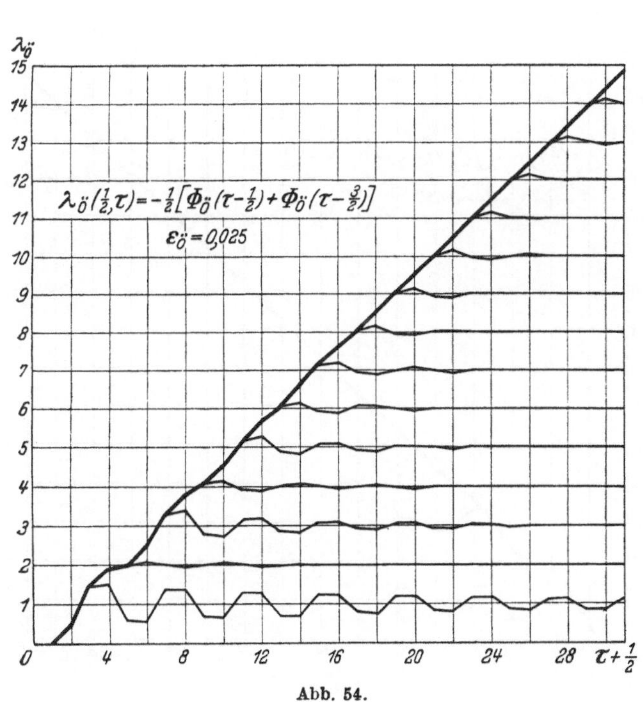

Abb. 54.

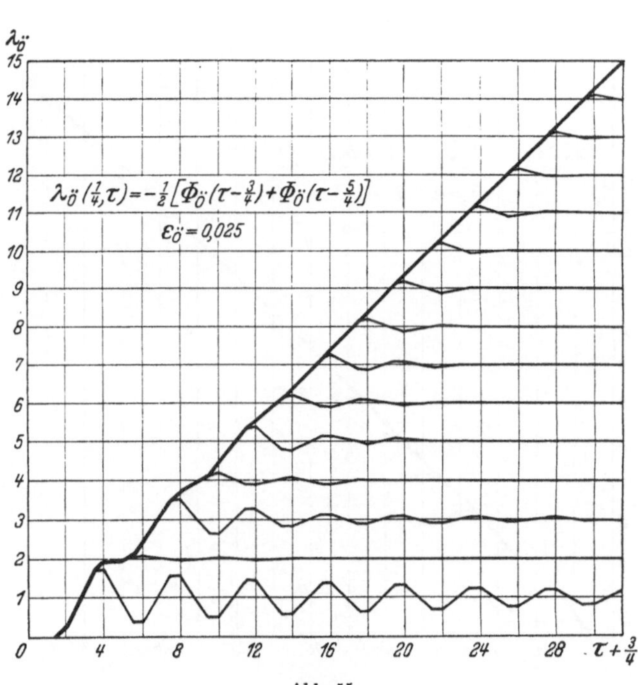

Abb. 55.

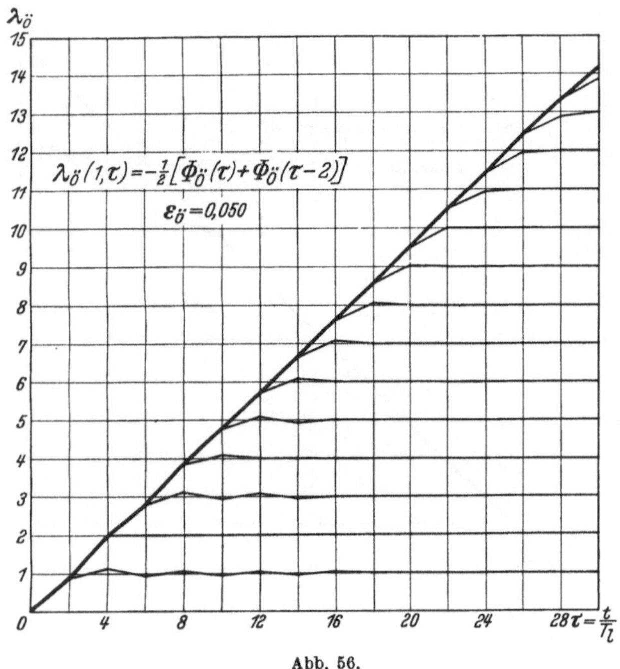

Abb. 56.

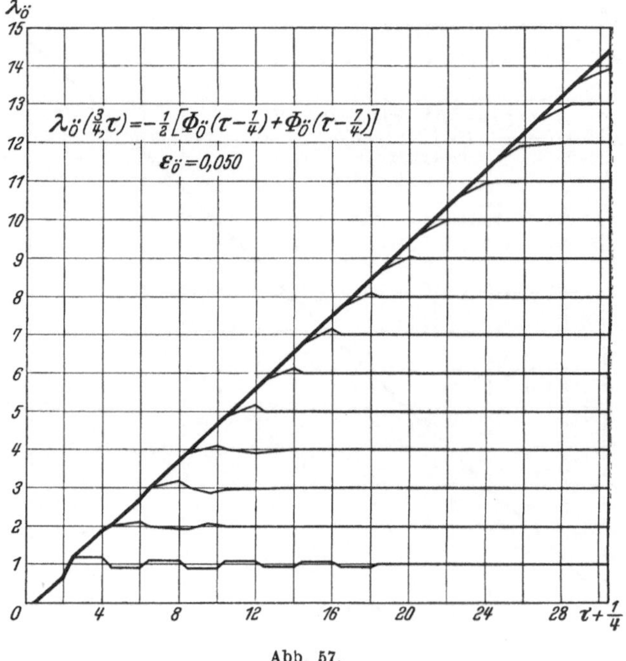

Abb. 57.

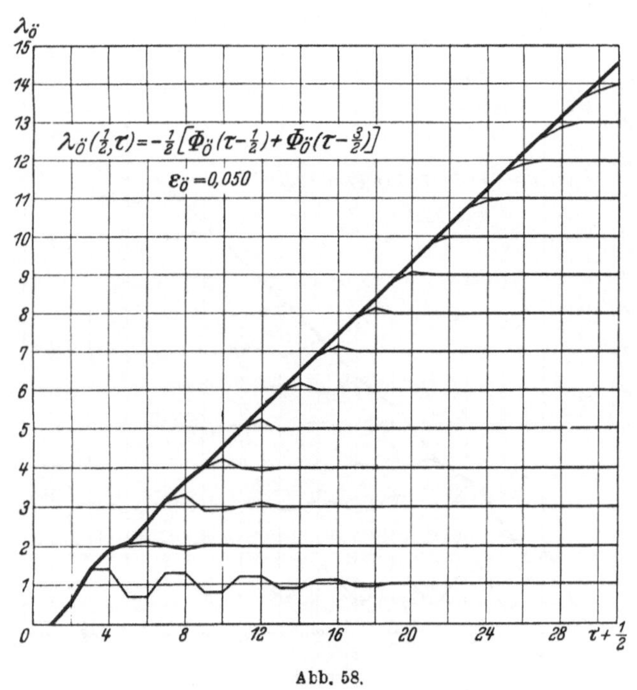

Abb. 58.

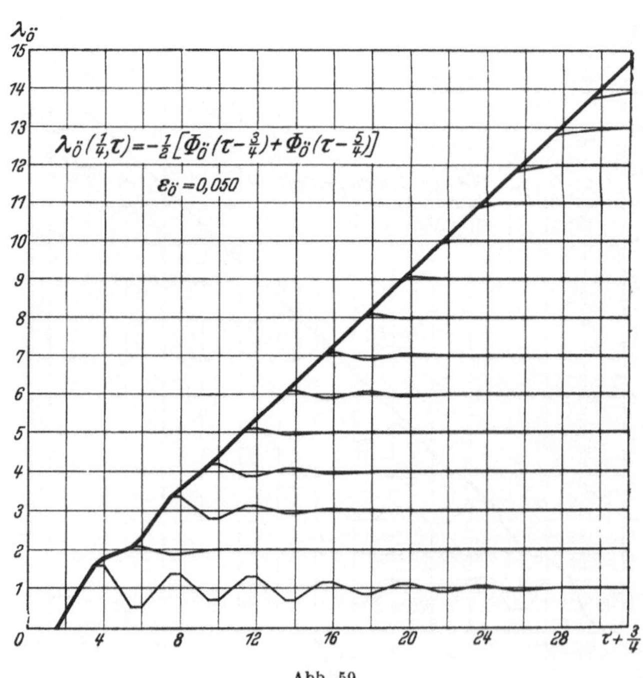

Abb. 59.

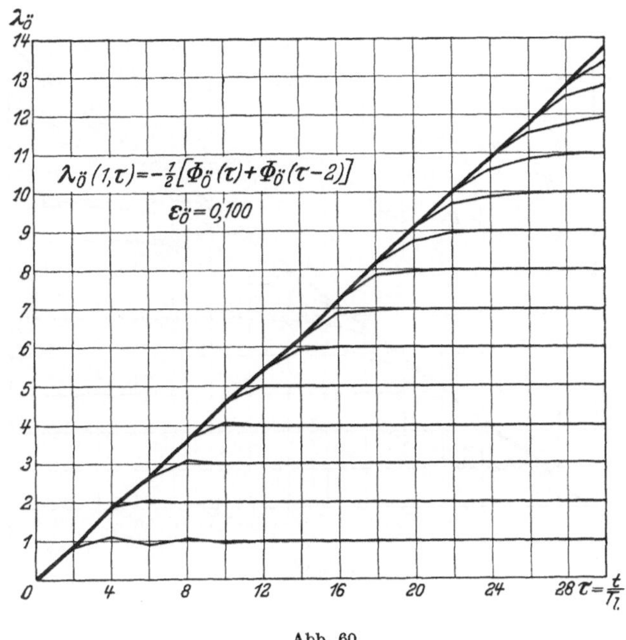

Abb. 60.

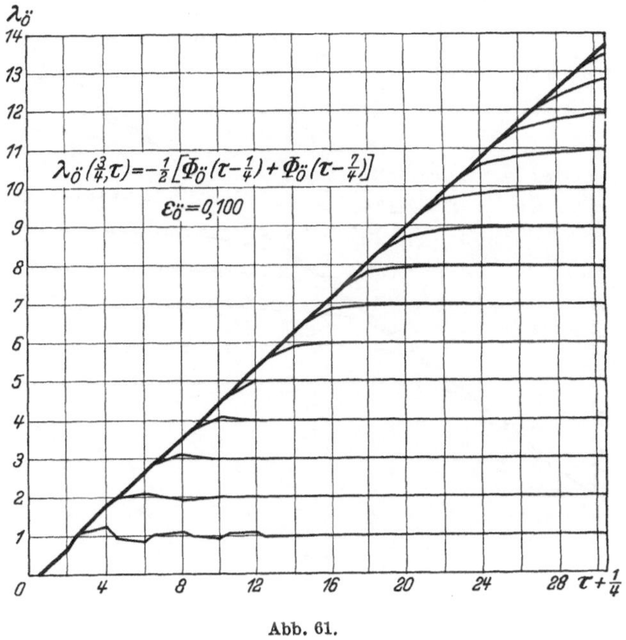

Abb. 61.

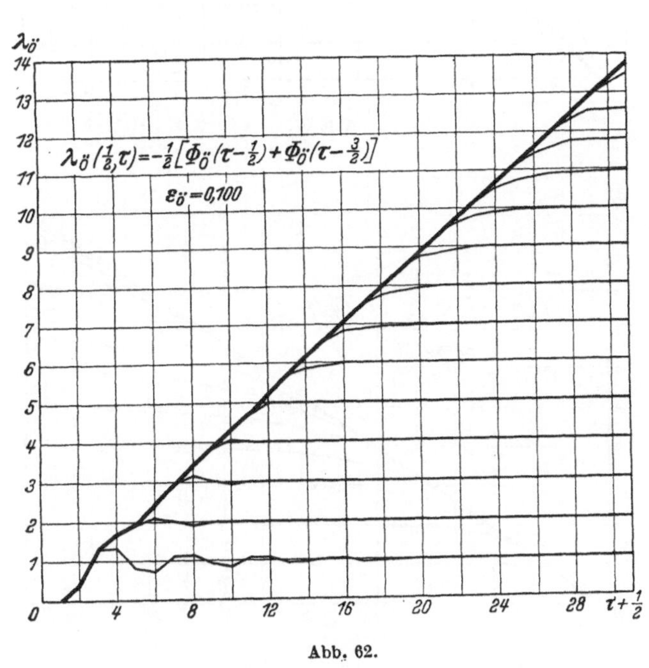

Abb. 62.

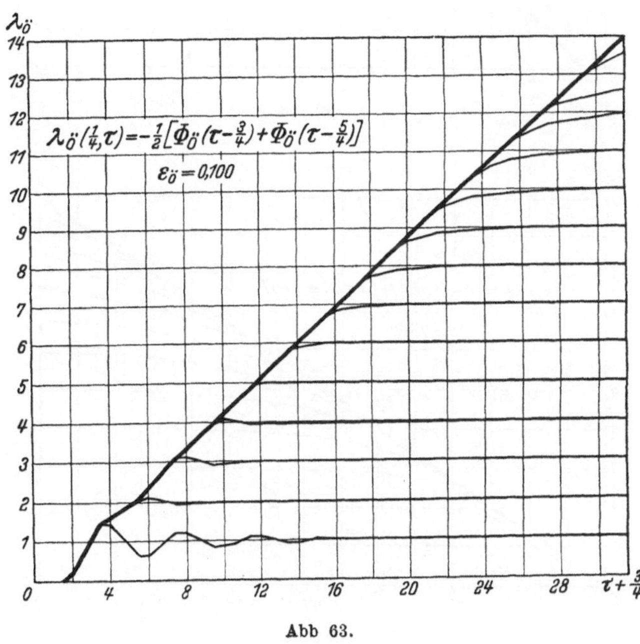

Abb 63.

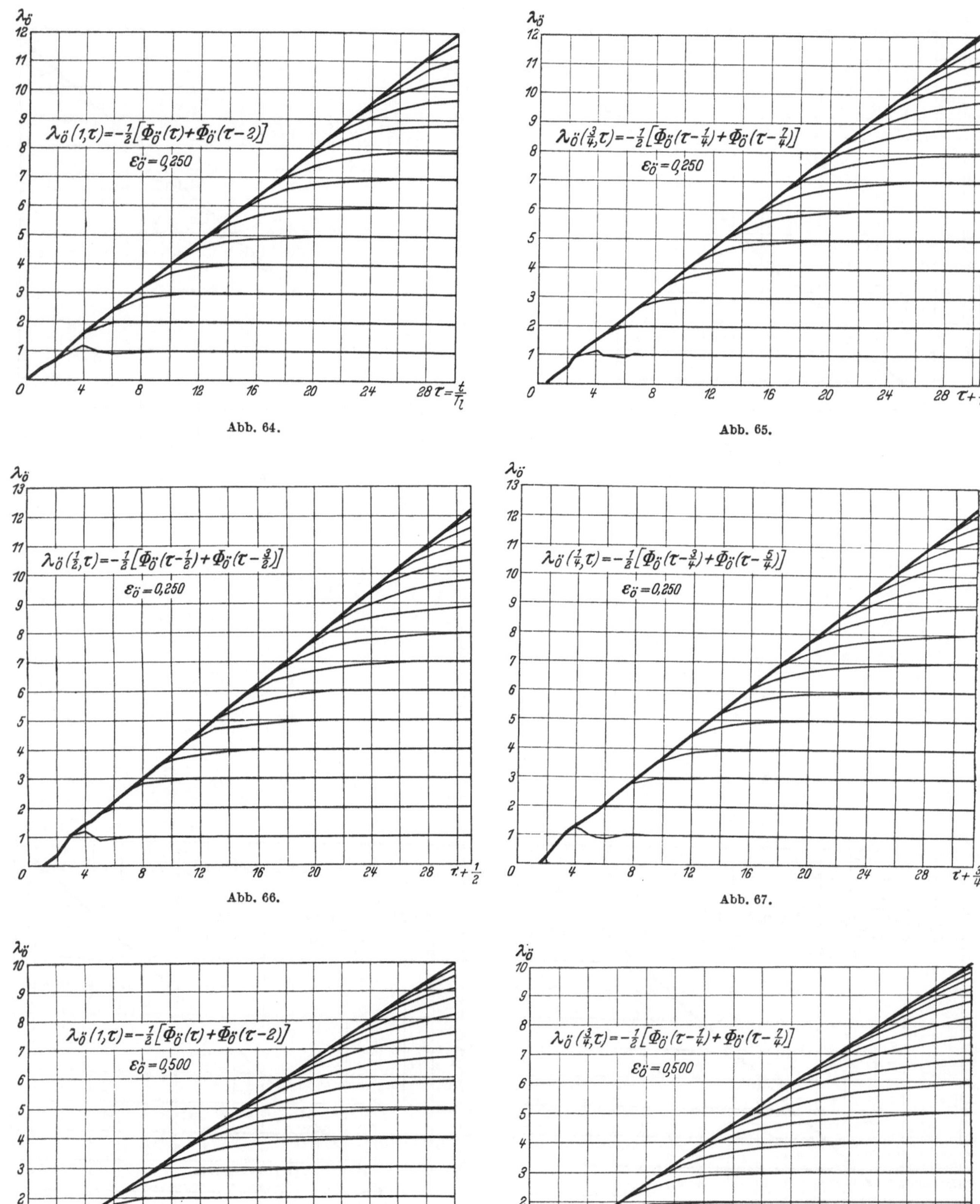

Abb. 64.   Abb. 65.

Abb. 66.   Abb. 67.

Abb. 68.   Abb. 69.

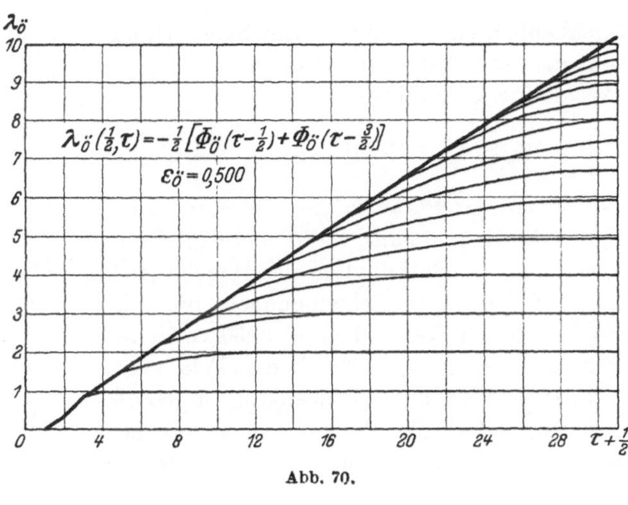

Abb. 70.

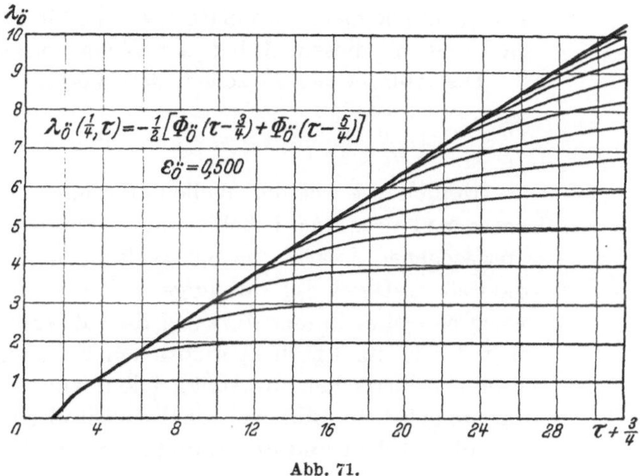

Abb. 71.

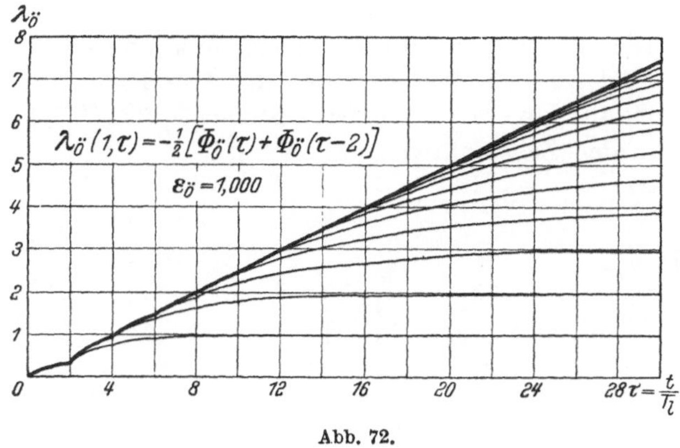

Abb. 72.

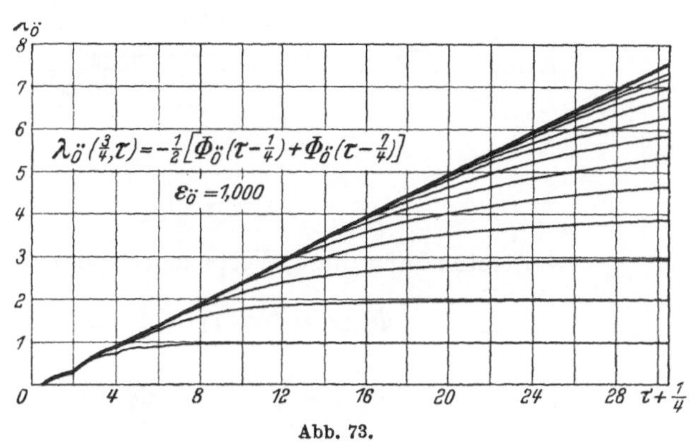

Abb. 73.

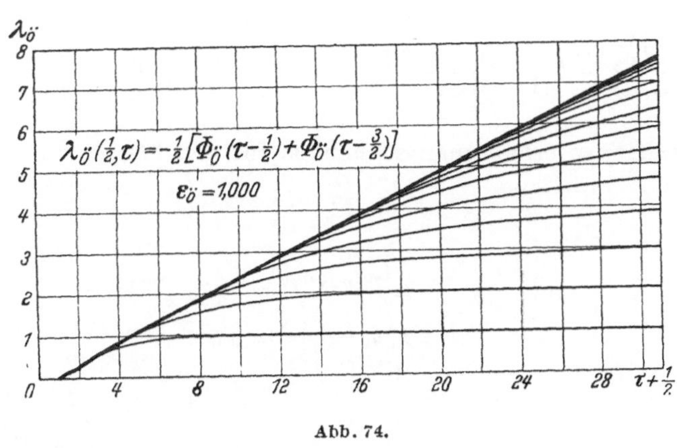

Abb. 74.

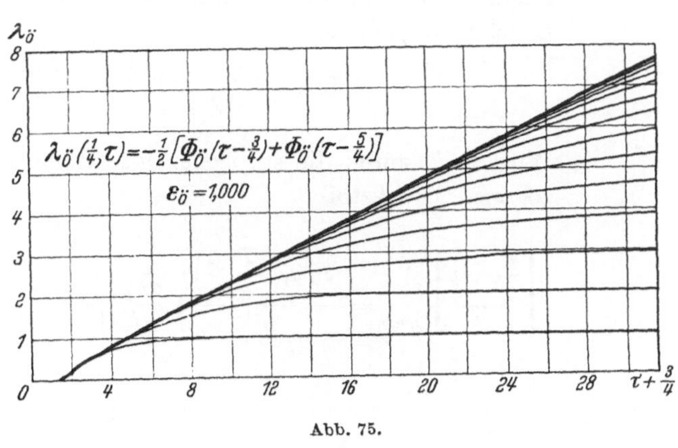

Abb. 75.

organ immer mehr abgeplattet, bis sie für $\xi = 0$ schließlich vollständig verschwinden. Hand in Hand mit diesem Abbau der Wellenspitzen geht der Abbau der Amplituden.

Die Abb. 44 bis 75 zeigen den Verlauf der Wassermengenfunktion.

$$\lambda_\ddot{o}\,(\xi, \tau) = -\tfrac{1}{2}\,]\Phi_\ddot{o}\,(\tau + \xi - 1) + \Phi_\ddot{o}\,(\tau - \xi - 1)].$$

Ähnlich wie bei der Wellenfortpflanzungsfunktion entspricht auch hier die stark ausgezogene Kurve einer beliebig ausgedehnten Betätigung des Regelorgans, während die schwach ausgezogenen Kurven die Schwankungen der Wassermenge nach Anhalten des Regelorgans darstellen. Diese Schwankungen sind etwa bis $\varepsilon_\ddot{o} = 0{,}050$ echte Schwingungen, die mit wachsendem $\varepsilon_\ddot{o}$ immer stärker gedämpft sind. Zwischen $\varepsilon_\ddot{o} = 0{,}050$ und $\varepsilon_\ddot{o} = 0{,}250$ vollzieht sich der Übergang zu aperiodischen Schwingungen, die von $\varepsilon_\ddot{o} = 0{,}500$ ab das Feld vollständig beherrschen. In Abhängigkeit von ξ zeigen die Wassermengenschwankungen gerade das umgekehrte Bild wie die Druckstoßschwankungen, indem die Wellen um so weniger abgeplattet sind und die Amplituden um so größer werden, je weiter man sich vom Regelorgan entfernt.

13. Die größten Druck- und Sogstöße beim Öffnen.

Wie die Abb. 12 bis 43 erkennen lassen, ergeben sich die *größten Druckstöße* stets bei einer Teilöffnungszeit von

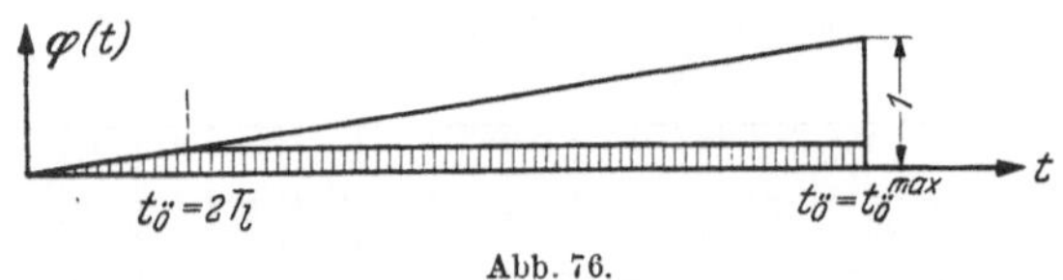

Abb. 76.

$$t_\ddot{o} = 2\,T_l \quad \text{bzw.} \quad \tau_\ddot{o} = 2.$$

Die zugehörige Regleröffnungsfunktion zeigt Abb. 76. Weiter lehren die Abb. 12 bis 43, daß die größten Druckstöße jeweils in den Zeitpunkten

$$\tau = 3 + \xi$$

auftreten. Für diese Werte liefert (66) bzw. (71)

$$\Phi_\ddot{o}\,(\tau + \xi - 1) = \Phi_\ddot{o}\,(2 + 2\,\xi) = -\frac{1}{1 + 2\,\varepsilon_\ddot{o}} + \frac{2\,\xi}{1 + 2\,\xi\,\varepsilon_\ddot{o}} = \frac{1 - 2\,\varepsilon_\ddot{o}}{1 + 2\,\varepsilon_\ddot{o}},$$

$$\Phi_\ddot{o}\,(\tau + \xi - 1) = \Phi_\ddot{o}\,(2) = -\frac{2}{1 - 2\,\varepsilon_\ddot{o}}.$$

Die Einführung dieser $\Phi_\ddot{o}$-Werte in (67) ergibt

$$\eta_{Druck}^{\max} = \frac{2\,T_l}{t_{\ddot{o},\max}} \sqrt{\frac{a F_1}{a_1 F}} \frac{\xi}{1 + 2\,\xi\,\varepsilon_\ddot{o}} \frac{1 - 2\,\varepsilon_\ddot{o}}{1 + 2\,\varepsilon_\ddot{o}} = \frac{H_{Drubk}^{\max}}{H_j} = \frac{H_{Druck}^{\max}}{\dfrac{c_{1,\max}\,a_1}{g}}. \tag{72}$$

Hieraus folgt in Verbindung mit (6) und bei Unterdrückung der hier bedeutungslosen Geschwindigkeitshöhe

$$H_{Druck}^{\max} = \left(\frac{p}{\gamma} - y\right)^{\max} = \frac{2 c_{1,\max}\,a_1\,T_l}{g\,t_{\ddot{o},\max}} \sqrt{\frac{a F_1}{a_1 F}} \frac{(1 - 2\,\varepsilon_\ddot{o})\,\xi}{(1 + 2\,\varepsilon_\ddot{o})(1 + 2\,\varepsilon_\ddot{o}\,\xi)}. \tag{73}$$

Wird noch durch die statische Druckhöhe dividiert, so erhält man schließlich für den bezogenen Druckstoß

$$\left[\frac{\frac{p}{\gamma} - y}{y}\right]_{Druck}^{\max} = \frac{\xi\left(y_1 - \dfrac{p_{1,m}^{R}}{\gamma}\right)}{y} \sqrt{\frac{a F_1}{a_1 F}} \frac{4\,\varepsilon_\ddot{o}\,(1 - 2\,\varepsilon_\ddot{o})}{(1 + 2\,\varepsilon_\ddot{o})(1 + 2\,\xi\,\varepsilon_\ddot{o})} \quad \text{mit} \quad \varepsilon_\ddot{o} = \frac{c_{1,\max}\,a_1\,T_l}{2\,g\left(y_1 - \dfrac{p_{1,m}^{R}}{\gamma}\right) t_{\ddot{o},\max}}. \tag{74}$$

Mit den Abkürzungen

$$v\,(\xi) = \frac{\left(y_1 - \dfrac{p_{1.m}^{R}}{y}\right)\xi}{\gamma}\,\sqrt{\frac{aF_1}{a_1F}}\,, \qquad \overset{Druck}{\mu\,(\xi,\,\varepsilon_\ddot o)} = \frac{4\,\varepsilon_\ddot o\,(1-2\,\varepsilon_\ddot o)}{(1+2\,\varepsilon_\ddot o)\,(1+2\,\xi\,\varepsilon_\ddot o)} \tag{75}$$

nimmt (74) die durchsichtige Form

$$\left[\frac{\dfrac{p}{\gamma}-y}{y}\right]^{\max}_{Druck} = v\,(\xi)\,\overset{Druck}{\mu\,(\xi,\,\varepsilon_\ddot o)} \tag{76}$$

an. In dieser beschreibt $v\,(\xi)$ den örtlichen Einfluß der Rohrleitung und $\mu\,(\xi,\,\varepsilon_\ddot o)$ den Einfluß der Gesamtleitung und denjenigen der Regleröffnungsfunktion.

Nach den Abb. 12 bis 43 entstehen die *größten Sogstöße* stets in der ersten Reflektionsperiode, und zwar im Zeitpunkte

$$\tau = 1 + \xi\,.$$

In diesem Falle liefert (66)

$$\Phi_\ddot o\,(\tau + \xi - 1) = \Phi_\ddot o\,(2\,\xi) = -\frac{2\,\xi}{1+2\,\xi\,\varepsilon_\ddot o}\,,$$
$$\Phi_\ddot o\,(\tau - \xi - 1) = \Phi_\ddot o\,(0)\ \ = 0\,.$$

Bei Einführung dieser Werte in (67) folgt

$$\eta^{\max}_{Sog} = \frac{-2\,T_l}{t_{\ddot o,\,\max}}\sqrt{\frac{aF_1}{a_1F}}\,\frac{\xi}{1+2\,\xi\,\varepsilon_\ddot o} = \frac{H^{\max}_{Sog}}{H_j} = \frac{H^{\max}_{Sog}}{\dfrac{c_{1,\,\max}a_1}{g}}\,. \tag{77}$$

Hieraus ergibt sich ähnlich wie vorhin

$$H^{\max}_{Sog} = \left(\frac{p}{\gamma}-y\right)^{\max} = \frac{2\,c_{1,\,\max}\,a_1\,T_l}{g\,t_{\ddot o,\,\max}}\sqrt{\frac{aF_1}{a_1F}}\,\frac{\xi}{1+2\,\xi\,\varepsilon_\ddot o}\,, \tag{78}$$

und bezogen auf die statische Druckhöhe

$$\left[\frac{\dfrac{p}{\gamma}-y}{y}\right]^{\max}_{Sog} = \frac{\xi\left(y_1-\dfrac{p_{1,m}^{R}}{\gamma}\right)}{y}\sqrt{\frac{aF_1}{a_1F}}\,\frac{4\,\varepsilon_\ddot o}{1+2\,\xi\,\varepsilon_\ddot o}\quad\text{mit}\quad \varepsilon_\ddot o = \frac{a_{1,\,\max}\,a_1\,T_1}{2\,g\left(y_1-\dfrac{p_{1,m}^{R}}{\gamma}\right)t_{\ddot o,\,\max}}\,. \tag{79}$$

Mit den Abkürzungen

$$v\,(\xi) = \frac{\left(y_1-\dfrac{p_{1,m}^{R}}{\gamma}\right)\xi}{y}\,\sqrt{\frac{aF_1}{a_1F}}\,, \qquad \overset{Sog}{\mu\,(\xi,\,\varepsilon_\ddot o)} = \frac{4\,\varepsilon_\ddot o}{1+2\,\xi\,\varepsilon_\ddot o} \tag{80}$$

erhält man ähnlich wie vorhin die sehr durchsichtige Darstellung

$$\left[\frac{\dfrac{p}{\gamma}-y}{y}\right]^{\max}_{Sog} = v\,(\xi)\,\overset{Sog}{\mu\,(\xi,\,\varepsilon_\ddot o)}\,. \tag{81}$$

$$\mu_{\max}^{Druck} = \frac{1 - 2\,\varepsilon_\delta}{1 + 2\,\varepsilon_\delta}\,\frac{4\,\varepsilon_\delta}{1 + 2\,\xi\,\varepsilon_\delta}.$$

$\varepsilon_\delta \backslash \xi$	0	0,05	0,10	0,15	0,20	0,25	0,30	0,35	0,40	0,45	0,50
0,00	0,0000	0,0000	0,0000	0,0000	0,0000	0,0000	0,0000	0,0000	0,0000	0,0000	0,0000
0,01	0,0384	0,0384	0,0384	0,0383	0,0383	0,0382	0,0382	0,0381	0,0382	0,0380	0,0380
0,02	0,0738	0,0737	0,0736	0,0734	0,0733	0,0731	0,0729	0,0728	0,0727	0,0726	0,0724
0,03	0,1064	0,1061	0,1058	0,1054	0,1052	0,1048	0,1045	0,1042	0,1039	0,1036	0,1033
0,04	0,1363	0,1358	0,1352	0,1347	0,1342	0,1336	0,1331	0,1325	0,1320	0,1315	0,1310
0,05	0,1636	0,1628	0,1620	0,1612	0,1604	0,1596	0,1589	0,1581	0,1573	0,1566	0,1559
0,06	0,1886	0,1875	0,1864	0,1853	0,1842	0,1831	0,1820	0,1809	0,1799	0,1789	0,1779
0,07	0,2112	0,2097	0,2083	0,2069	0,2055	0,2041	0,2020	0,2013	0,2001	0,1989	0,1974
0,08	0,2317	0,2299	0,2281	0,2263	0,2245	0,2228	0,2211	0,2194	0,2177	0,2161	0,2146
0,09	0,2502	0,2479	0,2457	0,2436	0,2415	0,2394	0,2374	0,2354	0,2333	0,2314	0,2295
0,10	0,2667	0,2640	0,2615	0,2589	0,2564	0,2540	0,2516	0,2492	0,2469	0,2447	0,2424
0,11	0,2813	0,2782	0,2752	0,2723	0,2694	0,2667	0,2639	0,2612	0,2585	0,2560	0,2534
0,12	0,2942	0,2907	0,2873	0,2840	0,2807	0,2775	0,2745	0,2714	0,2685	0,2655	0,2627
0,13	0,3054	0,3015	0,2976	0,2939	0,2903	0,2868	0,2833	0,2799	0,2766	0,2734	0,2703
0,14	0,3150	0,3107	0,3065	0,3023	0,2983	0,2944	0,2906	0,2869	0,2833	0,2797	0,2763
0,15	0,3131	0,3183	0,3137	0,3092	0,3048	0,3005	0,2964	0,2924	0,2885	0,2847	0,2809
0,16	0,3297	0,3245	0,3195	0,3146	0,3099	0,3053	0,3009	0,2965	0,2923	0,2882	0,2842
0,17	0,3349	0,3293	0,3239	0,3186	0,3136	0,3086	0,3039	0,2993	0,2948	0,2905	0,2862
0,18	0,3388	0,3329	0,3271	0,3215	0,3161	0,3109	0,3058	0,3009	0,2962	0,2916	0,2872
0,19	0,3415	0,3351	0,3290	0,3230	0,3173	0,3119	0,3065	0,3014	0,2964	0,2916	0,2869
0,20	0,3429	0,3362	0,3297	0,3235	0,3175	0,3117	0,3061	0,3008	0,2956	0,2906	0,2857
0,21	0,3431	0,3361	0,3293	0,3228	0,3165	0,3105	0,3047	0,2992	0,2938	0,2886	0,2836
0,22	0,3422	0,3348	0,3278	0,3210	0,3145	0,3083	0,3023	0,2966	0,2910	0,2857	0,2805
0,23	0,3403	0,3327	0,3254	0,3183	0,3116	0,3052	0,2990	0,2931	0,2874	0,2819	0,2767
0,24	0,3373	0,3294	0,3219	0,3147	0,3078	0,3012	0,2949	0,2888	0,2830	0,2774	0,2721
0,25	0,3333	0,3252	0,3174	0,3100	0,3030	0,2962	0,2898	0,2837	0,2777	0,2721	0,2666
0,26	0,3284	0,3201	0,3122	0,3047	0,2975	0,2907	0,2841	0,2779	0,2719	0,2662	0,2607
0,27	0,3226	0,3141	0,3061	0,2984	0,2911	0,2842	0,2776	0,2713	0,2653	0,2595	0,2540
0,28	0,3160	0,3073	0,2992	0,2915	0,2841	0,2771	0,2705	0,2642	0,2581	0,2524	0,2468
0,29	0,3083	0,2996	0,2914	0,2837	0,2763	0,2693	0,2626	0,2563	0,2503	0,2445	0,2390
0,30	0,3000	0,2913	0,2830	0,2752	0,2679	0,2609	0,2543	0,2479	0,2420	0,2362	0,2308
0,31	0,2909	0,2822	0,2739	0,2662	0,2588	0,2519	0,2453	0,2390	0,2331	0,2274	0,2221
0,32	0,2810	0,2722	0,2641	0,2564	0,2491	0,2422	0,2357	0,2296	0,2237	0,2281	0,2128
0,33	0,2703	0,2617	0,2536	0,2460	0,2388	0,2320	0,2256	0,2196	0,2139	0,2084	0,2033
0,34	0,2591	0,2506	0,2426	0,2351	0,2281	0,2214	0,2152	0,2093	0,2037	0,1984	0,1933
0,35	0,2471	0,2387	0,2309	0,2236	0,2168	0,2103	0,2042	0,1985	0,1931	0,1879	0,1830
0,36	0,2344	0,2263	0,2187	0,2116	0,2049	0,1987	0,1928	0,1873	0,1820	0,1771	0,1724
0,37	0,2211	0,2132	0,2059	0,1990	0,1926	0,1866	0,1809	0,1756	0,1706	0,1659	0,1614
0,38	0,2073	0,1997	0,1927	0,1861	0,1800	0,1742	0,1688	0,1638	0,1590	0,1545	0,1502
0,39	0,1928	0,1856	0,1789	0,1726	0,1668	0,1613	0,1563	0,1515	0,1470	0,1427	0,1387
0,40	0,1778	0,1709	0,1646	0,1587	0,1532	0,1481	0,1434	0,1389	0,1347	0,1307	0,1270
0,41	0,1622	0,1558	0,1499	0,1444	0,1393	0,1346	0,1302	0,1260	0,1221	0,1185	0,1150
0,42	0,1462	0,1403	0,1348	0,1298	0,1251	0,1208	0,1167	0,1130	0,1094	0,1061	0,1029
0,43	0,1295	0,1242	0,1193	0,1147	0,1105	0,1066	0,1030	0,0995	0,0964	0,0934	0,0906
0,44	0,1123	0,1076	0,1032	0,0992	0,0955	0,0920	0,0888	0,0858	0,0831	0,0804	0,0780
0,45	0,0947	0,0906	0,0869	0,0834	0,0802	0,0773	0,0745	0,0720	0,0696	0,0674	0,0653
0,46	0,0767	0,0734	0,0703	0,0674	0,0648	0,0624	0,0601	0,0580	0,0561	0,0543	0,0526
0,47	0,0581	0,0555	0,0531	0,0509	0,0489	0,0470	0,0453	0,0437	0,0422	0,0408	0,0395
0,48	0,0392	0,0374	0,0357	0,0342	0,0329	0,0316	0,0304	0,0293	0,0283	0,0274	0,0265
0,49	0,0198	0,0189	0,0180	0,0173	0,0166	0,0159	0,0153	0,0147	0,0142	0,0137	0,0133
0,50	0,0000	0,0000	0,0000	0,0000	0,0000	0,0000	0,0000	0,0000	0,0000	0,0000	0,0000

$$\mu_{\max}^{Druck} = \frac{1 - 2\,\varepsilon_\delta}{1 + 2\,\varepsilon_\delta}\;\frac{4\,\varepsilon_\delta}{1 + 2\,\xi\,\varepsilon_\delta}\;.$$

ε_δ \\ ξ	0,50	0,55	0,60	0,65	0,70	0,75	0,80	0,85	0,90	0,95	1,00
0,00	0,0000	0,0000	0,0000	0,0000	0,0000	0,0000	0,0000	0,0000	0,0000	0,0000	0,0000
0,01	0,0380	0,0380	0,0380	0,0380	0,0379	0,0379	0,0379	0,0378	0,0378	0,0377	0,0377
0,02	0,0724	0,0723	0,0721	0,0720	0,0718	0,0717	0,0715	0,0714	0,0713	0,0712	0,0710
0,03	0,1033	0,1030	0,1027	0,1024	0,1022	0,1018	0,1015	0,1013	0,1009	0,1007	0,1004
0,04	0,1310	0,1305	0,1301	0,1296	0,1290	0,1286	0,1281	0,1276	0,1271	0,1267	0,1262
0,05	0,1559	0,1551	0,1544	0,1537	0,1529	0,1522	0,1515	0,1508	0,1501	0,1494	0,1487
0,06	0,1779	0,1769	0,1759	0,1749	0,1740	0,1730	0,1721	0,1711	0,1702	0,1692	0,1684
0,07	0,1974	0,1961	0,1949	0,1936	0,1924	0,1912	0,1900	0,1888	0,1876	0,1864	0,1853
0,08	0,2146	0,2130	0,2114	0,2098	0,2084	0,2069	0,2054	0,2040	0,2025	0,2012	0,1998
0,09	0,2295	0,2276	0,2258	0,2240	0,2222	0,2204	0,2187	0,2169	0,2153	0,2136	0,2120
0,10	0,2424	0,2403	0,2381	0,2360	0,2339	0,2319	0,2299	0,2279	0,2260	0,2241	0,2222
0,11	0,2534	0,2509	0,2485	0,2461	0,2438	0,2415	0,2392	0,2370	0,2348	0,2326	0,2305
0,12	0,2627	0,2599	0,2572	0,2545	0,2519	0,2493	0,2468	0,2444	0,2419	0,2396	0,2373
0,13	0,2703	0,2672	0,2642	0,2612	0,2584	0,2556	0,2528	0,2501	0,2475	0,2449	0,2424
0,14	0,2763	0,2730	0,2697	0,2665	0,2634	0,2603	0,2573	0,2544	0,2516	0,2488	0,2461
0,15	0,2809	0,2773	0,2738	0,2704	0,2670	0,2637	0,2606	0,2575	0,2544	0,2514	0,2486
0,16	0,2842	0,2804	0,2766	0,2730	0,2694	0,2659	0,2625	0,2592	0,2560	0,2529	0,2498
0,17	0,2862	0,2822	0,2782	0,2743	0,2705	0,2668	0,2633	0,2598	0,2564	0,2531	0,2499
0,18	0,2872	0,2828	0,2786	0,2746	0,2706	0,2668	0,2631	0,2594	0,2559	0,2525	0,2491
0,19	0,2869	0,2824	0,2781	0,2738	0,2697	0,2657	0,2619	0,2581	0,2544	0,2509	0,2474
0,20	0,2857	0,2810	0,2765	0,2721	0,2679	0,2638	0,2598	0,2559	0,2521	0,2485	0,2449
0,21	0,2836	0,2788	0,2741	0,2695	0,2652	0,2609	0,2569	0,2529	0,2490	0,2453	0,2417
0,22	0,2805	0,2755	0,2708	0,2661	0,2617	0,2573	0,2531	0,2491	0,2452	0,2414	0,2377
0,23	0,2767	0,2716	0,2667	0,2620	0,2574	0,2530	0,2488	0,2447	0,2407	0,2368	0,2331
0,24	0,2721	0,2669	0,2619	0,2571	0,2525	0,2481	0,2437	0,2396	0,2356	0,2317	0,2279
0,25	0,2666	0,2614	0,2564	0,2515	0,2469	0,2424	0,2381	0,2339	0,2298	0,2260	0,2222
0,26	0,2607	0,2554	0,2503	0,2455	0,2408	0,2363	0,2320	0,2278	0,2237	0,2198	0,2161
0,27	0,2540	0,2487	0,2436	0,2388	0,2341	0,2296	0,2253	0,2211	0,2171	0,2132	0,2095
0,28	0,2468	0,2416	0,2365	0,2316	0,2270	0,2225	0,2182	0,2141	0,2101	0,2062	0,2025
0,29	0,2390	0,2337	0,2287	0,2239	0,2193	0,2149	0,2106	0,2065	0,2026	0,1988	0,1952
0,30	0,2308	0,2256	0,2206	0,2158	0,2113	0,2069	0,2027	0,1987	0,1948	0,1911	0,1875
0,31	0,2221	0,2169	0,2120	0,2073	0,2029	0,1986	0,1945	0,1905	0,1867	0,1831	0,1796
0,32	0,2128	0,2078	0,2030	0,1984	0,1940	0,1898	0,1858	0,1820	0,1783	0,1747	0,1713
0,33	0,2033	0,1983	0,1937	0,1892	0,1849	0,1808	0,1769	0,1732	0,1696	0,1662	0,1629
0,34	0,1933	0,1886	0,1840	0,1797	0,1755	0,1716	0,1678	0,1642	0,1607	0,1574	0,1542
0,35	0,1830	0,1784	0,1740	0,1698	0,1658	0,1620	0,1584	0,1549	0,1516	0,1484	0,1453
0,36	0,1724	0,1379	0,1637	0,1597	0,1559	0,1522	0,1488	0,1454	0,1423	0,1392	0,1363
0,37	0,1614	0,1572	0,1531	0,1493	0,1457	0,1422	0,1389	0,1357	0,1327	0,1298	0,1271
0,38	0,1502	0,1462	0,1424	0,1388	0,1353	0,1321	0,1289	0,1260	0,1231	0,1204	0,1178
0,39	0,1387	0,1349	0,1313	0,1280	0,1247	0,1216	0,1187	0,1159	0,1133	0,1107	0,1083
0,40	0,1270	0,1234	0,1201	0,1169	0,1139	0,1111	0,1084	0,1058	0,1033	0,1010	0,0987
0,41	0,1150	0,1118	0,1087	0,1058	0,1030	0,1004	0,0979	0,0956	0,0933	0,0912	0,0891
0,42	0,1029	0,1000	0,0972	0,0945	0,0920	0,0897	0,0874	0,0853	0,0832	0,0813	0,0796
0,43	0,0906	0,0879	0,0854	0,0831	0,0808	0,0787	0,0767	0,0748	0,0730	0,0713	0,0696
0,44	0,0780	0,0757	0,0735	0,0714	0,0695	0,0676	0,0659	0,0642	0,0627	0,0612	0,0597
0,45	0,0653	0,0633	0,0615	0,0597	0,0581	0,0565	0,0550	0,0536	0,0523	0,0510	0,0498
0,46	0,0526	0,0509	0,0494	0,0480	0,0467	0,0454	0,0442	0,0431	0,0420	0,0409	0,0400
0,47	0,0395	0,0383	0,0371	0,0361	0,0350	0,0341	0,0332	0,0323	0,0315	0,0307	0,0299
0,48	0,0265	0,0256	0,0249	0,0241	0,0234	0,0228	0,0222	0,0216	0,0210	0,0205	0,0200
0,49	0,0133	0,0129	0,0125	0,0121	0,0117	0,0114	0,0111	0,0108	0,0105	0,0103	0,0100
0,50	0,0000	0,0000	0,0000	0,0000	0,0000	0,0000	0,0000	0,0000	0,0000	0,0000	0,0000

$$\mu_{\max}^{sog} = \frac{4\,\varepsilon_\delta}{1 + 2\,\xi\,\varepsilon_\delta}.$$

$\varepsilon_\delta \diagdown \xi$	0	0,05	0,10	0,15	0,20	0,25	0,30	0,35	0,40	0,45	0,50
0,00	0,0000	0,0000	0,0000	0,0000	0,0000	0,0000	0,0000	0,0000	0,0000	0,0000	0,0000
0,01	0,0400	0,0400	0,0399	0,0399	0,0398	0,0398	0,0398	0,0397	0,0398	0,0396	0,0396
0,02	0,0800	0,0798	0,0797	0,0795	0,0794	0,0792	0,0790	0,0789	0,0788	0,0786	0,0784
0,03	0,1200	0,1196	0,1193	0,1189	0,1186	0,1182	0,1179	0,1175	0,1172	0,1168	0,1165
0,04	0,1600	0,1594	0,1587	0,1581	0,1575	0,1569	0,1562	0,1556	0,1550	0,1544	0,1538
0,05	0,2000	0,1990	0,1980	0,1970	0,1961	0,1951	0,1942	0,1932	0,1923	0,1914	0,1905
0,06	0,2400	0,2386	0,2372	0,2358	0,2344	0,2330	0,2317	0,2303	0,2290	0,2277	0,2264
0,07	0,2800	0,2780	0,2761	0,2742	0,2724	0,2705	0,2687	0,2669	0,2652	0,2634	0,2617
0,08	0,3200	0,3175	0,3150	0,3125	0,3101	0,3077	0,3054	0,3030	0,3007	0,2985	0,2963
0,09	0,3600	0,3568	0,3536	0,3505	0,3475	0,3445	0,3416	0,3387	0,3358	0,3330	0,3303
0,10	0,4000	0,3960	0,3922	0,3884	0,3846	0,3810	0,3774	0,3738	0,3704	0,3670	0,3636
0,11	0,4400	0,4352	0,4305	0,4260	0,4214	0,4171	0,4128	0,4086	0,4044	0,4004	0,3964
0,12	0,4800	0,4743	0,4688	0,4633	0,4580	0,4528	0,4478	0,4428	0,4380	0,4332	0,4286
0,13	0,5200	0,5133	0,5068	0,5005	0,4943	0,4883	0,4824	0,4766	0,4710	0,4655	0,4602
0,14	0,5600	0,5523	0,5448	0,5374	0,5303	0,5234	0,5166	0,5100	0,5036	0,4973	0,4912
0,15	0,6000	0,5911	0,5825	0,5742	0,5660	0,5581	0,5504	0,5430	0,5357	0,5286	0,5217
0,16	0,6400	0,6299	0,6202	0,6107	0,6015	0,5926	0,5840	0,5755	0,5674	0,5594	0,5517
0,17	0,6800	0,6686	0,6576	0,6470	0,6367	0,6267	0,6170	0,6077	0,5986	0,5898	0,5812
0,18	0,7200	0,7073	0,6950	0,6831	0,6716	0,6606	0,6498	0,6394	0,6294	0,6196	0,6102
0,19	0,7600	0,7458	0,7322	0,7190	0,7063	0,6941	0,6822	0,6708	0,6597	0,6490	0,6386
0,20	0,8000	0,7843	0,7692	0,7547	0,7408	0,7273	0,7143	0,7018	0,6896	0,6780	0,6667
0,21	0,8400	0,8227	0,8062	0,7902	0,7749	0,7602	0,7460	0,7324	0,7192	0,7065	0,6942
0,22	0,8800	0,8610	0,8429	0,8255	0,8088	0,7928	0,7774	0,7626	0,7483	0,7346	0,7213
0,23	0,9200	0,8993	0,8796	0,8606	0,8425	0,8251	0,8084	0,7924	0,7770	0,7622	0,7480
0,24	0,9600	0,9375	0,9160	0,8955	0,8759	0,8572	0,8392	0,8219	0,8054	0,7895	0,7742
0,25	1,0000	0,9756	0,9524	0,9302	0,9091	0,8888	0,8696	0,8511	0,8333	0,8163	0,8000
0,26	1,0400	1,0136	0,9886	0,9648	0,9420	0,9204	0,8996	0,8799	0,8609	0,8428	0,8254
0,27	1,0800	1,0516	1,0247	0,9991	0,9747	0,9516	0,9294	0,9083	0,8882	0,8689	0,8504
0,28	1,1200	1,0895	1,0606	1,0332	1,0072	0,9824	0,9589	0,9364	0,9150	0,8946	0,8750
0,29	1,1600	1,1273	1,0964	1,0672	1,0394	1,0131	0,9881	0,9642	0,9416	0,9199	0,8992
0,30	1,2000	1,1650	1,1321	1,1009	1,0714	1,0435	1,0170	0,9917	0,9678	0,9449	0,9231
0,31	1,2400	1,2027	1,1676	1,1345	1,1032	1,0736	1,0455	1,0189	0,9936	0,9695	0,9466
0,32	1,2800	1,2403	1,2030	1,1679	1,1348	1,1034	1,0738	1,0458	1,0191	0,9938	0,9697
0,33	1,3200	1,2778	1,2383	1,2011	1,1661	1,1330	1,1018	1,0723	1,0443	1,0177	0,9925
0,34	1,3600	1,3153	1,2734	1,2341	1,1972	1,1624	1,1296	1,0986	1,0692	1,0414	1,0149
0,35	1,4000	1,3526	1,3084	1,2670	1,2281	1,1915	1,1570	1,1245	1,0938	1,0646	1,0370
0,36	1,4400	1,3900	1,3433	1,2996	1,2588	1,2204	1,1842	1,1502	1,1180	1,0876	1,0588
0,37	1,4800	1,4272	1,3780	1,3321	1,2892	1,2490	1,2111	1,1755	1,1420	1,1103	1,0803
0,38	1,5200	1,4644	1,4126	1,3644	1,3194	1,2773	1,2378	1,2006	1,1656	1,1326	1,1014
0,39	1,5600	1,5014	1,4471	1,3966	1,3495	1,3054	1,2642	1,2254	1,1890	1,1547	1,1223
0,40	1,6000	1,5385	1,4815	1,4286	1,3793	1,3333	1,2903	1,2500	1,2121	1,1765	1,1428
0,41	1,6400	1,5754	1,5157	1,4604	1,4089	1,3610	1,3162	1,2743	1,2349	1,1980	1,1631
0,42	1,6800	1,6123	1,5498	1,4920	1,4384	1,3884	1,3418	1,2983	1,2575	1,2192	1,1831
0,43	1,7200	1,6491	1,5838	1,5234	1,4676	1,4156	1,3672	1,3220	1,2798	1,2401	1,2028
0,44	1,7600	1,6858	1,6176	1,5548	1,4966	1,4426	1,3924	1,3456	1,3018	1,2608	1,2222
0,45	1,8000	1,7225	1,6514	1,5859	1,5254	1,4694	1,4173	1,3688	1,3235	1,2811	1,2414
0,46	1,8400	1,7591	1,6850	1,6169	1,5540	1,4959	1,4420	1,3918	1,3450	1,3016	1,2603
0,47	1,8800	1,7956	1,7185	1,6477	1,5825	1,5223	1,4664	1,4146	1,3663	1,3212	1,2789
0,48	1,9200	1,8321	1,7518	1,6783	1,6107	1,5484	1,4907	1,4371	1,3873	1,3408	1,2973
0,49	1,9600	1,8680	1,7851	1,7088	1,6388	1,5743	1,5147	1,4594	1,4080	1,3602	1,3154
0,50	2,0000	1,9048	1,8182	1,7391	1,6667	1,6000	1,5384	1,4815	1,4286	1,3793	1,3333

$$\mu_{\max}^{Sog} = \frac{4\,\varepsilon_\delta}{1 + 2\,\xi\,\varepsilon_\delta}.$$

ε_δ \\ ξ	0,50	0,55	0,60	0,65	0,70	0,75	0,80	0,85	0,90	0,95	1,000
0	0,0000	0,0000	0,0000	0,0000	0,0000	0,0000	0,0000	0,0000	0,0000	0,0000	0,0000
1	0,0396	0,0396	0,0395	0,0395	0,0394	0,0394	0,0394	0,0393	0,0393	0,0392	0,0392
2	0,0784	0,0783	0,0781	0,0780	0,0778	0,0777	0,0775	0,0774	0,0772	0,0771	0,0769
3	0,1165	0,1162	0,1158	0,1155	0,1152	0,1148	0,1145	0,1142	0,1138	0,1135	0,1132
4	0,1538	0,1532	0,1527	0,1521	0,1515	0,1510	0,1504	0,1498	0,1492	0,1487	0,1482
5	0,1905	0,1896	0,1887	0,1878	0,1869	0,1860	0,1852	0,1843	0,1835	0,1826	0,1818
6	0,2264	0,2252	0,2239	0,2226	0,2214	0,2202	0,2190	0,2178	0,2166	0,2154	0,2143
7	0,2617	0,2600	0,2583	0,2566	0,2550	0,2534	0,2518	0,2502	0,2487	0,2471	0,2456
8	0,2963	0,2941	0,2920	0,2898	0,2878	0,2857	0,2837	0,2817	0,2797	0,2778	0,2759
9	0,3303	0,3276	0,3249	0,3223	0,3197	0,3172	0,3147	0,3122	0,3098	0,3074	0,3051
10	0,3636	0,3604	0,3572	0,3540	0,3509	0,3478	0,3448	0,3419	0,3390	0,3361	0,3333
11	0,3964	0,3925	0,3887	0,3850	0,3813	0,3777	0,3742	0,3707	0,3673	0,3639	0,3606
12	0,4286	0,4240	0,4196	0,4152	0,4110	0,4068	0,4027	0,3987	0,3947	0,3909	0,3871
13	0,4602	0,4550	0,4498	0,4448	0,4399	0,4352	0,4305	0,4259	0,4214	0,4170	0,4127
14	0,4912	0,4853	0,4794	0,4738	0,4682	0,4628	0,4575	0,4524	0,4473	0,4423	0,4375
15	0,5217	0,5150	0,5085	0,5021	0,4959	0,4897	0,4839	0,4781	0,4724	0,4669	0,4616
16	0,5517	0,5442	0,5369	0,5298	0,5229	0,5161	0,5096	0,5032	0,4969	0,4908	0,4848
17	0,5812	0,5729	0,5648	0,5569	0,5493	0,5418	0,5346	0,5276	0,5207	0,5140	0,5075
18	0,6102	0,6010	0,5921	0,5835	0,5751	0,5669	0,5590	0,5513	0,5438	0,5365	0,5294
19	0,6386	0,6286	0,6189	0,6095	0,6003	0,5914	0,5828	0,5744	0,5663	0,5584	0,5507
20	0,6667	0,6557	0,6452	0,6349	0,6250	0,6154	0,6061	0,5970	0,5882	0,5797	0,5714
21	0,6942	0,6824	0,6709	0,6598	0,6492	0,6388	0,6288	0,6190	0,6096	0,6004	0,5916
22	0,7213	0,7085	0,6969	0,6843	0,6728	0,6616	0,6509	0,6405	0,6304	0,6206	0,6111
23	0,7480	0,7342	0,7210	0,7082	0,6959	0,6840	0,6725	0,6614	0,6506	0,6402	0,6301
24	0,7742	0,7595	0,7454	0,7317	0,7186	0,7059	0,6936	0,6818	0,6704	0,6594	0,6486
25	0,8000	0,7843	0,7692	0,7547	0,7408	0,7273	0,7143	0,7018	0,6896	0,6780	0,6667
26	0,8254	0,8087	0,7927	0,7773	0,7625	0,7482	0,7345	0,7212	0,7084	0,6961	0,6842
27	0,8504	0,8327	0,8154	0,7994	0,7838	0,7687	0,7542	0,7402	0,7268	0,7138	0,7013
28	0,8750	0,8563	0,8383	0,8211	0,8046	0,7887	0,7735	0,7588	0,7447	0,7311	0,7180
29	0,8992	0,8794	0,8605	0,8424	0,8250	0,8084	0,7924	0,7770	0,7622	0,7479	0,7342
30	0,9231	0,9022	0,8824	0,8633	0,8451	0,8276	0,8108	0,7947	0,7792	0,7643	0,7500
31	0,9466	0,9247	0,9038	0,8838	0,8647	0,8464	0,8289	0,8120	0,7959	0,7804	0,7654
32	0,9697	0,9468	0,9248	0,9040	0,8840	0,8648	0,8466	0,8290	0,8122	0,7960	0,7805
33	0,9925	0,9684	0,9456	0,9237	0,9029	0,8830	0,8639	0,8456	0,8281	0,8115	0,7952
34	1,0149	0,9898	0,9659	0,9431	0,9214	0,9007	0,8808	0,8618	0,8437	0,8262	0,8095
35	1,0370	1,0108	0,9859	0,9622	0,9396	0,9180	0,8974	0,8777	0,8589	0,8408	0,8235
36	1,0588	1,0315	1,0056	0,9809	0,9574	0,9351	0,9137	0,8933	0,8738	0,8551	0,8372
37	1,0803	1,0519	1,0249	0,9993	0,9750	0,9518	0,9296	0,9085	0,8884	0,8690	0,8506
38	1,1014	1,0719	1,0440	1,0174	0,9922	0,9682	0,9453	0,9234	0,9026	0,8827	0,8636
39	1,1223	1,0917	1,0627	1,0352	1,0090	0,9842	0,9606	0,9381	0,9166	0,8960	0,8764
40	1,1428	1,1111	1,0811	1,0526	1,0256	1,0000	0,9756	0,9524	0,9302	0,9091	0,8888
41	1,1631	1,1302	1,0992	1,0698	1,0419	1,0155	0,9903	0,9664	0,9436	0,9219	0,9011
42	1,1831	1,1492	1,1170	1,0867	1,0579	1,0307	1,0048	0,9802	0,9567	0,9344	0,9150
43	1,2028	1,1677	1,1346	1,1033	1,0736	1,0456	1,0190	0,9936	0,9696	0,9466	0,9247
44	1,2222	1,1860	1,1518	1,1196	1,0891	1,0602	1,0329	1,0069	0,9822	0,9586	0,9362
45	1,2414	1,2040	1,1688	1,1356	1,1043	1,0746	1,0465	1,0198	0,9945	0,9704	0,9474
46	1,2603	1,2218	1,1856	1,1514	1,1192	1,0888	1,0599	1,0326	1,0066	0,9818	0,9583
47	1,2789	1,2393	1,2020	1,1670	1,1339	1,1026	1,0731	1,0450	1,0184	0,9931	0,9691
48	1,2973	1,2566	1,2183	1,1823	1,1483	1,1163	1,0860	1,0573	1,0300	1,0062	0,9796
49	1,3154	1,2736	1,2350	1,1973	1,1625	1,1297	1,0986	1,0693	1,0414	1,0150	0,9899
50	1,3333	1,2903	1,2500	1,2121	1,1765	1,1428	1,1111	1,0811	1,0526	1,0256	1,0000

Die für die größten Druck- und Sogstöße in erster Linie maßgebenden Funktionen $\mu\,(\xi,\,\varepsilon_{\ddot{o}})$ können für die beiden Veränderlichen unmittelbar aus den Zahlentafeln von S. 66 bis 69 entnommen werden, außerdem zeigt die Abb. 77 den Verlauf dieser Funktionen. Für die Druckstöße sind die μ-Werte hiernach durch einen bei $\mu = 0{,}34$ liegenden Maximalwert begrenzt. Bei $\varepsilon_{\ddot{o}}$-Werten größer als $\frac{1}{2}$ treten überhaupt keine Druckstöße mehr auf, sondern nur noch Sogstöße. Im Gegensatz zu den Druckstößen zeigen die Sogstöße monoton an, und ihre μ-Werte übertreffen diejenigen der Druckstöße um ein Vielfaches. Besonders beachtenswert ist das relativ stärkere Ansteigen der μ-Werte mit zunehmender Entfernung vom Regelorgan, was mit einer relativ stärkeren Beanspruchung der Rohrleitung nach dem Wasserschloß zu gleichbedeutend ist. Die vielfach geübte Praxis, die Rohrleitung nach den am Regelorgan auftretenden Druckstößen zu bemessen, muß daher in den meisten Fällen zu einer Unterbemessung der Leitung führen.

III. Veranschaulichung des Rechnungsganges an einem Beispiel.

Es soll nun an einem Beispiel die Anwendung der Formeln der vorigen Ziffer erläutert werden. Die zugrunde gelegte rund 950 m lange und mit einem Gefälle von 365,5 m arbeitende Druckrohrleitung ist aus Abb. 78 ersichtlich. Die Berechnung der v,- μ- und $v \cdot \mu$-Werte erfolgt zweckmäßig in Tabellenform, wie die Seiten 74 bis 76 erkennen lassen. Die Aufteilung der

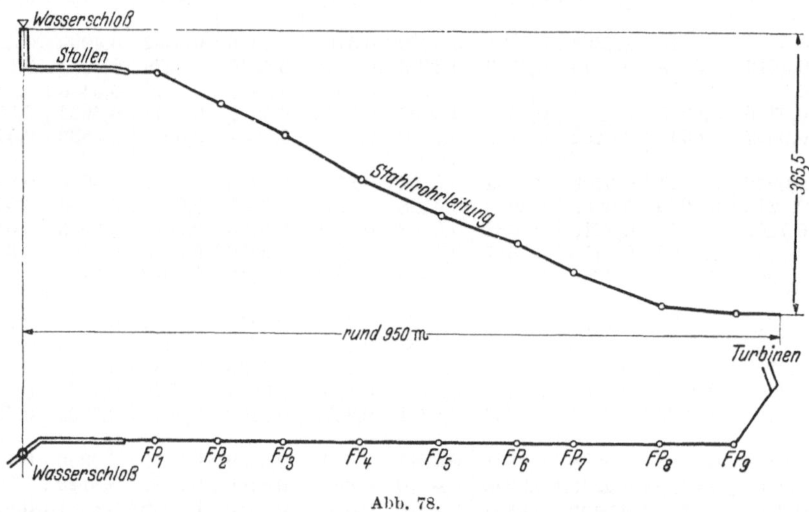

Abb. 78.

Rohrleitung ergibt sich dabei ganz von selbst entsprechend den vorhandenen Rohrschüssen, Übergangsstücken usw. Im vorliegenden Falle besteht die Leitung aus 50 Einzelstücken, und zwar umfassen die Positionen 1 und 2 Eisenbetonrohre, die Positionen 3 bis 50 Stahlrohre. Demgemäß ist der Rohrelastizitätsmodul gemäß

$$E_r = 2\,000\,000 \text{ t/m}^2 \text{ für Position 1 und 2,}$$
$$E_r = 21\,000\,000 \text{ t/m}^2 \text{ für Position 3 bis 50}$$

In die Rechnung einzuführen. Der Elastizitätsmodul des Wassers kann im Mittel mit

$$E_{fl} = 207\,000 \text{ t/m}^2$$

zugrunde gelegt werden.

Es werden zunächst die Längen $\varDelta x$ der einzelnen Rohrschüsse ermittelt (Spalte 3); aus diesen folgen durch sukzessive Addition die Abszissen x, welche die Bogenlängen der Rohrachse vom Wasserschloß bis zu der betrachteten Stelle — hier jeweils die unteren Enden der Rohrschüsse — darstellen (Spalte 4). Der Endwert von x liefert die Rohrlänge

$$x_1 = L = 996{,}1 \text{ m}.$$

$\mu_{max}^{Sog} = \dfrac{4\,\varepsilon_{\ddot{o}}}{1+2\,\xi\,\varepsilon_{\ddot{o}}}$
$\mu_{max}^{Druck} = \dfrac{1-2\,\varepsilon_{\ddot{o}}}{1+2\,\varepsilon_{\ddot{o}}}\;\dfrac{4\,\varepsilon_{\ddot{o}}}{1+2\,\xi\,\varepsilon_{\ddot{o}}}$
$\xi = 0,00$
$\xi = 0,10$
$\xi = 0,20$
$\xi = 0,30$
$\xi = 0,40$
$\xi = 0,50$
$\xi = 0,60$
$\xi = 0,70$
$\xi = 0,80$
$\xi = 0,90$
$\xi = 1,00$
μ_{max}^{Sog}
μ_{max}^{Druck}
$\xi = 0,00$
$\xi = 1,00$
ε_0

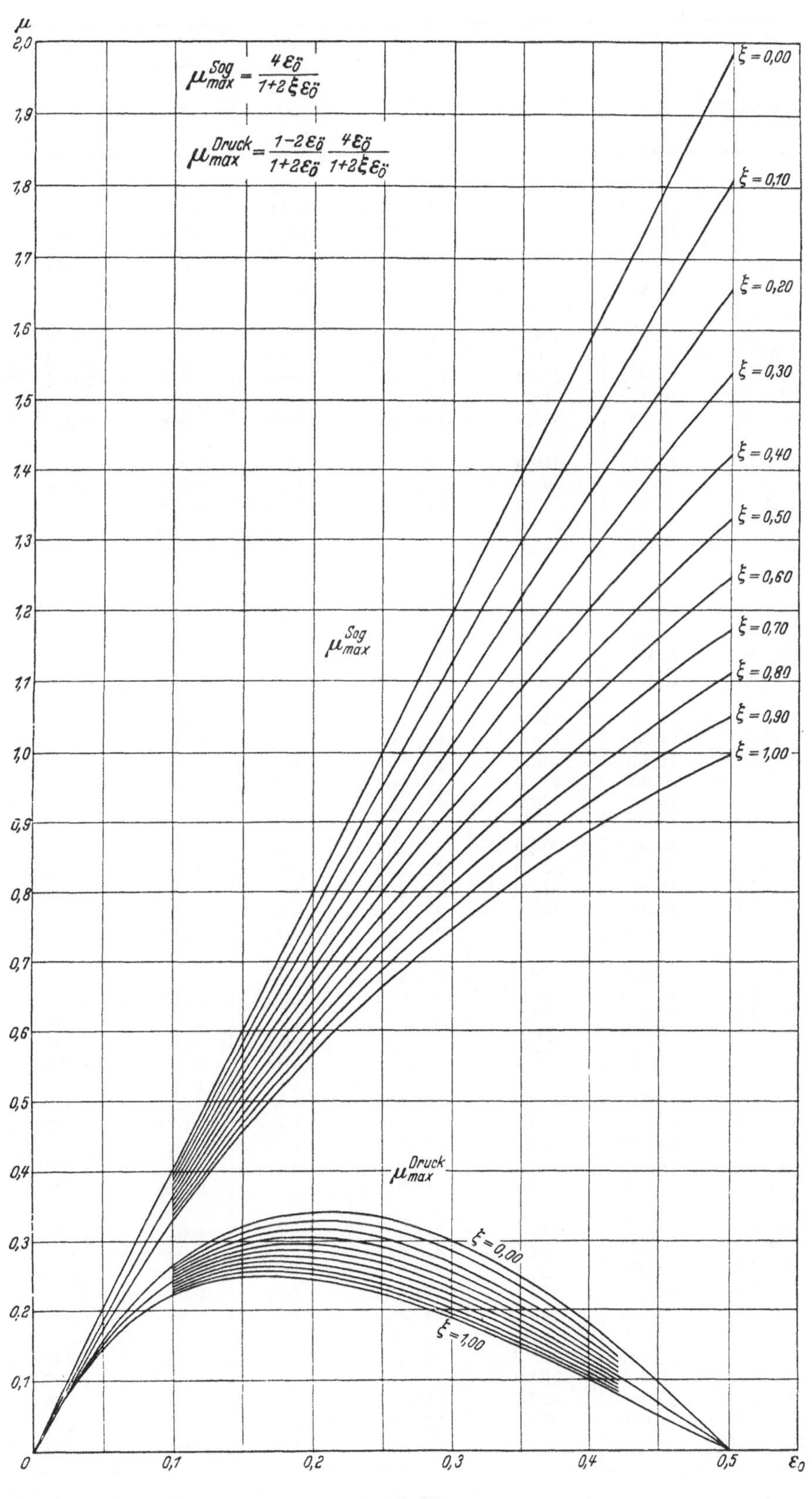

Abb. 77.

1	2	3	4	5	6	7	8	9
Pos.	Rohrstück	Δx	$x^{unten} = \Sigma \Delta x$	y^{unten}	D	s	D_m	$\dfrac{s\,E_r}{s_1\,E_{Stahl}}$
0	(Wasserschloß)	0,0000	0,0	49,000	2,164	0,070	2,234	0,1892
1	I	121,260	121,3	49,540	2,164	0,070	2,234	0,1892
2	II	16,270	137,5	50,590	2,100	0,070	2,170	0,1892
3	1—5	37,300	174,8	52,295	2,000	0,012	2,012	0,3245
4	6	7,850	182,7	55,625	2,000	0,012	2,012	0,3245
5	7	3,000	185,7	56,910	2,000	0,013	2,013	0,3514
6	8—18	87,500	273,2	94,540	2,000	0,012	2,012	0,3245
7	19	7,720	280,9	98,745	2,000	0,013	2,013	0,3514
8	20—22	19,000	299,9	108,085	2,000	0,014	2,014	0,3782
9	23—24	16,000	315,9	116,795	2,000	0,015	2,015	0,4051
10	25—26	16,000	331,9	125,555	2,000	0,016	2,016	0,4324
11	27—28	16,080	348,0	135,275	2,000	0,017	2,017	0,4595
12	29	9,500	357,5	140,456	2,000	0,018	2,018	0,4868
13	30	6,500	364,0	143,766	2,000	0,018	2,018	0,4868
14	31	3,000	367,0	145,294	2,000	0,020	2,020	0,5409
15	32	8,000	375,0	149,369	2,000	0,019	2,019	0,5139
16	33—34	16,000	391,0	157,512	2,000	0,020	2,020	0,5409
17	35—36	16,000	407,0	165,655	2,000	0,021	2,021	0,5678
18	37—38	16,000	423,0	173,798	2,000	0,022	2,022	0,5949
19	39—40	16,000	439,0	181,941	2,000	0,023	2,023	0,6213
20	41	8,000	447,0	186,016	2,000	0,024	2,024	0,6482
21	42	7,150	454,1	189,656	1,900	0,024	1,924	0,6482
22	42a	4,380	458,5	191,890	1,800	0,023	1,823	0,6213
23	43—44	11,340	469,9	196,700	1,800	0,023	1,823	0,6213
24	45	3,000	472,9	197,968	1,800	0,024	1,824	0,6482
25	46—47	16,000	488,9	204,734	1,800	0,023	1,823	0,6213
26	48—49	16,000	504,9	211,500	1,800	0,024	1,824	0,6482
27	50—52	24,000	528,9	221,650	1,800	0,025	1,825	0,6759
28	53—54	16,000	544,9	228,416	1,800	0,026	1,826	0,7030
29	55—56	17,580	562,4	235,840	1,800	0,027	1,827	0,7299
30	57	7,000	569,4	238,703	1,800	0,027	1,827	0,7299
31	58—60	19,800	589,2	246,793	1,800	0,028	1,828	0,7571
32	61—63	25,200	614,4	257,080	1,800	0,029	1,829	0,7840
33	64—66	25,200	639,6	267,375	1,800	0,030	1,830	0,8110
34	67—68a	16,880	656,5	274,278	1,800	0,031	1,831	0,8378
35	69	10,710	667,2	278,674	1,800	0,032	1,832	0,8655
36	70	4,750	672,0	280,956	1,800	0,032	1,832	0,8655
37	71—73	18,270	690,2	289,736	1,800	0,033	1,833	0,8917
38	74—76	24,000	714,2	301,256	1,800	0,034	1,834	0,9192
39	77—78	16,000	730,2	308,941	1,800	0,035	1,835	0,9465
40	79	8,000	738,2	312,786	1,700	0,035	1,735	0,9465
41	79a—80	4,580	742,8	314,984	1,600	0,032	1,632	0,8655
42	81	11,270	754,1	318,618	1,600	0,032	1,632	0,8655
43	82—85	27,000	781,1	327,314	1,600	0,033	1,633	0,8917
44	86—89	32,000	813,1	337,624	1,600	0,034	1,634	0,9192
45	90—93	32,000	845,1	347,934	1,600	0,035	1,635	0,9465
46	93a—95	16,080	861,2	353,446	1,600	0,036	1,636	0,9730
47	96	2,985	864,2	353,841	1,600	0,037	1,637	1,0000
48	97—101	39,165	903,3	359,031	1,600	0,036	1,636	0,9730
49	102—107	48,680	952,0	365,500	1,600	0,037	1,637	1,0000
50	108—113	44,080	996,1	365,500	1,600	0,037	1,637	1,0000
	—	—	$x_1 = L = 996,1$	$y_1 = 365,5$	$D_1 = 1,600$	$s_1 = 0,037$	$D_{m1} = 1,637$	—

Pos.	$a(x)$	$\dfrac{\Delta x}{a(x)}$	$\displaystyle\sum \dfrac{\Delta x}{a(x)}$	$\dfrac{x^{unten}}{L}$	$\xi=\dfrac{1}{T_l}\displaystyle\sum\dfrac{\Delta x}{a}$	$\dfrac{D_1}{D}$	$\dfrac{a}{a_1}$	$\sqrt{\dfrac{a}{a_1}}$
	10	11	12	13	14	15	16	17
0	748	0,0000	0,0000	0,0000	0,0000	0,7394	0,6106	0,7814
1	748	0,1615	0,1615	0,1217	0,1682	0,7394	0,6106	0,7814
2	756	0,0215	0,1830	0,1381	0,1906	0,7619	0,6171	0,7855
3	925	0,0403	0,2233	0,1755	0,2326	0,8000	0,7551	0,8690
4	925	0,0085	0,2318	0,1839	0,2414	0,8000	0,7551	0,8690
5	947	0,0032	0,2350	0,1864	0,2447	0,8000	0,7731	0,8793
6	925	0,0946	0,3296	0,2743	0,3433	0,8000	0,7551	0,8690
7	947	0,0082	0,3378	0,2820	0,3518	0,8000	0,7731	0,8793
8	966	0,0197	0,3575	0,3011	0,3723	0,8000	0,7886	0,8880
9	984	0,0163	0,3738	0,3171	0,3893	0,8000	0,8033	0,8963
10	1005	0,0159	0,3897	0,3332	0,4059	0,8000	0,8204	0,9058
11	1016	0,0158	0,4055	0,3493	0,4223	0,8000	0,8294	0,9107
12	1031	0,0092	0,4147	0,3589	0,4319	0,8000	0,8416	0,9174
13	1031	0,0063	0,4210	0,3654	0,4385	0,8000	0,8416	0,9174
14	1056	0,0028	0,4238	0,3684	0,4418	0,8000	0,8620	0,9284
15	1044	0,0077	0,4315	0,3765	0,4494	0,8000	0,8522	0,9231
16	1056	0,0151	0,4466	0,3925	0,4651	0,8000	0,8620	0,9284
17	1068	0,0150	0,4616	0,4086	0,4807	0,8000	0,8718	0,9337
18	1079	0,0148	0,4764	0,4246	0,4961	0,8000	0,8808	0,9385
19	1089	0,0147	0,4911	0,4407	0,5115	0,8000	0,8890	0,9429
20	1099	0,0073	0,4984	0,4487	0,5191	0,8000	0,8971	0,9472
21	1110	0,0064	0,5048	0,4559	0,5257	0,8421	0,9061	0,9519
22	1113	0,0039	0,5087	0,4603	0,5298	0,8889	0,9086	0,9532
23	1113	0,0099	0,5186	0,4717	0,5401	0,8889	0,9086	0,9532
24	1121	0,0027	0,5213	0,4747	0,5429	0,8889	0,9151	0,9566
25	1113	0,0144	0,5357	0,4908	0,5579	0,8889	0,9086	0,9532
26	1121	0,0143	0,5500	0,5068	0,5728	0,8889	0,9151	0,9566
27	1130	0,0214	0,5714	0,5309	0,5951	0,8889	0,9224	0,9604
28	1139	0,0140	0,5854	0,5470	0,6097	0,8889	0,9298	0,9643
29	1146	0,0153	0,6007	0,5646	0,6256	0,8889	0,9355	0,9672
30	1146	0,0061	0,6068	0,5717	0,6320	0,8889	0,9355	0,9672
31	1154	0,0171	0,6239	0,5915	0,6498	0,8889	0,9420	0,9606
32	1161	0,0215	0,6454	0,6168	0,6722	0,8889	0,9478	0,9736
33	1168	0,0214	0,6668	0,6421	0,6944	0,8889	0,9535	0,9765
34	1174	0,0136	0,6804	0,6591	0,7086	0,8889	0,9584	0,9790
35	1180	0,0091	0,6895	0,6698	0,7181	0,8889	0,9633	0,9815
36	1180	0,0041	0,6936	0,6746	0,7223	0,8889	0,9633	0,9815
37	1186	0,0154	0,7090	0,6930	0,7384	0,8889	0,9682	0,9840
38	1191	0,0201	0,7291	0,7171	0,7593	0,8889	0,9722	0,9860
39	1196	0,0134	0,7425	0,7331	0,7733	0,8889	0,9763	0,9881
40	1206	0,0066	0,7491	0,7411	0,7801	0,9412	0,9845	0,9921
41	1202	0,0038	0,7529	0,7457	0,7841	1,0000	0,9812	0,9906
42	1202	0,0094	0,7623	0,7571	0,7939	1,0000	0,9812	0,9906
43	1207	0,0224	0,7847	0,7842	0,8172	1,0000	0,9853	0,9926
44	1212	0,0264	0,8111	0,8163	0,8447	1,0000	0,9894	0,9947
45	1217	0,0263	0,8374	0,8484	0,8721	1,0000	0,9935	0,9967
46	1221	0,0132	0,8506	0,8646	0,8859	1,0000	0,9967	0,9983
47	1225	0,0026	0,8532	0,8676	0,8886	1,0000	1,0000	1,0000
48	1221	0,0319	0,8851	0,9069	0,9218	1,0000	0,9967	0,9983
49	1225	0,0392	0,9243	0,9557	0,9626	1,0000	1,0000	1,0000
50	1225	0,0359	0,9602	1,0000	1,0000	1,0000	1,0000	1,0000
	$a_1 = 1225$	—	$T_l = 0,9602$	—	—	—	—	—

Pos.	18 $\dfrac{y_1}{y^{unten}}$	19 $\dfrac{D}{D_1}$	20 $\dfrac{y^{unten}}{y_1}$	21 $\dfrac{y_1 D_1}{yD}\sqrt{\dfrac{a}{a_1}}$	22 $v=\dfrac{y_1\xi D_1}{yD}\sqrt{\dfrac{a}{a_1}}$	23 μ^{Sog} für $t_\delta^{max}=5\,\text{s}$	24 μ^{Sgg} für $t_\delta^{max}=10\,\text{s}$	25 μ^{Sog} für $t_\delta^{max}=15\,\text{s}$
0	7,461	1,352	0,1340	4,312	0,000	0,6560	0,3280	0,2200
1	7,379	1,352	0,1356	4,263	0,7170	0,6217	0,3192	0,2160
2	7,225	1,312	0,1382	4,323	0,8242	0,6174	0,3181	0,2155
3	6,991	1,249	0,1431	4,861	1,131	0,6086	0,3160	0,2146
4	6,561	1,249	0,1523	4,562	1,102	0,6081	0,3155	0,2144
5	6,420	1,249	0,1557	4,515	1,104	0,6076	0,3154	0,2143
6	3,865	1,249	0,2585	2,689	0,9224	0,5896	0,3104	0,2120
7	3,703	1,249	0,2700	2,603	0,9158	0,5881	0,3091	0,2114
8	3,380	1,249	0,2957	2,230	0,8938	0,5847	0,3090	0,2113
9	3,130	1,249	0,3192	2,246	0,8742	0,5816	0,3082	0,2109
10	2,908	1,249	0,3437	2,108	0,8549	0,5801	0,3074	0,2106
11	2,700	1,249	0,3700	1,969	0,8308	0,5767	0,3067	
12	2,603	1,249	0,3842	1,910	0,8242	0,5746	0,3062	
13	2,542	1,249	0,3931	1,866	0,8881	0,5735	0,3059	0,2099
14	2,515	1,249	0,3977	1,868	0,8246	0,5732	0,3058	0,2098
15	2,447	1,249	0,4084	1,807	0,8120	0,5717	0,3057	0,2097
16	2,321	1,249	0,4320	1,726	0,8023	0,5691	0,3047	0,2093
17	2,205	1,249	0,4535	1,646	0,7915	0,5666	0,3040	0,2089
18	2,102	1,249	0,4735	1,578	0,7830	0,5641	0,3035	0,2086
19	2,010	1,249	0,4975	1,516	0,7748	0,5625	0,3026	0,2082
20	1,963	1,249	0,5090	1,566	0,8128	0,5604	0,3022	0,2081
21	1,927	1,187	0,5190	1,631	0,8567	0,5598	0,3021	0,2080
22	1,904	1,124	0,5248	1,613	0,8541	0,5584	0,3013	0,2078
23	1,858	1,124	0,5382	1,574	0,8500	0,5577	0,3013	0,2076
24	1,846	1,124	0,5413	1,570	0,8520	0,5565	0,3011	0,2076
25	1,786	1,124	0,5600	1,511	0,8423	0,5545	0,3005	0,2072
26	1,727	1,124	0,5687	1,464	0,8381	0,5521	0,2998	0,2069
27	1,649	1,124	0,6060	1,408	0,8381	0,5487	0,2988	0,2064
28	1,600	1,124	0,6250	1,373	0,8362	0,5466	0,2982	0,2061
29	1,550	1,124	0,6450	1,332	0,8332	0,5444	0,2974	0,2057
30	1,531	1,124	0,6532	1,316	0,8320	0,5433	0,2971	0,2056
31	1,482	1,124	0,6754	1,252	0,8135	0,5406	0,2963	0,2052
32	1,421	1,124	0,7038	1,229	0,8266	0,5374	0,2954	0,2048
33	1,366	1,124	0,7315	1,185	0,8235	0,5343	0,2944	0,2043
34	1,331	1,124	0,7508	1,159	0,8213	0,5233	0,2938	0,2040
35	1,312	1,124	0,7626	1,144	0,8226	0,5309	0,2934	0,2938
36	1,310	1,124	0,7681	1,143	0,8260	0,5303	0,2932	0,2037
37	1,262	1,124	0,7926	1,104	0,8158	0,5280	0,2925	0,2034
38	1,223	1,124	0,8242	1,072	0,8140	0,5252	0,2916	0,2029
39	1,183	1,124	0,8450	1,039	0,8031	0,5230	0,2910	0,2026
40	1,168	1,062	0,8538	1,091	0,8515	0,5221	0,2907	0,2025
41	1,161	1,000	0,8615	1,150	0,9018	0,5215	0,2906	0,2024
42	1,147	1,000	0,8715	1,136	0,9017	0,5201	0,2902	0,2022
43	1,116	1,000	0,8959	1,107	0,9043	0,5173	0,2892	0,2019
44	1,083	1,000	0,9235	1,078	0,9101	0,5137	0,2880	0,2012
45	1,051	1,000	0,9518	1,047	0,9130	0,5102	0,2869	0,2006
46	1,034	1,000	0,9672	1,032	0,9138	0,5083	0,2863	0,2003
47	1,033	1,000	0,9682	1,033	0,9180	0,5079	0,2862	0,2002
48	1,018	1,000	0,9830	1,016	0,9362	0,5038	0,2858	0,1996
49	1,000	1,000	1,0000	1,000	0,9326	0,4985	0,2832	0,1988
50	1,000	1,000	1,0000	1,000	1,0000	0,4939	0,2817	0,1981
	—	—	—	—	—	—	—	—

Pos.	26	27	28	29	30	31	32	33	34
	μ^{Sog} für $t_\delta^{max}=20\,s$	μ^{Sog} für $t_\delta^{max}=25\,s$	$v\,\mu^{Sog}$ für $t_\delta=5\,s$	$v\,\mu^{Sog}$ für $t_\delta=10\,s$	$v\,\mu^{Sog}$ für $t_\delta=15\,s$	$v\,\mu^{Sog}$ für $t_\delta=20\,s$	$v\,\mu^{Sog}$ für $t_\delta=25\,s$	μ^{Druck} für $t_\delta^{max}=5\,s$	μ^{Druck} für $t_\delta^{max}=10\,s$
0	0,1640	0,1320	0,0000	0,0000	0,0000	0,0000	0,3318	0,2354	0,0000
1	0,1618	0,1305	0,4458	0,2230	0,1549	0,1160	0,0936	0,3144	0,2291
2	0,1613	0,1301	0,5087	0,2621	0,1776	0,1329	0,1072	0,3123	0,2283
3	0,1610	0,1300	0,6883	0,3574	0,2427	0,1821	0,1470	0,3084	0,2267
4	0,1608	0,1300	0,6701	0,3477	0,2363	0,1772	0,1433	0,3076	0,2264
5	0,1608	0,1299	0,6708	0,3482	0,2366	0,1775	0,1434	0,3073	0,2263
6	0,1594	0,1290	0,5438	0,2863	0,1955	0,1470	0,1190	0,2982	0,2228
7	0,1591	0,1288	0,5386	0,2831	0,1936	0,1457	0,1180	0,2974	0,2225
8	0,1591	0,1288	0,5226	0,2762	0,1889	0,1422	0,1151	0,2956	0,2218
9	0,1589	0,1286	0,5084	0,2694	0,1844	0,1389	0,1124	0,2941	0,2212
10	0,1580	0,1285	0,4874	0,2628	0,1800	0,1351	0,1099	0,2925	0,2206
11	0,1578	0,1283	0,4791	0,2548	0,1746	0,1311	0,1066	0,2910	0,2201
12	0,1583	0,1282	0,4736	0,2524	0,1731	0,1305	0,1057	0,2900	0,2198
13	0,1582	0,1282	0,4592	0,2503	0,1717	0,1294	0,1049	0,2894	0,2196
14	0,1582	0,1282	0,4727	0,2513	0,1730	0,1305	0,1057	0,2891	0,2195
15	0,1581	0,1281	0,4658	0,2482	0,1703	0,1284	0,1040	0,2884	0,2192
16	0,1579	0,1280	0,4566	0,2445	0,1679	0,1267	0,1027	0,2873	0,2187
17	0,1577	0,1279	0,4485	0,2422	0,1653	0,1248	0,1012	0,2863	0,2182
18	0,1575	0,1277	0,4417	0,2376	0,1633	0,1233	0,1000	0,2853	0,2177
19	0,1573	0,1276	0,4289	0,2345	0,1613	0,1219	0,0989	0,2842	0,2172
20	0,1572	0,1275	0,4555	0,2456	0,1691	0,1278	0,1036	0,2835	0,2169
21	0,1572	0,1275	0,4796	0,5588	0,1782	0,1347	0,1092	0,2832	0,2167
22	0,1571	0,1275	0,4779	0,2573	0,1775	0,1342	0,1089	0,2827	0,2165
23	0,1570	0,1274	0,4740	0,2561	0,1765	0,1335	0,1083	0,2819	0,2161
24	0,1570	0,1274	0,4741	0,2565	0,1769	0,1338	0,1085	0,2816	0,2160
25	0,1567	0,1272	0,4671	0,2531	0,1745	0,1320	0,1071	0,2805	0,2155
26	0,1566	0,1271	0,4627	0,2513	0,1734	0,1312	0,1065	0,2793	0,2151
27	0,1563	0,1269	0,4599	0,2504	0,1730	0,1310	0,1064	0,2776	0,2144
28	0,1562	0,1268	0,4571	0,2494	0,1723	0,1306	0,1060	0,2767	0,2140
29	0,1560	0,1267	0,4552	0,2487	0,1720	0,1304	0,1059	0,2758	0,2134
30	0,1559	0,1266	0,4520	0,2472	0,1711	0,1297	0,1053	0,2755	0,2132
31	0,1557	0,1265	0,4398	0,2410	0,1669	0,1267	0,1029	0,2745	0,2126
32	0,1554	0,1263	0,4442	0,2442	0,1693	0,1285	0,1044	0,2723	0,2120
33	0,1551	0,1261	0,4400	0,2424	0,1682	0,1277	0,1038	0,2711	0,2114
34	0,1549	0,1260	0,4372	0,2413	0,1675	0,1272	0,1035	0,2692	0,2109
35	0,1548	0,1259	0,4367	0,2414	0,1676	0,1273	0,1036	0,2685	0,2106
36	0,1548	0,1259	0,4380	0,2422	0,1683	0,1279	0,1040	0,2682	0,2105
37	0,1546	0,1258	0,4307	0,2386	0,1659	0,1261	0,1026	0,2671	0,2100
38	0,1544	0,1256	0,4275	0,2374	0,1652	0,1257	0,1022	0,2656	0,2093
39	0,1543	0,1255	0,4200	0,2337	0,1627	0,1239	0,1008	0,2647	0,2090
40	0,1543	0,1255	0,4446	0,2475	0,1724	0,1314	0,1069	0,2642	0,2087
41	0,1542	0,1254	0,4703	0,2621	0,1825	0,1391	0,1131	0,2639	0,2086
42	0,1541	0,1253	0,4690	0,2617	0,1823	0,1390	0,1130	0,2632	0,2083
43	0,1537	0,1252	0,4678	0,2615	0,1826	0,1390	0,1132	0,2616	0,2076
44	0,1534	0,1249	0,4675	0,2621	0,1831	0,1396	0,1137	0,2598	0,2068
45	0,1529	0,1247	0,4658	0,2619	0,1831	0,1396	0,1139	0,2580	0,2059
46	0,1525	0,1245	0,4645	0,2616	0,1830	0,1394	0,1138	0,2571	0,2055
47	0,1526	0,1245	0,4663	0,2627	0,1838	0,1401	0,1143	0,2569	0,2054
48	0,1523	0,1243	0,4717	0,2676	0,1869	0,1426	0,1164	0,2548	0,2045
49	0,1520	0,1240	0,4669	0,2641	0,1854	0,1418	0,1156	0,2522	0,2033
50	0,1516	0,1237	0,4939	0,2817	0,1981	0,1516	0,1237	0,2498	0,2022
	—	—	—	—	—	—	—	—	—

Pos.	35 μ^{Druck} für $t_\delta^{max} = 15$ s	36 μ^{Druck} für $t_\delta^{max} = 20$ s	37 μ^{Druck} für $t_\delta^{max} = 20$ s	38 $\nu\,\mu^{Druck}$ für $t_\delta = 5$ s	39 $\nu\,\mu^{Druck}$ für $t_\delta = 10$ s	40 $\nu\,\mu^{Druck}$ für $t_\delta = 15$ s	41 $\nu\,\mu^{Druck}$ für $t_\delta = 20$ s	42 $\nu\,\mu^{Druck}$ für $t_\delta = 25$ s
0	0,1761	0,1390	0,1154	0,0000	0,0000	0,0000	0,0000	0,0000
1	0,1729	0,1373	0,1141	0,2254	0,1643	0,1240	0,0984	0,0818
2	0,1725	0,1370	0,1140	0,2573	0,1881	0,1421	0,1129	0,0939
3	0,1717	0,1365	0,1136	0,3488	0,2564	0,1942	0,1534	0,1285
4	0,1716	0,1364	0,1135	0,3390	0,2495	0,1891	0,1501	0,1251
5	0,1715	0,1363	0,1135	0,3390	0,2496	0,1891	0,1502	0,1251
6	0,1696	0,1352	0,1128	0,2757	0,2055	0,1564	0,1247	0,1040
7	0,1694	0,1351	0,1127	0,2724	0,2038	0,1551	0,1237	0,1032
8	0,1691	0,1348	0,1125	0,2642	0,1982	0,1511	0,1205	0,1006
9	0,1688	0,1346	0,1124	0,2571	0,1934	0,1476	0,1177	0,0983
10	0,1685	0,1344	0,1123	0,2501	0,1886	0,1441	0,1149	0,0960
11	0,1682	0,1343	0,1122	0,2418	0,1829	0,1397	0,1116	0,0932
12	0,1681	0,1342	0,1121	0,2390	0,1812	0,1385	0,1106	0,0924
13	0,1680	0,1341	0,1121	0,2368	0,1797	0,1374	0,1097	0,0917
14	0,1679	0,1341	0,1120	0,2384	0,1808	0,1385	0,1106	0,0924
15	0,1678	0,1340	0,1120	0,2342	0,1780	0,1363	0,1088	0,0909
16	0,1675	0,1339	0,1119	0,2305	0,1755	0,1344	0,1074	0,0898
17	0,1672	0,1337	0,1118	0,2266	0,1727	0,1323	0,1058	0,0885
18	0,1670	0,1335	0,1116	0,2234	0,1705	0,1308	0,1045	0,0874
19	0,1667	0,1334	0,1115	0,2202	0,1683	0,1292	0,1034	0,0864
20	0,1666	0,1333	0,1115	0,2304	0,1763	0,1354	0,1083	0,0906
21	0,1665	0,1332	0,1114	0,2426	0,1856	0,1426	0,1141	0,0954
22	0,1664	0,1332	0,1114	0,2415	0,1849	0,1421	0,1138	0,0951
23	0,1662	0,1331	0,1114	0,2396	0,1837	0,1413	0,1131	0,0947
24	0,1661	0,1331	0,1113	0,2399	0,1840	0,1415	0,1134	0,0948
25	0,1659	0,1329	0,1113	0,2363	0,1815	0,1397	0,1119	0,0937
26	0,1656	0,1328	0,1112	0,2341	0,1803	0,1388	0,1113	0,0932
27	0,1653	0,1325	0,1110	0,2327	0,1797	0,1385	0,1110	0,0930
28	0,1650	0,1324	0,1109	0,2314	0,1789	0,1380	0,1107	0,0927
29	0,1647	0,1322	0,1108	0,2298	0,1778	0,1372	0,1101	0,0923
30	0,1646	0,1322	0,1107	0,2292	0,1774	0,1369	0,1100	0,0921
31	0,1643	0,1320	0,1106	0,2233	0,1730	0,1337	0,1074	0,0900
32	0,1639	0,1317	0,1104	0,2251	0,1752	0,1355	0,1089	0,0913
33	0,1636	0,1315	0,1102	0,2233	0,1741	0,1347	0,1083	0,0907
34	0,1633	0,1313	0,1101	0,2211	0,1732	0,1341	0,1078	0,0904
35	0,1632	0,1313	0,1101	0,2209	0,1732	0,1342	0,1080	0,0906
36	0,1631	0,1312	0,1100	0,2215	0,1739	0,1347	0,1084	0,0909
37	0,1623	0,1311	0,1099	0,2179	0,1713	0,1328	0,1070	0,0897
38	0,1624	0,1309	0,1097	0,2162	0,1704	0,1322	0,1066	0,0893
39	0,1622	0,1307	0,1097	0,2126	0,1678	0,1303	0,1050	0,0881
40	0,1621	0,1306	0,1096	0,2250	0,1777	0,1380	0,1112	0,0933
41	0,1620	0,1306	0,1096	0,2380	0,1881	0,1461	0,1178	0,0988
42	0,1619	0,1305	0,1095	0,2373	0,1878	0,1460	0;1177	0,0987
43	0,1615	0,1302	0,1094	0,2366	0,1877	0,1460	0,1177	0,0989
44	0,1611	0,1299	0,1093	0,2364	0,1882	0,1466	0,1182	0,0995
45	0,1606	0,1297	0,1090	0,2356	0,1880	0,1466	0,1184	0,0995
46	0,1604	0,1295	0,1089	0,2349	0,1873	0,1466	0,1183	0,0995
47	0,1603	0,1295	0,1089	0,2358	0,1886	0,1472	0,1189	0,1000
48	0,1597	0,1292	0,1087	0,1285	0,1915	0,1495	0,1210	0,1018
49	0,1592	0,1289	0,1084	0,2352	0,1896	0,1485	0,1202	0,1011
50	0,1586	0,1285	0,1081	0,2498	0,2022	0,1586	0,1285	0,1081
	—	—	—	—	—	—	—	—

Die in Spalte 5 niedergelegten Ordinaten y sind mit der Linienführung unmittelbar gegeben; sie sind auf den höchsten Wasserspiegel im Wasserschloß zu beziehen, der hier gemäß

$$y_0 = 49{,}00 \text{ m}$$

über dem Einlauf liegt. Die Spalten 6 und 7 enthalten Innendurchmesser D und Wandstärke s für die einzelnen Rohrschüsse; aus ihnen folgt unmittelbar der in Spalte 8 verzeichnete mittlere Durchmesser

$$D_m = D + s.$$

Die Endwerte der Spalten 5 bis 8 liefern am Regelorgan die Werte

$$y_1 = 365{,}5 \text{ m}, \quad D_1 = 1{,}600 \text{ m}, \quad s_1 = 0{,}037 \text{ m}, \quad D_{m1} = 1{,}637 \text{ m}.$$

Nun kann die Berechnung der Wellenfortpflanzungsgeschwindigkeit $a\,(x)$ erfolgen, und zwar im vorliegenden Falle ohne Berücksichtigung der Querkontraktion gemäß (12). Hierbei empfiehlt sich noch eine kleine Transformation gemäß

$$a\,(x) = \sqrt{\dfrac{g\,E_{fl}}{\gamma\left(1 + \dfrac{D}{s}\dfrac{E_{fl}}{E_r}\right)}} = \sqrt{\dfrac{g\,E_{fl}}{\gamma\left(1 + \dfrac{D}{s_1}\dfrac{E_{fl}}{E_{Stahl}} \Big/ \dfrac{s}{s_1}\dfrac{E_r}{E_{Stahl}}\right)}}$$

Die hierin auftretende dimensionslose Größe

$$\frac{s}{s_1}\frac{E_r}{E_{Stahl}}$$

ist in Spalte 9 vorberechnet worden. Wird das Raumgewicht des Wassers mit

$$\gamma = 1\ t/\text{m}^3$$

zugrunde gelegt und für die Schwerbeschleunigung der Wert

$$g = 9{,}81 \text{ m/s}^2$$

eingeführt, so ergeben sich für die Wellenfortpflanzungsgeschwindigkeit die Werte der Spalte 10. Aus diesen folgt $\varDelta x/a\,(x)$ gemäß Spalte 11 und hieraus durch sukzessive Addition

$$\sum_0^x \frac{\varDelta x}{a\,(x)} = \int_0^{x_{unten}} \frac{d\,x}{a\,(x)}$$

wie in Spalte 12 verzeichnet. Der letzte Summenwert liefert die Laufzeit

$$T_L = \sum_0^L \frac{\varDelta x}{a\,(x)} = \int_0^L \frac{d\,x}{a\,(x)} = 0{,}9602\,\text{s}.$$

Die Spalten 13 und 14 enthalten die auf L bezogenen Abszissen x, die für die graphischen Darstellungen benötigt werden, und die die Grundlage der Theorie bildenden dimensionslosen Abszissen ξ. In den Spalten 15 bis 21 sind eine Reihe dimensionsloser Größen berechnet, die für die Ermittlung der Kennfunktion ν benötigt werden.

Die allgemeine Formel (75) für die Kennfunktion ν vereinfacht sich hier etwas, da im Hinblick auf die hier vorhandenen Freistrahlturbinen

$$p_{1,m}^R = 0$$

ist. Demzufolge ergibt sich

$$\nu = \frac{y_1 \xi}{y} \sqrt{\frac{a\,F_1}{a_1 F}} = \frac{y_1 \xi}{y} \frac{D_1}{D} \sqrt{\frac{a}{a_1}}\,.$$

In Abb. 79 sind die in Spalte 22 niedergelegten ν-Werte über x/l als Abszisse aufgetragen. Gleichzeitig enthält die Abbildung noch die Werte von

$$\frac{s\,E_r}{s_1\,E_{Stahl}}, \frac{D}{D_1}, \frac{D_1}{D}, \frac{a}{a_1} \text{ und } \xi.$$

Die Kennfunktion v beschreibt den lokalen Einfluß der Rohrleitung auf den Druckstoß. Wie Abb. 79 erkennen läßt, ist dieser keineswegs konstant, sondern teilweise beträchtlichen Schwankungen unterworfen.

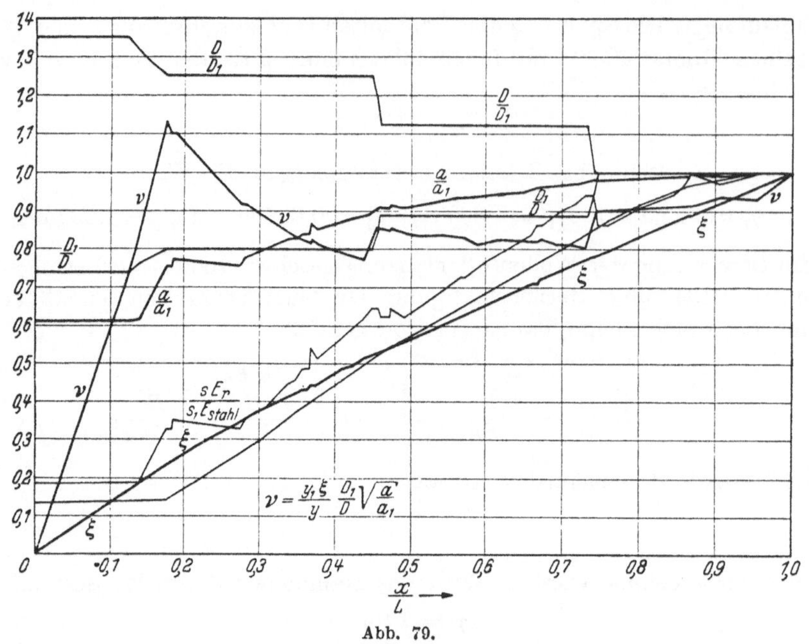

Abb. 79.

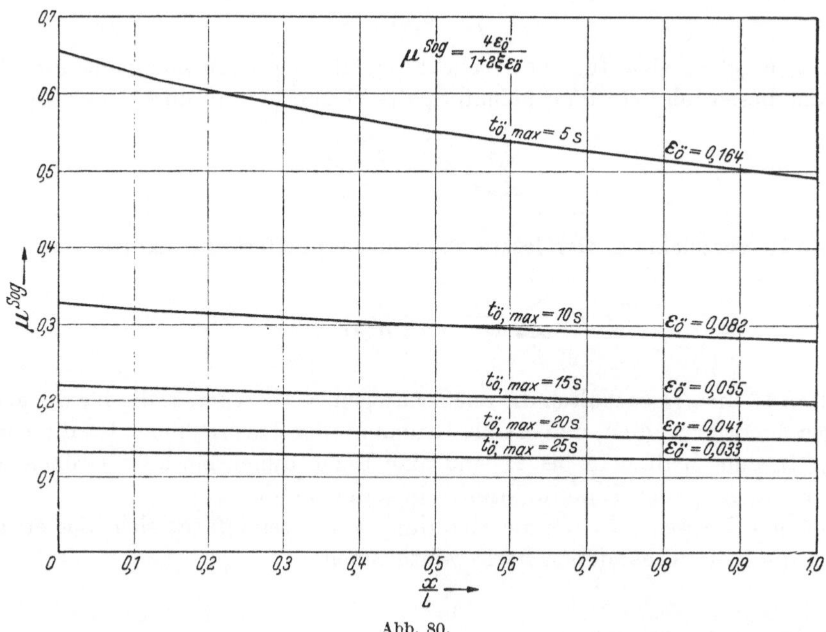

Abb. 80.

Um einen Überblick über den Einfluß verschiedener Regelgeschwindigkeiten zu erhalten, sollen die Kennfunktionen μ für die 5 maximalen Öffnungszeiten

$$t_{\ddot{o}}^{\max} = 5\,\text{s}, \quad t_{\ddot{o}}^{\max} = 10\,\text{s}, \quad t_{\ddot{o}}^{\max} = 15\,\text{s}, \quad t_{\ddot{o}}^{\max} = 20\,\text{s}, \quad t_{\ddot{o}}^{\max} = 25\,\text{s}$$

ermittelt werden. Mit $p_{1,m}^{R} = 0$ entsprechen diesen Öffnungszeiten nach (74) die $\varepsilon_{\ddot{o}}$-Werte

$$\varepsilon_{\ddot{o}} = \frac{c_{1,\max}\, a_1\, T_l}{2\, g\, y_1\, t_{\ddot{o},\max}}.$$

Der Regler ist im vorliegenden Falle so beschaffen, daß

$$c_{1,\max} = 5{,}0 \text{ m/s}$$

ist. Damit errechnen sich die $\varepsilon_{\ddot{o}}$-Werte

$$\varepsilon_{\ddot{o}} = 0{,}164, \quad \varepsilon_{\ddot{o}} = 0{,}082, \quad \varepsilon_{\ddot{o}} = 0{,}055, \quad \varepsilon_{\ddot{o}} = 0{,}041, \quad \varepsilon_{\ddot{o}} = 0{,}033.$$

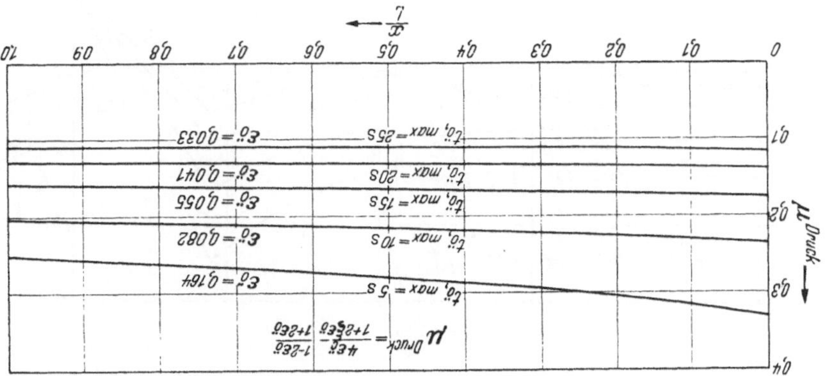

Abb. 81.

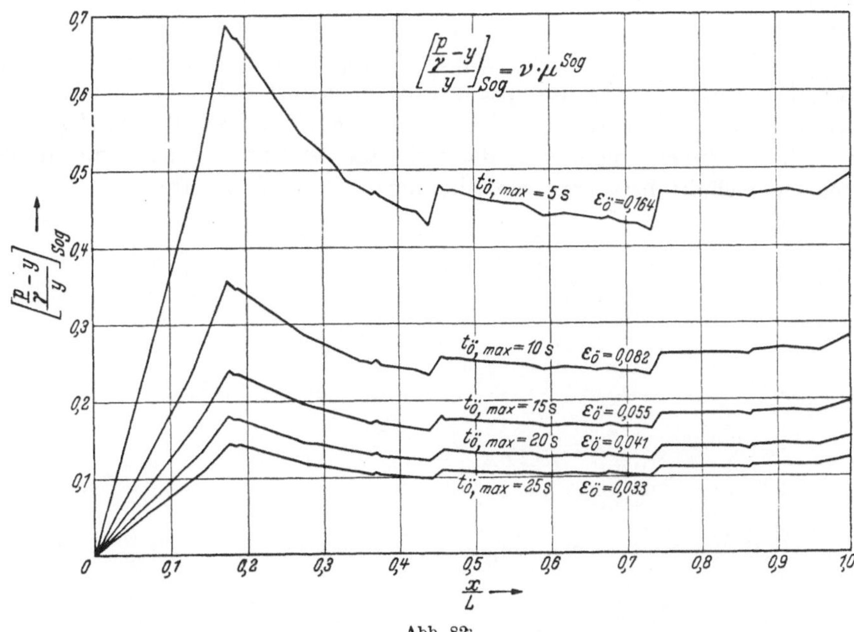

Abb. 82:

Die zu diesen $\varepsilon_{\ddot{o}}$-Werten gehörigen μ^{Sog}- und μ^{Druck}-Werte können in Abhängigkeit von den ξ-Werten der Spalte 14 aus den Tabellen Seite 72 bis 76 bei gleichzeitiger linearer Interpolation unmittelbar entnommen werden. Das Ergebnis ist in den Spalten 23 bis 27 und 33 bis 37 niedergelegt.

In den Abb. 80 und 81 sind die zu den 5 Öffnungszeiten gehörigen μ^{Sog}- und μ^{Druck}-Werte aufgetragen worden. Im Gegensatz zu v weisen diese Funktionen einen sehr gleichmäßigen Verlauf auf, an dem das stetige Absinken vom Wasserschloß zur Turbine bemerkenswert ist. Der Vergleich von Abb. 80 mit Abb 81 zeigt, daß hier die größten Druckstöße stets kleiner als die größten Sogstöße sind und daß die Unterschiede um so größer werden, je kleiner die maximalen Öffnungszeiten werden.

Die Multiplikation von v mit den μ-Werten liefert schließlich die gesuchten bezogenen Höchstsog- bzw. Höchstdruckstöße, die aus den Spalten 28 bis 32 bzw. 38 bis 42 entnommen werden können. Die zugehörigen Auftragungen zeigen die Abb. 82 und 83.

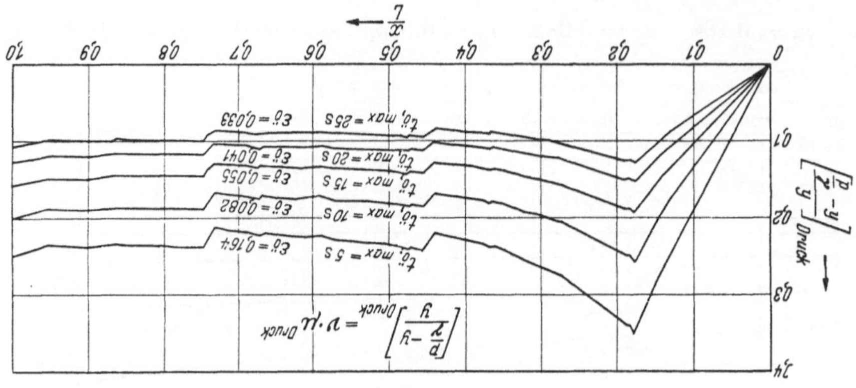

Abb. 83.

Vom Standpunkt einer optimalen Materialausnutzung wäre anzustreben, den auf die statische Druckhöhe bezogenen größten Sog- bzw. Druckstoß tunlichst gleich zu halten. Im durchgerechneten Beispiel ist dies in der kraftwerkseitigen Leitungshälfte angenähert der Fall. In der dem Wasserschloß zugekehrten Leitungshälfte dagegen nimmt der bezogene Stoß nach dem Wasserschloß zu beständig zu, wenigstens soweit die Stahlleitung in Frage kommt; die Höchstwerte liegen durchschnittlich etwa um 40% über denen der turbinenseitigen Leitungshälfte. Man hätte daher im vorliegenden Falle die Leitung auf großen Strecken schwächer halten können, ohne daß dadurch die Gesamtsicherheit, die ja durch den schwächsten Querschnitt bestimmt wird, herabgesetzt worden wäre.

Druckstoßmessungen
am Baukraftwerk der Badenwerk A.G.

Von W. LEITNER, Karlsruhe.

Mit 25 Abbildungen.

Seit dem Aufkommen der nach ALLIEVI benannten Theorie über die Druckschwankungen in einsträngigen Leitungen mit Berücksichtigung der Elastizität der Rohrwandung und der strömenden Flüssigkeit sind zahlreiche verdienstvolle Arbeiten erschienen, die sich mit der Vereinfachung des Rechnungsganges, mit ihrer Anwendung auf Leitungen mit gestuften Durchmessern und Wandstärken, endlich auch mit der näherungsweisen Berücksichtigung der Reibung befassen; graphische Verfahren haben insbesondere dazu beigetragen, den Blick über den von der Theorie beschriebenen Gesamtvorgang zu erleichtern.

Demgegenüber sind die Versuchsnachweise zur Bestätigung der über 40 Jahre alten Theorie und ihrer Folgerungen äußerst lückenhaft. Der experimentelle Nachweis müßte, wie es in solchen Fällen immer zu geschehen pflegt, von den einfachsten Voraussetzungen zu den verwickelteren fortschreiten, um schließlich den sicheren Unterbau zu liefern, der für eine so außerordentlich wichtige Theorie unerläßlich ist. Die Rohrleitungen von Kraftwerken gehen in ihrer Anordnung fast ausnahmslos über die einfachsten Voraussetzungen hinaus, eignen sich somit zur Prüfung der Grundlagen nur schlecht; hierzu kommt, daß Kraftwerke größerer Leistungsfähigkeit längere Betriebsunterbrechungen besonders jetzt nicht ertragen können, zumal in der Regel mehrere Maschinen davon betroffen werden.

So ist es auch zu erklären, daß die im Zusammenhang mit den Gewährleistungsproben neuer Kraftwerke meist nebenbei vorgenommenen Druckstoßmengen im wesentlichen nur dem Nachweis dienen konnten, daß die getroffene Reglereinstellung bei Entlastungen am Turbineneinlauf Druckstöße hervorruft, die innerhalb der verlangten Grenzen liegen. Das Zusammenwirken vieler vom einfachsten Fall abweichenden Voraussetzungen, wie z. B. „Gestufte Rohrleitung mit Krümmern und Abzweigstücken", „Francisturbine mit nachgeschaltetem Saugrohr und Nebenauslaß (Druckregler)", „Abhängigkeit der Schluckung von der Drehzahl" erschweren hierbei die Analyse des mit einfachen, für den vorgenannten Zweck ausreichenden Geräten gewonnenen Meßergebnisses. Belastungsversuche scheitern meist am Fehlen eines genügend großen Wasserwiderstandes, obwohl gerade diese im Interesse der Belastungsgeschwindigkeit und für manche Folgerungen (Kurzschlußstoß) besonders wichtig wären. Zweifellos hat das in vielen Kraftwerken gesammelte Erfahrungsgut dieser Art den Turbinenbaufirmen bei der Auslegung neuer Regulierungen wertvolle Anhalte gegeben; in der rückliegenden Zeit sind genug Turbinen mit schwierigen Rohrleitungsverhältnissen anstandslos in Betrieb gekommen und dabei insbesondere die gewährleisteten Größtwerte der Druckschwankung meist unterschritten worden.

Für den schärferen Einblick in das Problem genügt aber die Kenntnis der Höchstwerte allein noch nicht. Der Zeitverlauf der Druckschwankung als Ergebnis der Überlagerung auf- und abwandernder Druckwellen, deren Modifikation an den Reflexionsstellen, durch Reibung usw. bedürfen noch eingehender Versuchsarbeit.

Um einen ersten Einblick zu gewinnen, wurde mit einem Versuchsprogramm an einem kleinen Kraftwerk der Badenwerk A.G. begonnen, dessen Rohrleitung Abb. 1 zeigt. Dieses

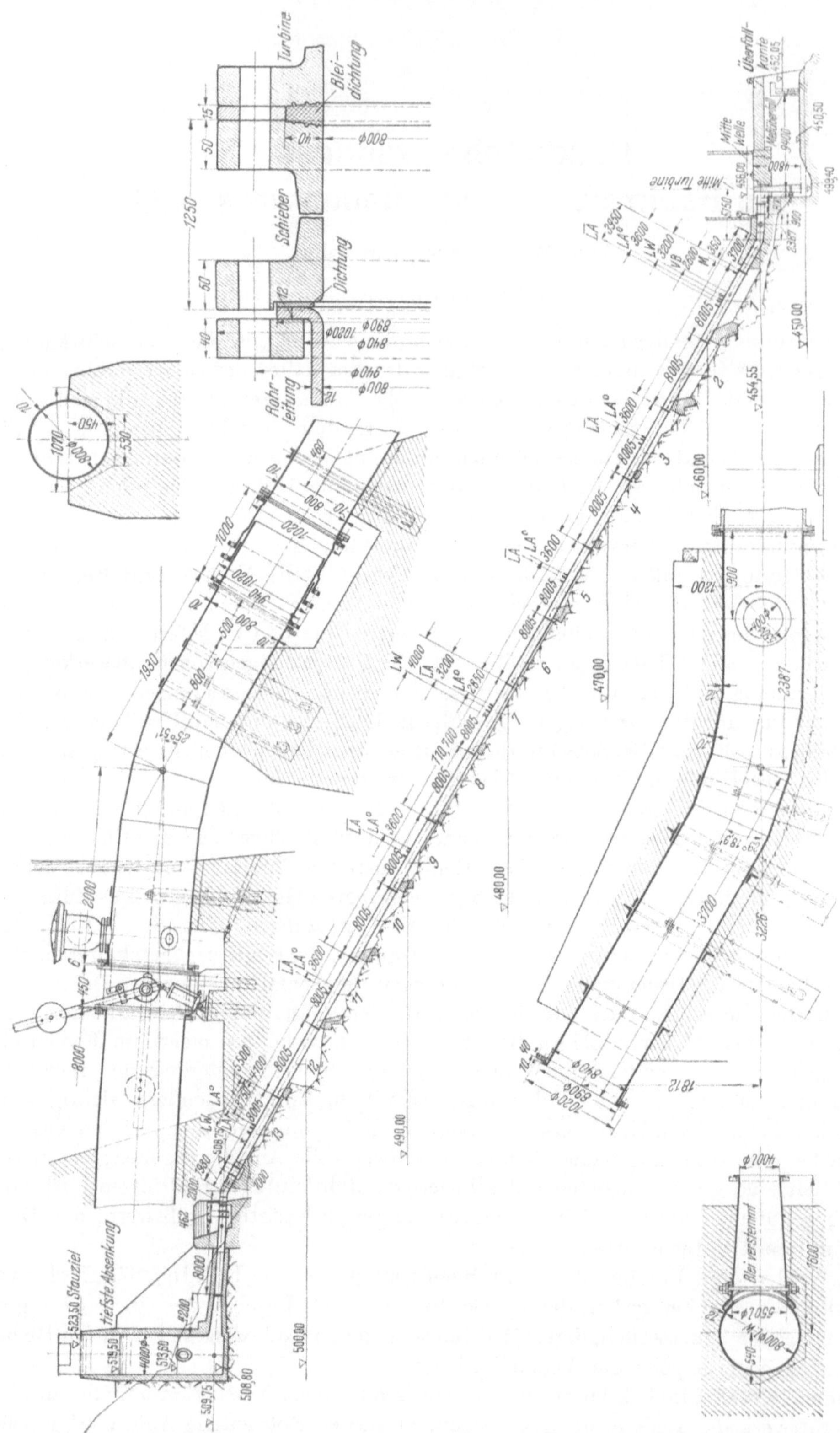

Abb. 1. Längenprofil des Baukraftwerkes zwischen Wasserschloß und Unterwasserkanal, Einzelheiten der Rohrleitung.

Kraftwerk diente vor Jahren der Baustromversorgung, seitdem fließt seine Erzeugung in das Überlandnetz. Es ist das Schulbeispiel einer einfachen Mitteldruckanlage, bei deren Rohrleitung insbesondere die Voraussetzungen gleichen Durchmessers und gleicher Wandstärke vollständig erfüllt sind. Deshalb war es für Erstversuche wie geschaffen.

Das Betriebswasser fließt vom Tagesspeicher durch eine auf der Abbildung nicht ersichtliche 1250 m lange Hangleitung von 1,1 m l.W. zum Wasserschloß, dessen Schacht durchgehend mit 4,0 m l. Durchmesser ausgeführt und oben durch Überfall begrenzt ist. An den trompetenförmigen Rohreinlauf schließt sich die Leitung von 800 mm l. W. mit durchweg 10 mm Wandstärke an. 12,4 m wasserschloßabwärts sitzt die Drosselklappe und dahinter das Entlüftungsventil. Zwischen dem oberen Knick bei der Apparatekammer und dem unteren im Verankerungsklotz ist die Rohrleitung geradlinig verlegt. Sie besteht aus Schüssen von je 8 m Länge, deren umgebördelte Enden unter Zwischenlage von Flachgummi mit losen Flanschringen verschraubt sind. Jeder Rohrschuß sitzt auf einem Betonsockel, unterhalb des oberen Knickpunktes ist eine Stopfbüchse eingefügt. In dem unteren Verankerungsklotz ist von der Hauptleitung eine Entleerungsleitung mit 400 mm l. W. abgezweigt; hinter dem Ankerklotz

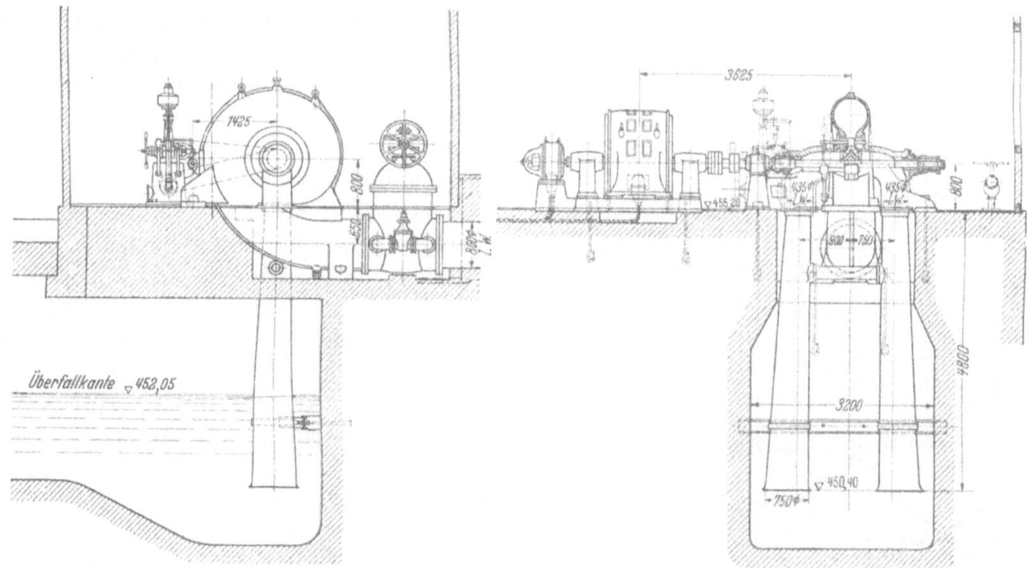

Abb. 2. Schnitte durch den Maschinensatz.

sitzt ein gewöhnlicher Keilschieber 800 mm l.W. als Absperrorgan und an diesen ist das Spiralgehäuse der Turbine angeflanscht. Die Doppelspiralturbine (Abb. 2) gießt durch zwei konische Saugrohre von je 4,8 m Länge und 435/750 mm l.W. in den Unterwasserkanal aus. Dieser 10 m lange, 3 m breite Kanal mündet über einen Meßüberfall in das Flußbett. Die statische Fallhöhe beträgt 71,5 m bei vollem Stau. Die Turbine ist für 1,8 m³/s bei 65,0 m Nutzfallhöhe und 750 U/min bemessen, wird aber wegen einer teilweisen Verengung der Hangleitung (als Folge einer Reparatur) nur mit 70% ihrer Volleistung betrieben. Ein Wasserverlust ist damit nicht verbunden, weil der nutzbare Zufluß des Werkes, nachdem dieses seinen ursprünglichen Zweck erfüllt hatte, durch Ableitung im Quellgebiet stark vermindert wurde. Der Leitapparat der Turbine wird durch einen Öldruck-Geschwindigkeitsregler der alten Bauart Voith (1922) gesteuert. Die Turbine ist mit dem Drehstromgenerator von 900 kVA unmittelbar gekuppelt.

Der Zweck der vorliegenden Versuche war:

1. Den Druckschwankungsverlauf bei verschiedenen Ent- und Belastungen in ihrer Abhängigkeit vom Schließ- bzw. Öffnungsgesetz nach verschiedenen Meßverfahren zu ermitteln.

2. Hierbei die Leistungsfähigkeit der verwendeten Meßverfahren festzustellen.

3. Die gemessenen Druckschwankungen mit den Ergebnissen der nachträglich angestellten Durchrechnung zu vergleichen.

Parallel zu den Druckstoßmengen wurden Messungen des statischen Spannungszustandes der Rohrleitung bei verschiedenen Füllungen vorgenommen. Über das interessante Ergebnis dieser Messungen soll in einer späteren Arbeit berichtet werden.

1. Wassermenge und Druckverluste.

Den eigentlichen Druckstoßmessungen voraus ging die Feststellung der von der Turbine bei verschiedenen Stellungen des Leitapparates verarbeiteten Wassermenge. Diese wurde mit Hilfe des in Abb. 1 bezeichneten scharfkantigen Überfalles von 3020 mm Breite und 1,55 m Höhe über Kanalsohle auf Grund der Rehbock-Formel bestimmt. Als Bezugsgröße für die Turbinenöffnung diente der Servomotorhub des Reglers. Der Überfall war reichlich belüftet, die Höhe wurde jeweils auf beiden Seiten in dem vorgeschriebenen Abstand von der Über-fallkante gemessen. Gleichzeitig wurde der Druck am Manometer vor dem Turbineneinlauf abgelesen und die langsame Veränderung des Wasserspiegels im Sammelbecken festgehalten. Abb. 3 gibt den so erhaltenen Zusammenhang zwischen Wassermenge und Reglerhub nach Reduktion der Meßwerte auf konstanten Oberwasserspiegel und die zugehörigen Nutzfallhöhen wieder; die geringe Veränderung der statischen Saughöhe, bezogen auf Wellenmitte der Turbine, ist mit verzeichnet. Bei kleinen Wassermengen büßt die Überfallmessung naturgemäß an Zuverlässigkeit ein; eine volumetrische Kontrolle wäre erwünscht gewesen, weil der Verlauf in Nähe der Nullstellung für Öffnungsfälle besonders wichtig ist, ließ sich aber nicht durchführen.

Aus den Druckmessungen ergab sich ferner der gesamte Druckhöhenverlust zwischen dem Oberwasserspiegel und der Turbine. Hiernach ist der Gesamtverlust genügend genau bestimmt durch die empirische Gleichung

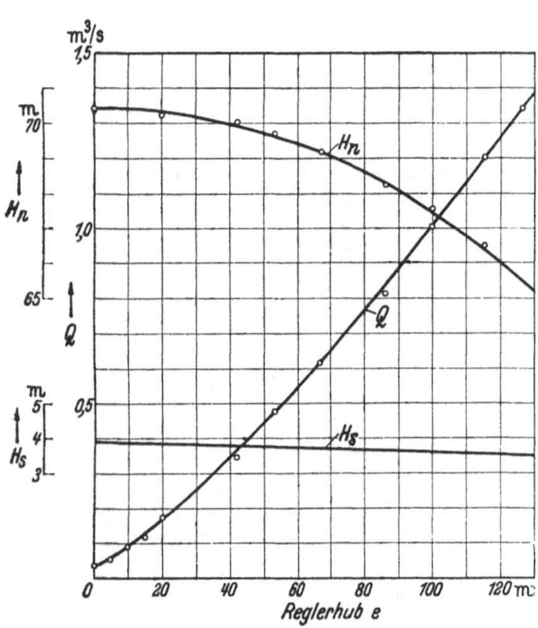

Abb. 3. Wassermenge, Nutzfallhöhe und Saughöhe bei unverändertem Oberwasserspiegel in Funktion des Reglerhubes.

Druckverlust Stollen + Rohrleitung (in m³/s, h_w in m) . . . . $h_{r\,ges} = 2,58\,Q^2$

Durch Messung der Beharrungsspiegel im Wasserschloß ergab sich ähnlich die Beziehung für den Stollenverlust . . . . $h_{r\,S} = 1,73\,Q^2$

so daß als Verlust in der Rohrleitung verbleibt . . . . $h_{r\,R} = 0,85\,Q^2$

Dieser Verlust entspricht in der bekannten Gleichung $h_r = \dfrac{\lambda\,L}{D}\dfrac{c^2}{2\,g}$ einem $\lambda = 0,026$, liegt also, da er die Verluste in der Drosselklappe und in den Umlenkstücken einschließt, innerhalb normaler Grenzen. Das Diagramm Abb. 3 ermöglicht die Bestimmung der Wassermenge in Funktion des Reglerhubes für jede Nutzfallhöhe H' mittels der für die Francisturbine mittlerer Schnelläufigkeit zulässigen Umrechnung $Q' = Q\sqrt{\dfrac{H'}{H}}$. Die verhältnismäßig große Undichtheit bei geschlossenem Leitapparat von 0,036 m³/s verbot von vornherein Abschlüsse in strengem Sinn. Vollständige Abschlüsse lassen sich wegen der unvermeidlichen Spalte bei Francisturbinen überhaupt nicht erzielen, viel eher mit den Düsen der Freistrahlturbine.

2. Einfluß des Wasserschlosses.

Die Spiegelschwankungen im Wasserschloß, welche den Belastungsänderungen folgen, verlaufen unter den vorliegenden Verhältnissen bekanntlich nach quadratisch gedämpften Sinuslinien, und zwar wie Rechnung und Versuch zeigten, mit einer Periodendauer von 246 s. Ihr Gesamtverlauf konnte für die hier untersuchten Druckschwankungen, die über 4 bis 5 s verfolgt wurden, nicht interessieren. Immerhin muß daran gedacht werden, daß bei der größten abgeschalteten bzw. zugeschalteten Wassermenge von 1,3 m³/s sich auch der Wasserschloßspiegel innerhalb 5 s um etwa 0,36 m hebt oder senkt.

3. Anordnung der Druck- und Dehnungsmesser, Wirkungsweise.

Der *Druck*verlauf wurde mittels drei verschiedener Geräte aufgezeichnet, und zwar

a) mit dem Eintrommel-Indikator von MAIHAK, an einer Stelle 9,5 m vor Turbinenmitte (Bezeichnung M in Abb. 1);

b) mit dem Druckschreiber von VOITH-BRECHT, an einer Stelle 11,5 m vor Turbinenmitte (Bezeichnung VB in Abb. 1);

c) mit der Druckmeßdose nach LEHR-WILLMS an drei Stellen, nämlich an Rohr *1* in 12,1 m, Rohr·7 in 60,9 m und Rohr *13* in 110,4 m Entfernung von der Turbinenmitte (Bezeichnung LW in Abb. 1).

Die Geräte a) und c) waren am Scheitel des Rohres, Gerät b) um 90° dagegen versetzt angeschlossen. Die Messungen mit a) und b) galten mehr der allgemeinen Erprobung und wurden deshalb auf je eine Meßstelle beschränkt.

Der *Dehnungs*verlauf in Ring- und Längsrichtung wurde mittels des induktiven dynamischen Dehnungsmessers nach LEHR in der Ausführung der Askaniawerke an 7 Stellen mit Auswahl nach dem Versuchsfortschritt bestimmt. (Lage mit Bezeichnungen $LA°$ und $\overline{LA}$ in Abb. 1.) Die Meßgeber waren durchweg am Scheitel angeordnet.

Die eigentliche Meßapparatur für die Druckgeber c) und die Dehnungsmesser einschließlich zweier Oszillographen war im Krafthaus aufgestellt und durch Kabel mit den Meßstellen verbunden.

Der Indikator von MAIHAK (Abb. 4) ist hauptsächlich für die Aufnahme der Druckdiagramme an schnellaufenden Kolbenmaschinen bestimmt, eignet sich aber bei entsprechender Federwahl auch für den vorliegenden Zweck sehr gut. Die Einfachheit des Aufbaus, der Bedienung und der geringe Aufwand für elektrische Installation — es erfordert nur für die Zeitmarkengabe eine Drahtverbindung — machen das Gerät für Messungen an langen Rohrleitungen besonders vorteilhaft. Bei der hier verwendeten Type A ist der senkrecht arbeitende Kolben durch Schraubenfeder belastet. Der über eine Lenkerführung mit dem Kolben verbundene Schreibhebel trägt am Ende einen Metallstift, der in etwa 5facher Übersetzung die Bewegungen des Indikatorkolbens auf dem präparierten Papier geradlinig aufschreibt. Die 90 mm hohe Trommel (= Schreibbreite) wird durch ein Laufwerk mit Fliehkraftregler angetrieben. Die Papiergeschwindigkeit betrug bei unseren Versuchen etwa 10 mm/s. Eine Druckänderung von 1 m Wassersäule entsprach 0,8 mm Schreibweg. Die zusätzlich erhältliche Zeitschreibung und Zeitmarkengabe waren bei diesen Versuchen nicht vorgesehen, die Synchronisierung der fertigen Diagramme erfolgte nachher über die Oszillogramme der Dehnungsmessung (s. u.). Der Indikator war mit dem Gewindestutzen seines Absperrhahnes in die 10 mm starke Rohrwand unmittelbar eingeschraubt.

Der Druckschreiber von VOITH-BRECHT (Abb. 5) benutzt ebenfalls einen federbelasteten Kolben, jedoch in liegender Anordnung, der zwecks Verminderung der Reibung durch eine elektrisch angetriebene Mitnehmerscheibe in Umdrehung versetzt wird. Der Druckzylinder wird nicht unmittelbar, sondern unter Zwischenschaltung einer Ölvorlage mit dem Druckrohr verbunden; das druckvermittelnde Ölkissen dient zur Schmierung des rotierenden Kolbens.

Die mit dem Gerät verschraubte Ölvorlage wird zwecks freierer Beweglichkeit des ganzen
Apparates durch Metallschlauch an die Rohrleitung angeschlossen. Die Kolbenbewegung wird
durch Lenkerführung geradlinig auf den Schreibhebel übertragen, an dessen Ende die Schreib-

Abb. 4. Eintrommel-Indikator, Type A, von MAIHAK (Werkbild).

Abb. 5. Druckschreiber von VOITH-BRECHT (Werkbild).

feder sitzt. Die Glasfeder schreibt mit dünnflüssiger Tinte auf das von der waagerechten
Trommel über eine Mitnehmerwalze ablaufende Papierband von 120 mm nutzbarer Breite.
Der Transport des zur exakten Führung beiderseits genau gelochten Bandes erfolgt durch
die elektrisch angetriebene Mitnehmerwalze und ist in gewissen Grenzen stufenlos regelbar.

Bei den vorliegenden Versuchen lag die Papiergeschwindigkeit zwischen 10 und 20 mm/s, der Druckmaßstab war im verwendeten Bereich 1,1 mm je Meter Wasserdruck. Der angebaute Zeitschreiber konnte wegen Fehlens einer brauchbaren Kontaktuhr nicht verwendet werden, es war auch hier notwendig, die genaue Rekonstruktion des Zeitmaßstabs über die gleichzeitigen Oszillogramme vorzunehmen. Das Gerät hat, abgesehen von einer gewissen Umständlichkeit der Handhabung an der steilen Rohrbahn, gut gearbeitet und sehr klare Diagramme geliefert.

Der induktive dynamische Dehnungsmesser nach Lehr sei vorweg beschrieben, weil die Druckdose sich desselben Meßprinzips bedient.

Dieser für Zwecke der neuzeitlichen Festigkeitsforschung entwickelte, in zahlreichen Fällen, vor allem bei umlaufenden Maschinenteilen, bestens bewährte Dehnungsmesser beruht auf der Änderung, die der Induktionsfluß eines über einen Luftspalt geschlossenen magnetischen Kreises durch Veränderung des Luftspaltes erfährt. In dem Schaltschema Abb. 6 bezeichnet a den an der Meßstelle sitzenden „Gebermagneten", dessen Primärwicklung c von einem 10 000-Hz-Generator gespeist wird. In der völlig gleichen Sekundärwicklung d des zweiten Magnetschenkels wird eine Wechselspannung von 10 000 Hz induziert, deren Höhe sich umgekehrt mit der Größe des Luftspaltes verändert. Sie könnte an sich unmittelbar zur Messung der Luftspaltänderungen verwendet werden. Das Verfahren ist aber verfeinert und für die Praxis brauchbarer gemacht, indem es sich der Kompensationsmethode bedient. Ein gleichartiger zweiter Magnet b, der „Vergleichsmagnet", trägt auf dem einen Schenkel c eine Primärwicklung, die mit derjenigen des Gebermagneten in Reihe geschaltet ist, so daß die Ströme der beiden Primärwicklungen einander nach Größe und Phase stets gleichen. Die Sekundärwicklungen d des Geber- und des Vergleichsmagneten sind über einen Abgleichwiderstand f gegeneinandergeschaltet. Der Vergleichsmagnet b besitzt zum Unterschied vom Gebermagneten a einen willkürlich einstellbaren Luftspalt. Sind die beiden Luftspalte gleich, so müßten die Spannungen in den beiden Sekundärspulen einander aufheben, es dürfte in dem von ihnen gebildeten Stromkreis kein Strom fließen. Der Widerstand f dient zum Abgleich des durch Materialunterschiede meist verbleibenden Reststromes. Ändert sich nun der Spalt von a bei

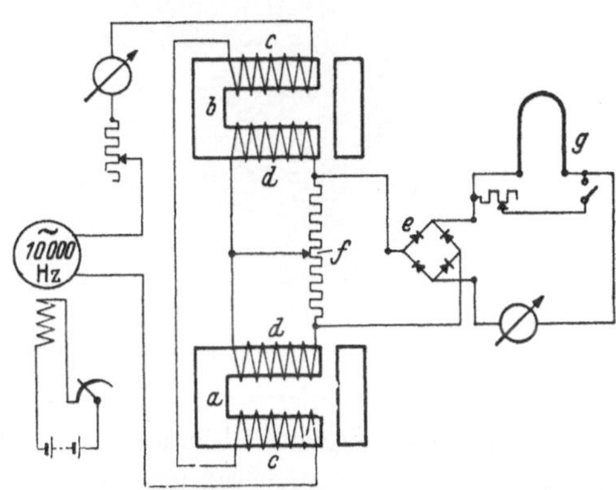

Abb. 6. Schaltschema des induktiven dynamischen Dehnungsmessers nach LEHR (MAN-Lehr).

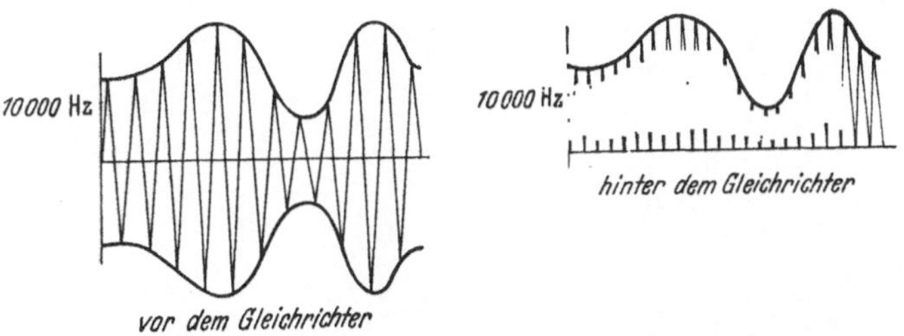

Abb. 7. Modulierte Trägerfrequenz vor und hinter dem Gleichrichter (Askania).

festeingestelltem Vergleichsspalt b, dann fließt in dem Sekundärkreis ein Strom, der in kleinen Grenzen der Spaltänderung verhältnisgleich ist. Die Auswirkung schnell verlaufender Spaltänderungen auf diesen Sekundärstrom von 10 000 Hz veranschaulicht Abb. 7, links. Durch den Gleichrichter e wird die untere Halbwelle des in seiner Amplitude vom Luftspalt veränderten Wechselstromes unterdrückt, so daß nur der positive Teil übrig bleibt. Ein an die Gleichstromklemmen des Gleichrichters angeschlossenes Milliampèremeter oder die Oszillographenschleife g von genügend niedriger Eigenfrequenz, mißt unmittelbar die Hüllkurve der aus halben Sinuswellen zusammengesetzten Trägerfrequenz. (Abb. 7, rechts.) Die so gemessenen Ströme bzw. Stromschwankungen sind das Maß für die Luftspaltänderungen.

Den Meßgeber für 50 mm Meßlänge, wie er auch hier verwendet wurde, zeigt Abb. 8. In der Mitte des abgedeckten Messinggehäuses ist der Magnet zu erkennen mit 4 herausgeführten Wicklungsenden. Er ist mit dem Außenrahmen verschraubt, der eine konische Bohrung zum Aufsetzen auf den dem Magneten zugeordneten Meßpunkt besitzt. Zwischen den Außen-

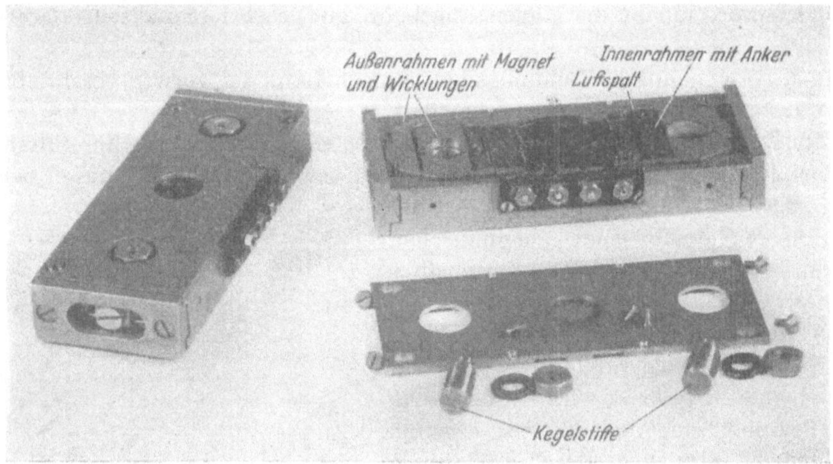

Abb. 8. Dehnungsmeßgeber nach LEHR für 50 mm Meßlänge, Ausführung Askania (Werkbild).

rahmen und den Magneten können nach Bedarf Unterlegbleche eingesetzt werden, um den Luftspalt des Gebers zu verändern. Im Außenrahmen sitzt längsbeweglich zwischen Federn geführt der Innenrahmen, der mit dem Anker verschraubt ist und die konische Bohrung für den zweiten Meßpunkt besitzt. Die auf der Abbildung ersichtlichen Kegelstifte werden unter Benutzung einer Lehre in genau 50 mm Abstand auf den Prüfling aufgelötet.

Die Meßlänge 50 mm genügte auf Grund von Vorversuchen für die vorliegende überdimensionierte Rohrleitung nicht zur Erzielung der verlangten Meßgenauigkeit. Sie wurde vergrößert, indem derselbe Geber auf Flacheisenunterlagen gesetzt wurde, deren Längselastizität innerhalb der Gebermeßlänge durch Schlitze so vergrößert war, daß die Dehnung des Rohres davon unbeeinflußt blieb. Die Unterlage wurde an den Enden mit Schrauben auf 2 Klötzchen befestigt, die im Abstand der vorgesehenen Meßlänge auf das Rohr aufgelötet

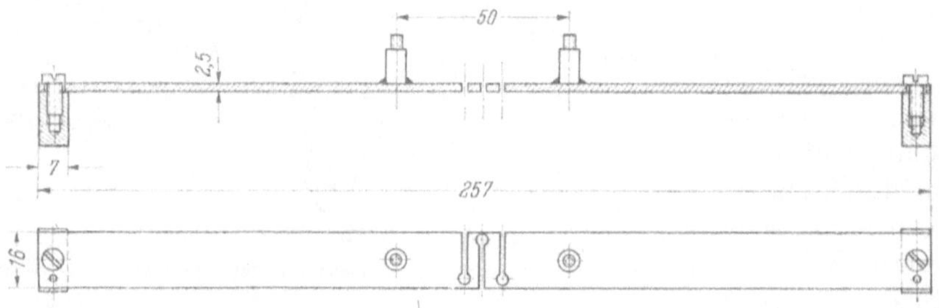

Abb. 9. Vergrößerung der Meßlänge durch Untersätze (Askania).

waren (Abb. 9). Auf diese Weise wurde die Meßlänge für die Ringrichtung auf 250 mm, für die Längsrichtung auf 500 mm vergrößert.

Abb. 10 gibt die Draufsicht des Schaltkastens, der in übersichtlicher Anordnung oben die Milliamperemeter für den Sekundärstrom (Meßgröße), darunter für den Primärstrom, dann die Regulierknöpfe für Primärstrom, Vergleichsspalt b und Phasenabgleich f enthält. Zu jedem Schaltkasten gehört ein Trägerfrequenz-Generator mit 2 Volt Akkumulatorerregung; der Antrieb erfolgt zur Konstanz der Drehzahl durch einen regelbaren Gleichstrom-Nebenschlußmotor für 220 Volt. Für die gleichzeitige Dehnungsmessung an 7 Stellen wurden zwei solcher Meßeinrichtungen gebraucht.

Die *Eichung* des Dehnungsmessers geschieht zweckmäßig vor der Messung im Laboratorium. Sie scheidet sich in die Feststellung der Empfindlichkeit des Gebers bei verschiedenen Ausgangsspalten und in die Bestimmung des Zusammenhanges zwischen Sekundärstrom und

Abb. 10. Schaltkasten zum Dehnungsmesser nach LEHR für 4 Meßkreise mit Reiseoszillograph (Askania).

Luftspaltänderung (Dehnung). Die Feststellung der Empfindlichkeit erfolgt in der Weise, daß bei festgehaltenem Geberluftspalt, z. B. 0,2 mm, und auf bestimmten Wert einreguliertem Primärstrom, z. B. 170 mA, der Luftspalt am *Vergleichs*magneten schrittweise verändert und der jedesmal auftretende Sekundärstrom abgelesen wird. Die so erhaltene „Gegeneichkurve" (Abb. 11a) hat natürlich einen Nulldurchgang, wo die Spalte einander annähernd gleichen; sie erhält V-Form, weil das Milliampèremeter den stets positiven Effektivwert des gleichgerichteten Sekundärstromes mißt. Die Gegeneichkurve Abb. 11a zeigt, daß bei einem Spaltunterschied entsprechend 3 mA Sekundärstrom gute Linearität zwischen Strom und Spaltänderung besteht und daß bei der Messung zweckmäßig von diesem Zustand ausgegangen wird. Die „Öffnung" der Gegeneichkurve bei dem Stromwert 3 mA, ausgedrückt in Teilstrichen des Mikrometers am Vergleichsmagneten, ist ein reziprokes Maß für die Empfindlichkeit der Kombination bei bestimmtem Luftspalt am Geber. Ist hiernach der geeignete Geberluftspalt ausgewählt, dann wird von diesem ausgehend bei unverändertem Vergleichsspalt der Geberspalt schrittweise verändert und die Abhängigkeit des Sekundärstromes von der Spaltänderung als Eichkurve (Abb. 11b) aufgetragen. Die Einstellung der Spalte $\gtrless$ 0,2 mm geschieht entweder in einem besonderen Eichgerät mit der Meßuhr oder an der Meßstelle durch Unterlegen von Endmaßen. Die Neigung der Eichkurve liefert unmittelbar die Längenänderung je Milliampère Strom, aber nur für den bestimmten Ausgangsspalt. Zur praktischen Verwendung des Gebers sind Eichkurven für verschiedene Geberluftspalte (Öffnungen) erforderlich. Erst die hieraus jedesmal gefundenen Längenänderungen je Milliampère liefern, nach Öffnungen zur „Eichgeraden" (Abb. 11c) geordnet, die Charakteristik des Gebers für den ganzen Verwendungsbereich.

Die Druckdose nach LEHR-WILLMS fußt auf demselben Gebeprinzip; sie wurde u. a. zum Studium der Vorgänge in den Auspuffleitungen von Brennkraftmaschinen entwickelt (Abb. 12). Die Meßanordnung besteht aus Membran, Feder und Dämpferkolben. Der Druck wirkt auf die Konusmembran und wird durch das Verbindungsstängchen auf 2 Blattfedern als eigentliche Federung des Systems übertragen. Die Federn wirken gleichzeitig als Parallelführung; ihre Bemessung geschieht entsprechend dem Meßbereich. Der auf dem Stängchen befestigte Kolben ist mit geringem Spiel in die Bohrung des Gehäuses eingepaßt. Ist je nach Frequenzlage der zu messenden Schwingung zur Vermeidung der Resonanzüberhöhung eine Dämpfung notwendig, dann wird der Spielraum zwischen Kolben und Gehäuse mit einer zähen Flüssigkeit gefüllt; Membranen zu beiden Seiten des Zylinders verhindern das Entweichen des Dämpfungsmittels. Die dadurch bewirkte geschwindigkeitsproportionale Dämpfung ermöglicht die Benutzung des Gerätes für Schwingungen bis zu 1000 Hz.

Für die vorliegenden Versuche war wegen der kleinen zu erwartenden Schwingungsfrequenz von rd. 4 Hz (s. u.) eine Dämpfung nicht erforderlich.

Am Ende des Verbindungsstängchens sitzt der Anker des Gebersystems in geringem Abstand vor den Polen des U-förmigen Magneten. Der Luftspalt ist durch eine Differentialschraube am Magnetschlitten feinfühlig verstellbar. Die Durchbiegungen der Membran durch Druckänderungen lösen nun in gleicher Weise Meßströme aus wie oben für den Dehnungsmesser ausgeführt. Das Gerät wurde bei uns nicht mit der in Abb. 12 ersichtlichen Aufspannvorrichtung, sondern auf dem Absperrschieber befestigt (Abb. 13). Wasserkühlung durch die beiden im Querschnitt gezeigten Rohrstutzen war hier natürlich nicht notwendig.

Die Eichung, welche beim Druckmesser in entsprechender Weise erfolgt, wie beim Dehnungsmesser, nur jetzt mit Hilfe stufenweise aufgebrachter, genau bekannter statischer Drücke (Wasser- oder Hg-Säule), liefert wieder eine Eichkurve mit äußerst geringer Streuung (Abb. 14).

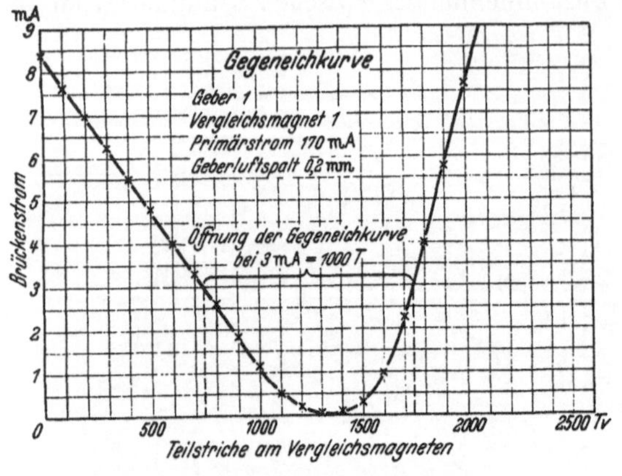

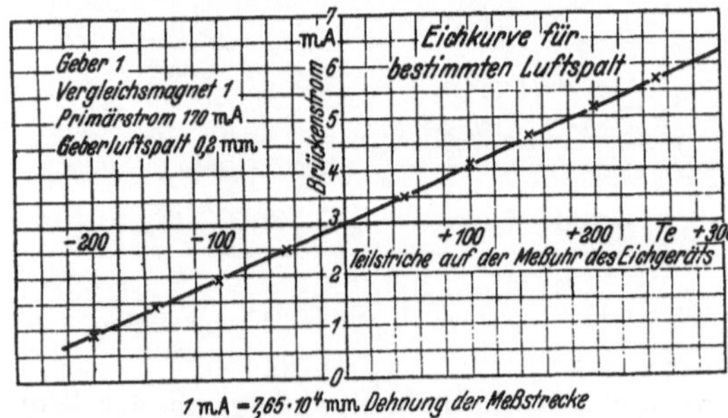

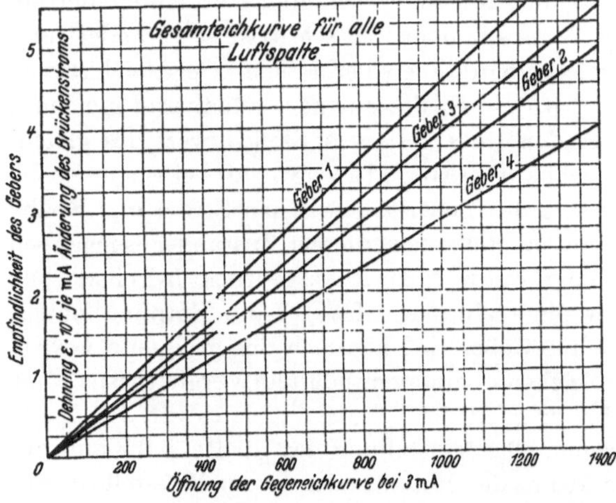

Abb. 11a, b, c. Eichkurven des induktiven dynamischen Dehnungsmessers nach LEHR (Askania).

stärke, an sechs für die Messung angebrachten Bohrungen keinerlei Unterschiede gegenüber den Nennwerten 800 bzw. 10 mm erbrachte, die sich auf die Errechnung der Wasser- und Fortpflanzungsgeschwindigkeit hätten auswirken können.

4. Zeitlicher Verlauf der Turbinenöffnung (Wassermenge) für Schließen und Öffnen.

Der Generator blieb während der Meßvorgänge mit dem Netz parallelgeschaltet. Das Schließen und Öffnen des Leitapparates wurde durch schnelles Eindrücken bzw. Herausziehen des Vorsteuerstiftes am Regler bewirkt, der Vorsteuerstift dann stets einige Sekunden in Endlage gehalten, so daß auch der Leitapparat in der befohlenen Endstellung verharrte. Durch

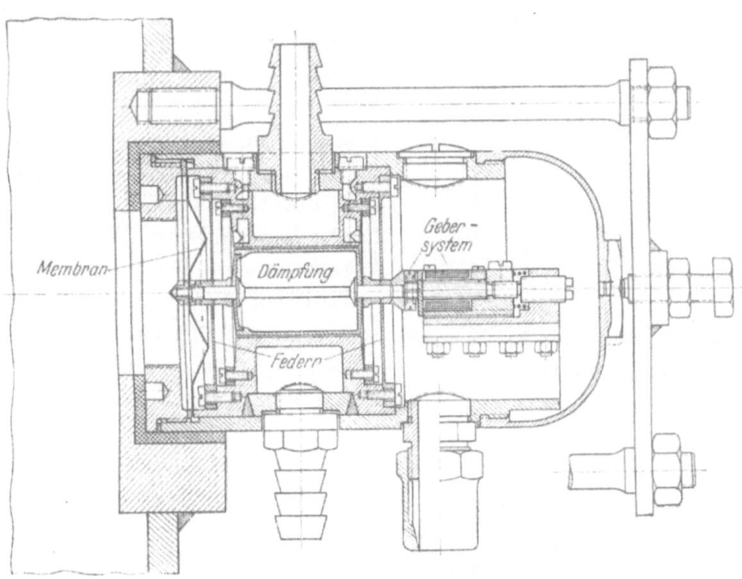

Abb. 12. Druckmeßdose nach LEHR-WILLMS (MAN).

dieses Verfahren wurde die für diese grundlegenden Versuche erwünschte Klarheit der Schließ- und Öffnungsvorgänge erreicht, der Einfluß der Geschwindigkeitsregelung war ausgeschaltet. Beabsichtigte Teilöffnungen wurden vorher durch Einstellung des als Anschlag dienenden Handrades fixiert. Eine versuchsweise Erhöhung der Reguliergeschwindigkeit unterblieb mit

Rücksicht auf das alte, gußeiserne Spiralgehäuse. Der Regler schloß und öffnete den Leitapparat mit den beim vorhandenen Normal-Öldruck durch die Drosselblende ihm vorgeschriebenen Höchstgeschwindigkeiten. Versuche dieser Art sind selbstverständlich nur an einem kleinen Kraftwerk in Verbindung mit einem genügend starken Netz möglich.

Zur Aufzeichnung der Regleröffnung in Funktion der Zeit war am Regler ein Schiebewiderstand angebaut, dessen

Abb. 13. Aufgebaute Druckmeßdose, im Hintergrund zwei Dehnungsmesser für Ring- und Längsmessung.

Brücke mit dem Reglerkolben fest verbunden wurde. In der bekannten Potentiometerschaltung konnte so der zeitliche Verlauf des Reglerhubes vom Oszillographen mit aufgenommen werden. Der eng gewickelte Widerstand ergab praktisch vollkommene Linearität zwischen Meßstrom und Reglerhub.

Abb. 15 zeigt den Schließ- und Öffnungsverlauf auf Grund der Oszillogramme je bei 5 verschiedenen Öffnungen, wobei stets der Abschluß bis Reglerstellung Null und die Öffnung von

Reglerstellung Null erfolgte. Die als Funktion der Zeit für Abschluß nach oben, für Öffnung nach unten aufgetragenen Werte φ bedeuten das Verhältnis $\dfrac{Q}{Q_{max}}$ der jeweiligen zur größten

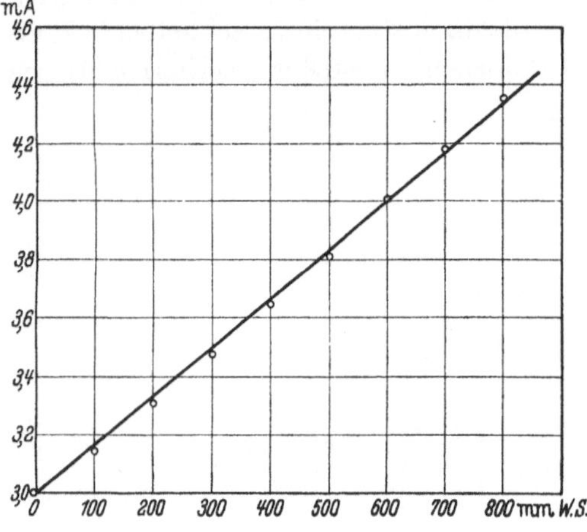

Abb. 14. Eichkurve einer Druckmeßdose (MAN).

Wassermenge des betreffenden Versuchs. Die Wassermengen Q bis Q_{max} sind auf Grund des oszillographisch aufgenommenen „Reglerhub-Zeit-Gesetzes" punktweise in Abständen von 0,1 bis 0,2 s mit Hilfe des Diagrammes Abb. 3 ermittelt. Hierbei wurde von der kurz vor dem Versuch tatsächlich gemessenen Nutzfallhöhe ausgegangen und diese, beim Abschlußvorgang z. B., um den Betrag der *Rohr*reibung nach dem Fortschritt des Abschlusses allmählich erhöht. Mit anderen Worten: Es wurden die Wassermengen bestimmt, die sich bei festgehaltenem Wasserschloßspiegel und sehr langsamer, ohne Druckstoß verlaufender Schließbewegung ergeben würden. Der Einfluß der Rohrreibung auf die Turbinenwassermenge ist hier allerdings gering, im Höchstfall betrug er 1,2%, befindet sich also innerhalb der Genauigkeitsgrenze der Wassermessung und konnte an sich vernachlässigt werden.

Die φ-Linien für das Schließen weichen von dem für Vorberechnungen mangels besserer Kenntnis gern vorausgesetzten linearen Gesetz doch erheblich ab und lassen größere Druckstöße erwarten, als sie sich bei linearem Schließen einstellen würden. Andererseits beeinflußt die abnehmende Schließgeschwindigkeit das Abklingen der Druckstöße günstig, wie auch später gezeigt wird.

Die φ-Linien für das Öffnen weichen, besonders für die größeren Wassermengen, wenig vom linearen Gesetz ab. Bei kleinen Eröffnungen macht sich die allmähliche Zunahme der Reguliergeschwindigkeit besonders geltend, welche für den Sogstoß nicht ungünstig ist.

Allgemein hat der Vergleich zwischen Schließ- und Öffnungskurven, die unter äußerlich gleichen Voraussetzungen aufgenommen wurden, gezeigt, daß die Kurven

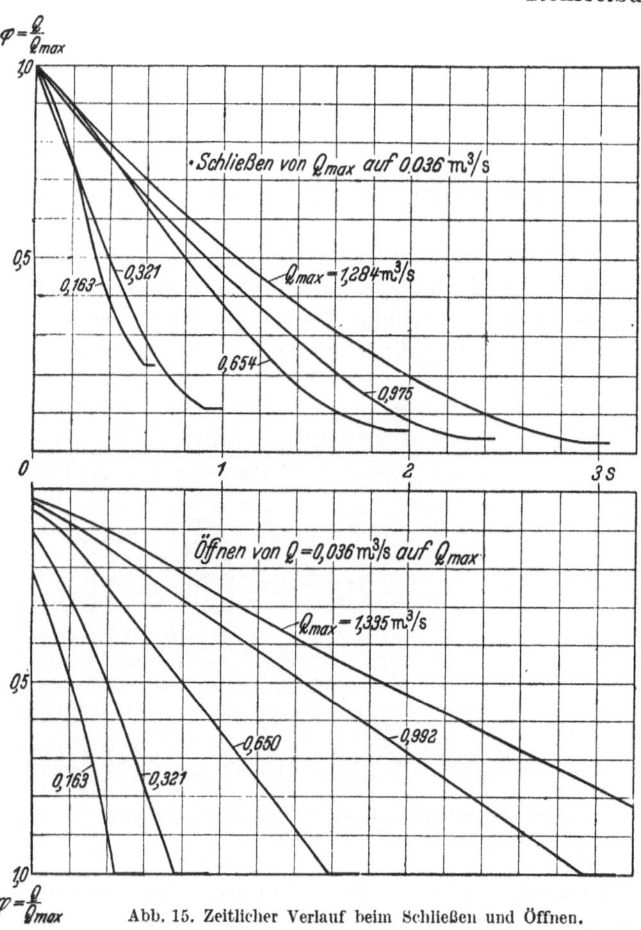

Abb. 15. Zeitlicher Verlauf beim Schließen und Öffnen.

durchaus nicht kongruent sind, sondern nach Verlauf und Gesamtzeit Verschiedenheiten aufweisen, die sich natürlich auch in der Druckschwankung auswirken. Es wurden Unterschiede der Schließzeit bis zu 15% und der Öffnungszeit bis zu 20% festgestellt. Sie beweisen, wie nötig es ist, das Öffnungsgesetz bei jeder Druckstoßmessung mit aufzuzeichnen, wenngleich die Feststellungen an der kleinen alten Maschine nicht verallgemeinert werden dürfen. Ein vorsichtiger Experimentator könnte hierzu noch beanstanden, daß nicht die Bewegung des Steuerstiftes auf dem Oszillogramm verzeichnet wurde. Dem steht entgegen, daß die Unterschiede vorwiegend im Endverlauf zu verzeichnen sind. Es müssen vielmehr Unterschiede des Öldrucks und der -temperatur (Zähigkeit) mitgespielt haben.

5. Theoretische Ermittlung der Druckstöße unter Zugrundelegung der gemessenen Schließ- und Öffnungsgesetze.

Mit den an anderer Stelle dieses Bandes festgelegten Bezeichnungen nehmen die Grundgleichungen der Druckstoßtheorie, wenn die Rohrleitungslänge x vom Wasserschloß aus gezählt wird, die Form

$$\frac{\partial Q}{\partial t} + g F \frac{\partial H}{\partial x} = 0 \; \text{(Gleichgewicht)},$$

$$\frac{\partial Q}{\partial x} + \frac{g F}{a^2} \frac{\partial H}{\partial t} = 0 \; \text{(Kontinuität)}$$

an. Hierin ist im vorliegenden Falle Rohrquerschnitt F, Rohrdurchmesser D und Rohrwandstärke s und damit auch die Wellenfortpflanzungsgeschwindigkeit a konstant. Damit kann die allgemeine Lösung der Druckstoßgleichungen in der Form auf- und absteigender Wellen gemäß

$$\left.\begin{aligned}
H &= \Phi\left(t + \frac{x}{a} - \frac{L}{a}\right) + \Psi\left(t - \frac{x}{a} - \frac{L}{a}\right), \\
Q &= Q(0) - \frac{gF}{a}\left[\Phi\left(t + \frac{x}{a} - \frac{L}{a}\right) - \Psi\left(t - \frac{x}{a} - \frac{L}{a}\right)\right]
\end{aligned}\right\} \tag{1}$$

angesetzt werden. Hierbei ist die Annahme gemacht, daß der Druckstoß zur Zeit $t = 0$ am Regelorgan ($x = L$) beginnt, wobei dann $Q(0)$ die zugehörige Wassermenge des stationären Betriebszustandes bezeichnet. Der Funktion Φ entspricht eine von der Turbine zum Wasserschloß aufsteigende, der Funktion Ψ eine vom Wasserschloß zur Turbine absteigende Welle.

Für den Rohrquerschnitt am Regelorgan ($x = L$) folgt aus (1)

$$\left.\begin{aligned}
H_1 &= \Phi(t) + \Psi\left(t - \frac{2L}{a}\right) && = \Phi(t) + \Psi(t - T_r), \\
Q_1 &= Q(0) - \frac{gF}{a}\left[\Phi(t) - \Psi\left(t - \frac{2L}{a}\right)\right] = Q(0) - \frac{gF}{a}\left[\Phi(t) - \Psi(t - T_r)\right].
\end{aligned}\right\} \tag{2}$$

Andererseits lauten die Regelbedingungen, für Düsenregulierung exakt und für Francisturbinen mittlerer Schnelläufigkeit mit guter Annäherung,

$$Q_1 = F_a \sqrt{2 g y_1} \sqrt{1 + \frac{H_1}{y_1}} = \sim F_a \sqrt{2 g y_1}\left(1 + \frac{H_1}{2 y_1}\right). \tag{3}$$

Mit dem Öffnungsverhältnis

$$\varphi(t) = \frac{F_a(t)}{F_{a\,\text{max}}}$$

und der Höchstdurchlaßmenge bei stationärem Betrieb

$$Q_\text{max} = F_{a\,\text{max}} \sqrt{2 g y_1}$$

läßt sich (3) auch in der Form

$$Q_1 = \varphi(t)\, Q_\text{max}\left(1 + \frac{H_1}{2 y_1}\right) \tag{3a}$$

schreiben. Durch Gleichsetzen von (2)² und (3a) unter Berücksichtigung von (2)¹ folgt

$$Q(0) - \frac{gF}{a}\left[\Phi(t) - \Psi(t - T_r)\right] = \varphi(t)\, Q_\text{max}\left[1 + \frac{\Phi(t)}{2 y_1} + \frac{\Psi(t - T_r)}{2 y_1}\right]$$

oder aufgelöst nach $\Phi(t)$

$$\Phi(t) = \frac{Q(0) - \varphi(t)\,Q_{\max}}{\dfrac{gF}{a} + \varphi(t)\dfrac{Q_{\max}}{2\,y_1}} + \frac{\dfrac{gF}{a} - \varphi(t)\dfrac{Q_{\max}}{2\,y_1}}{\dfrac{gF}{a} + \varphi(t)\dfrac{Q_{\max}}{2\,y_1}}\,\Psi(t - T_r). \tag{4}$$

Wird die Wassermenge $Q(0)$ des stationären Ausgangszustandes gemäß

$$Q(0) = \varphi(0)\,Q_{\max} = \varphi(0)\,F\,c_{\max}$$

durch das Ausgangsöffnungsverhältnis $\varphi(0)$ ausgedrückt, und gemäß

$$\varepsilon = \frac{a\,c_{\max}}{2\,g\,y_1}$$

die sogenannte Rohrleitungskennzahl eingeführt, so läßt sich (4) auch in die Form

$$\Phi(t) = 2\,\varepsilon\,y_1\,\frac{\varphi(0) - \varphi(t)}{1 + \varepsilon\,\varphi(t)} + \frac{1 - \varepsilon\,\varphi(t)}{1 + \varepsilon\,\varphi(t)}\,\Psi(t - T_r) \tag{4a}$$

überführen. Die Einsetzung von (4a) in die erste der Gln. (2) liefert

$$H_1(t) = \frac{2\varepsilon y_1\,[\varphi(0) - \varphi(t)] + 2\,\Psi(t - T_r)}{1 + \varepsilon\,\varphi(t)}. \tag{5}$$

Nun folgt aber aus der Totalreflexion der Wellen am Wasserschloß

$$\Psi(t) = -\,\Phi(t) \tag{6}$$

und in Anwendung auf (4a) und (5a)

$$\Phi(t) = 2\,\varepsilon\,y_1\,\frac{\varphi(0) - \varphi(t)}{1 + \varepsilon\,\varphi(t)} - \frac{1 - \varepsilon\,\varphi(t)}{1 + \varepsilon\,\varphi(t)}\,\Phi(t - T_r) \qquad (t \geq T_r), \tag{7}$$

$$H_1(t) = \frac{2\,\varepsilon\,y_1\,[\varphi(0) - \varphi(t)] - 2\,\Phi(t - T_r)}{1 + \varepsilon\,\varphi(t)} \qquad (t \geq T_r). \tag{8}$$

Für $0 \leq t \leq T_r$ ist $\Psi(t) = 0$ und man erhält

$$\Phi(t) = 2\,\varepsilon\,y_1\,\frac{\varphi(0) - \varphi(t)}{1 + \varepsilon\,\varphi(t)} = H_1(t) \qquad (0 \leq t \leq T_r). \tag{9}$$

Dieser Lösungsweg, der für die Nachrechnung der Versuche verwendet wurde, entstammt der Dissertation von E. Braun[1]. Die Herleitung der selbstverständlich inhaltsgleichen Endformeln ist hier lediglich den Verschiedenheiten der neuen Bezeichnungsweisen angepaßt. Das numerische Verfahren wurde im Interesse schärferer Ergebnisse, zumal es sich um Vergleich mit Meßergebnissen handelte, vorgezogen. Im folgenden werde an einem ausführlichen Beispiel die Anwendung des Verfahrens gezeigt.

Allgemein ist für die vorliegende Rohrleitung die Wellenschnelligkeit

$$a = \sqrt{\frac{g\,E_w}{\gamma\left(1 + \dfrac{E_w}{E_r}\dfrac{D}{s}\right)}} = \sqrt{\frac{9{,}81 \cdot 20700 \cdot 10^4}{10^3\left(1 + \dfrac{20700}{2300000} \cdot \dfrac{0{,}8}{0{,}06}\right)}} = 1085 \ \text{m/s}.$$

Hierin wurde zur Berücksichtigung der behinderten Querkontraktion durch die Flanschverbindungen und Auflagerstellen nach Hruschka $E_r' = 2{,}3 \cdot 10^6$ gesetzt.

Die Gesamtlänge der Rohrleitung bis Mitte Turbine ist nach Abb. 1 $L = 130{,}5$ m; somit die Reflexionszeit

$$T_r = \frac{2\,L}{a} = \frac{2 \cdot 130{,}5}{1085} = 0{,}241 \ \text{s}.$$

In der Tat stellte sich bei einigen Dehnungs-Oszillogrammen mit ausgeprägten Spitzen in guter Übereinstimmung eine Reflexionszeit von genau 0,244 s heraus (s. u.). Die Rechnung wurde mit dem abgerundeten Wert $T_r = 0{,}24$ s durchgeführt.

---

[1] Braun, E.: Druckschwankungen in Rohrleitungen. Stuttgart: K. Wittwer, 1909.

Bei dem nun behandelten Versuch Nr. 20 wurde der Regler auf den Hub $e = 70$ mm eingestellt, die beiden Manometer am Turbineneinlauf abgelesen und kurz darauf wie oben beschrieben auf $e = 0$ abgeschlossen:

$$\text{Manometeranzeige I: } 65,8 \text{ m}; \quad \text{Korrektur } -0,5 \text{ m}; \quad \frac{p}{\gamma} = 65,3 \text{ m},$$

$$\text{Manometeranzeige II: } 65,0 \text{ m}; \quad \text{Korrektur } +0,3 \text{ m}; \quad \frac{p}{\gamma} = 65,3 \text{ m}.$$

Stationäre Druckhöhe vor der Turbine $\dfrac{p}{\gamma}$ . . . . 65,3 m

Geschwindigkeitshöhe $\dfrac{c^2}{2\,g} = \dfrac{Q^2}{F^2\,2\,g} = \dfrac{0,65^2}{0,5^2 \cdot 19,62} = 0,085$ . . . . . 0,1 m

Höhe des Manometers über Turbinenmitte . . . . 1,0 m

Saughöhe der Turbine, bezogen auf Turbinenmitte H_s . . . . 3,7 m

Nutzfallhöhe der Turbine H_n . . . . 70,1 m

Dieses H_n wurde, da die Reibung bedeutungslos ist, an Stelle von y_1 verwendet, um für den stationären Betrieb gemäß

$$Q = F_a \sqrt{2\,g\,H_n}$$

die Wassermenge darzustellen. Streng genommen müßten bei jeder Francisturbine Druck- und Saugleitung als zwei gekoppelte Schwingungsgebilde mit verschiedener Reflexionszeit behandelt werden, wobei Leitapparat und Laufrad der Turbine den Kopplungsmechanismus darstellen, dessen Zustand einerseits den Verlauf der Wassermenge, andererseits die Art der beiderseitigen Reflexion an dieser Stelle bestimmen; für Wasserschloß *und* Unterwasserspiegel müßte bei genügend großer Ausbreitung, wenigstens solange der Versuch nichts Gegenteiliges ergibt, die totale Reflexion als Randbedingung gelten.

Nach dem Diagramm Abb. 3 entspricht dem Reglerhub $e = 70$ mm

bei $H_n = 69,1$ m eine Wassermenge $Q = 0,650$ m³/s,

folglich

bei $H'_n = 70,1$ m eine solche von $\quad Q' = \sqrt{\dfrac{70,1}{69,1}} \cdot 0,650 = 0,654$ m³/s,

Auf diese Wassermenge als $Q_{\max}$ bezogen liefert das oszillographische Bild der Potentiometerschaltung $e\,(t)$ den Verlauf $\dfrac{Q\,(t)}{Q_{\max}} = \varphi\,(t)$. Bei dem hier herausgegriffenen Versuch ist (Abb. 20b) die Schließzeit $t_3 = 1,92$ s, und damit zufällig gerade das 8fache der Reflexionszeit. Aus diesen Grundwerten errechnet sich

$$c_{\max} = \frac{Q_{\max}}{F} = \frac{0,654}{0,5} = 1,308 \text{ m/s},$$

$$\varepsilon = \frac{1085 \cdot 1,308}{19,62 \cdot 70,1} = 1,034,$$

$$2\,\varepsilon\,y_1 = \frac{1085 \cdot 1,308}{9,81} = 144,6.$$

Die folgende Tabelle enthält das Rechnungsergebnis für Zeitintervalle von der Größe der Laufzeit $T_l = \dfrac{T_r}{2}$, ausgehend vom Beginn des Abschlußvorganges, und zwar für die Stelle unmittelbar vor der Turbine. Durch diese Wahl der Zeitintervalle ergeben sich die Funktionswerte $\Phi\,(t - T_r)$ unmittelbar, d. h. ohne Interpolation. Mit fortschreitender Rechnung wird das Genauigkeitsbedürfnis immer größer, weil der Druckstoß H_1 als Differenz anwachsender Funktionswerte Φ selbst immer kleiner wird; die hier vorliegende kleine Reflexionszeit bildete dabei eine gewisse Erschwernis.

t	φ	$\varphi_0 - \varphi$	$1 + \varepsilon\varphi$	$2\,\varepsilon\,y_1\,(\varphi_0-\varphi) - 2\,\Phi\,(t-T_r)$			$\Phi\,(t-T_r)$	$\Phi\,(t)$	H_1
0	1	0	2,034	0,			0	0	0
0,12	0,939	0,061	1,971	8,82			0	4,475	4,475
0,24	0,867	0,133	1,897	19,23			0	10,14	10,14
0,36	0,785	0,215	1,812	31,10 —	8,96 =	22,14	4,48	16,71	12,23
0,48	0,705	0,295	1,729	42,65 —	20,28 =	22,37	10,14	23,08	12,94
0,60	0,626	0,374	1,648	54,06 —	33,42 =	20,64	16,71	29,34	12,53
0,72	0,550	0,450	1,568	65,08 —	46,16 =	18,92	23,08	35,14	12,06
0,84	0,476	0,524	1,492	75,75 —	58,48 =	17,27	29,24	40,81	11,57
0,96	0,402	1,416	0,598	86,43 —	70,28 =	16,15	35,14	46,54	11,40
1,08	0,331	1,342	0,669	96,72 —	81,62 =	15,10	40,81	52,07	11,26
1,20	0,266	1,275	0,734	106,20 —	93,08 =	13,12	46,54	56,83	10,29
1,32	0,207	1,214	0,793	114,70 —	104,14 =	10,56	52,07	60,77	8,70
1,44	0,157	1,162	0,843	121,90 —	113,66 =	8,24	56,83	63,93	7,10
1,56	0,117	1,121	0,883	127,70 —	121,54 =	6,16	60,77	66,26	5,49
1,68	0,088	1,091	0,912	131,80 —	127,86 =	3,94	63,93	67,54	3,61
1,80	0,068	0,932	1,070	134,75 —	132,52 =	2,23	66,26	68,34	2,08
1,92	0,055	0,945	1,057	136,65 —	135,08 —	1,57	67,54	69,02	1,48
2,04	0,055	0,945	1,057	136,65 —	136,68 =	—0,03	68,34	68,31	—0,03
2,16	0,055	0,945	1,057	136,65 —	138,04 =	—1,39	69,02	67,70	—1,32
2,28	0,055	0,945	1,057	136,65 —	136,62 —	+0,03	68,31	68,34	+0,03
2,40	0,055	0,945	1,057	136,65 —	135,40 =	+1,25	67,70	68,92	1,22
2,52	0,055	0,945	1,057	136,65 —	136,68 =	—0,03	68,34	68,31	—0,03
2,64	0,055	0,945	1,057	136,65 —	137,84 =	—1,19	68,92	67,76	—1,16
2,76	0,055	0,945	1,057	136,65 —	136,62 =	+0,03	68,31	68,34	+0,03
2,88	0,055	0,945	1,057	136,65 —	135,52 =	+1,13	67,76	68,83	+1,07
3,00	0,055	0,945	1,057	136,65 —	136,68 =	—0,03	68,34	68,31	—0,03

Die Durchführung war mit dem 50-cm-Rechenschieber gerade noch möglich. Zwischen den Phasenendpunkten ($t = 0$, T_r, $2\,T_r$, $3\,T'_r$ usw.) verläuft die Druckschwankung stetig, aber bei den vom linearen Gesetz abweichenden Schließ- und Öffnungsvorgängen nicht immer monoton wachsend bzw. fallend. Deshalb mußten an einzelnen Stellen auch noch Zwischenpunkte berechnet werden. Solche Zwischenpunkte waren auch zur Bestimmung des Druckverlaufs an anderen Stellen der Rohrleitung erforderlich.

Für beliebige Punkte der Rohrleitung liefert (1) in Verbindung mit (6)

$$H = \Phi\left(t - \frac{L-x}{a}\right) - \Phi\left(t - \frac{L+x}{a}\right).$$

Das zweite Glied der rechten Seite lautet umgeformt

$$\Phi\left(t - \frac{L-x}{a} - \frac{2x}{a}\right),$$

womit für Zwischenpunkte die zweckmäßigste Intervallfolge der Rechnung gefunden ist. Diese leuchtet auch physikalisch ohne weiteres ein, denn $\frac{2x}{a} = T'_r$ ist nichts anderes als die Reflexionszeit für den Punkt x der Rohrleitung. Man erkennt daraus, wie die Anzahl der Wellenüberlagerungen gegen das Wasserschloß hin immer mehr zunimmt, so daß man sich am Rohreinlauf das Zustandekommen unveränderlichen Druckes als das Ergebnis unendlich vieler Reflexionen vorzustellen hat. Rechnungsmäßig treten, wenigstens bei der hier angewendeten Genauigkeit, die Unstetigkeiten des Druckverlaufs durch diese Reflexionen gegenüber den durch die Gesamtreflexionszeit $\frac{2L}{a}$ bestimmten stark zurück und kommen deshalb in den nachfolgenden Auftragungen nicht mehr zur Geltung.

Als Zwischenpunkte der Rohrleitung wurden nach Maßgabe der Meßstellen und im Hinblick auf gerundete Zeitgrößen folgende drei gewählt:

Rohrschuß	1	7	13
Abszisse x	$= 119,5$	$70,6$	$21,7$ m
Phasenverschiebung $\dfrac{L-x}{a} =$	$0,010$	$0,055$	$0,100$ s
Bezogene Abszisse $\dfrac{x}{L} =$	$0,916$	$0,541$	$0,166$ m
Reflexionszeit $T'_r = \dfrac{2x}{a} =$	$0,22$	$0,13$	$0,04$ s

Die Berechnung erfolgte nun für die Zeiten $t + \dfrac{L-x}{a}$, wieder in Abständen $\dfrac{T'_r}{2}$, also

für $\dfrac{x}{L} = 0,916$ zu den Zeiten $t = 0,01 \qquad 0,13 \qquad 0,25 \qquad 0,37$ s

für $\dfrac{x}{L} = 0,541$ zu den Zeiten $t = 0,055 \qquad 0,175 \qquad 0,295 \qquad 0,415$ s

für $\dfrac{x}{L} = 0,166$ zu den Zeiten $t = 0,10 \qquad 0,22 \qquad 0,34 \qquad 0,46$ s

weil für diese Zeiten der Funktionswert $\varPhi\left(t - \dfrac{L-x}{a}\right)$ der obigen Tabelle unmittelbar entnommen werden konnte, so daß nur noch die zugehörigen $\varPhi\left(t - \dfrac{L-x}{a} - \dfrac{2x}{a}\right)$ als Werte $\varPhi$ für die um T'_r zurückliegenden Zeiten zu bestimmen waren. Dazu war die Ausrechnung der Zwischenwerte für $t = 0,02$, $0,08$, $0,11$, $0,14$, $0,20$, $0,23$ s usw. erforderlich. Die Wiedergabe dieser Berechnung, welche in gleicher Weise wie oben erfolgte, kann hier unterbleiben. Der Versuch, die Zwischenwerte der Funktion $\varPhi$ durch Interpolation zu finden, erwies sich für die vorliegenden Verhältnisse als zu ungenau, weil $\varPhi$ für $0 < t < t_s$ zwar stetig, aber teilweise stark gekrümmt und in einzelnen Fällen mit Wendepunkten verlief.

Hinzugefügt sei noch, daß die oben angegebenen Gleichungen und das Berechnungsverfahren auf Schließ- und Öffnungsvorgänge in gleicher Weise angewendet werden können, nur muß das Vorzeichen von $(\varphi_0 - \varphi)$ beachtet werden. Ob die Schließ- oder Öffnungszeit ein ganzzahliges Vielfaches der Reflexionszeit ist oder nicht, ist für die Durchführung der Rechnung unerheblich; die Druckschwankung besitzt in der Regel im Endpunkt der Schließ- bzw. Öffnungsbewegung eine Unstetigkeit, die sich je nach dem Charakter der vorausgegangenen Bewegung in den verbleibenden Schwankungen wieder in Abständen der Reflexionszeit mehr oder minder ausprägt. Von den insgesamt 55 Versuchen wurden 5 Schließ- und 5 Öffnungsfälle in der beschriebenen Weise ausgewertet. Die rechnerischen Ergebnisse wurden im Maßstab der Meßergebnisse aufgetragen, um sie mit diesen später vergleichen zu können.

6. Die Ergebnisse der verschiedenen Meßverfahren.

Die Diagramme des MAIHAK-Indikators (Abb. 16) wurden gemäß dem den Apparat beigegebenen Maßstäbchen (1 at = 8,0 mm) mit einer Druckskala und, wie schon erwähnt, auf Grund der Oszillogramme nachträglich noch mit einer Zeitskala versehen. Zum Zweck der Umzeichnung auf den Vergleichsmaßstab (Abb. 22) mußten die Diagramme zunächst mit dem Epidiaskop vergrößert werden. Die so entstehenden Diagramme sind sofort lesbar, wenn sie noch durch eine Zeitgabe für Beginn und Ende der Schließ- oder Öffnungsbewegung ergänzt werden.

Die Diagramme des Druckschreibers nach VOITH-BRECHT (Abb. 17) sind zufolge der Tintenschreibung noch leichter zu lesen, auch sie wurden nach vorheriger Vergrößerung auf den Vergleichsmaßstab umgezeichnet. Bei größeren Belastungen (z. B. Versuch 35, $Q = 1,3$ m³/s) zeigt der Ruhedruck *vor* der Abschaltung eine unregelmäßige Oberschwingung, die in ähnlicher Form und unter denselben Voraussetzungen auch auf den Druckoszillogrammen sich zeigte, dort stellenweise in Übereinstimmung mit der Umlauffrequenz der Turbine. Die vom VOITH-BRECHT-Schreiber verzeichnete Oberschwingung ist jedenfalls kein Erzeugnis des Apparates selbst, sondern rührt von der Rohrleitung her; ein Beweis für die

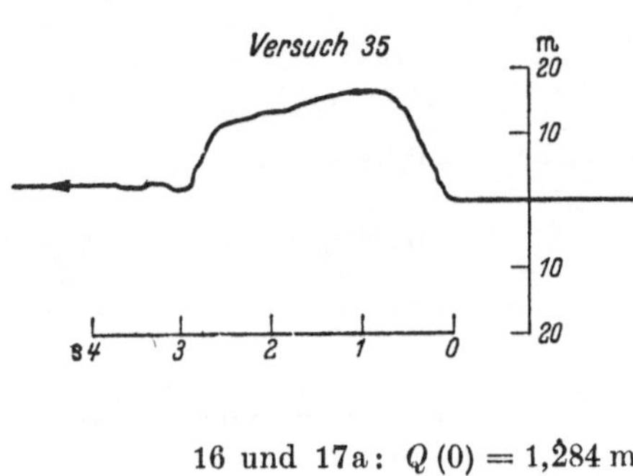

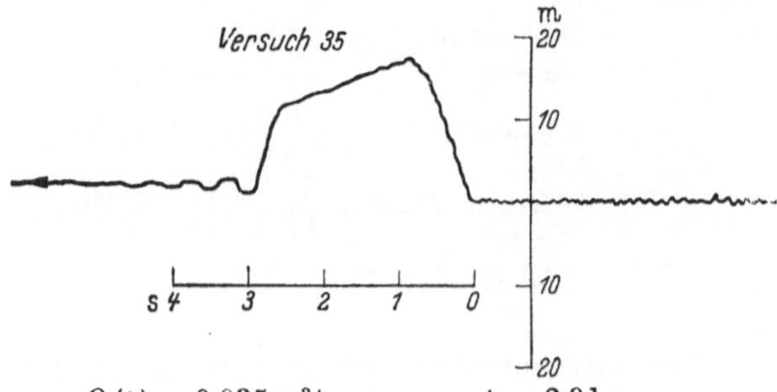

16 und 17a: $Q(0) = 1{,}284\ \mathrm{m^3/s}$ $Q(t_s) = 0{,}035\ \mathrm{m^3/s}$ $t_s = 2{,}91\ \mathrm{s}$

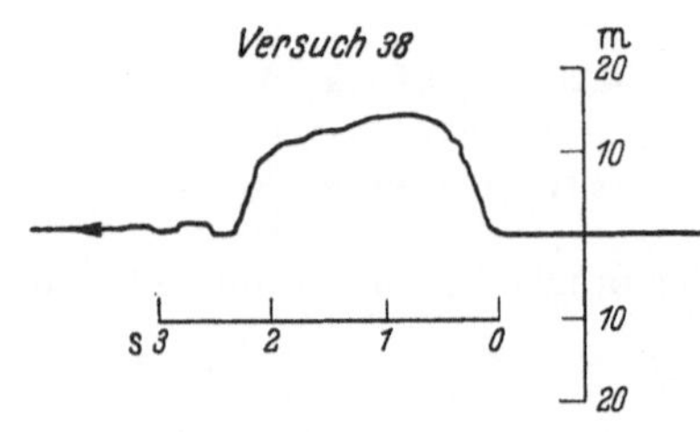

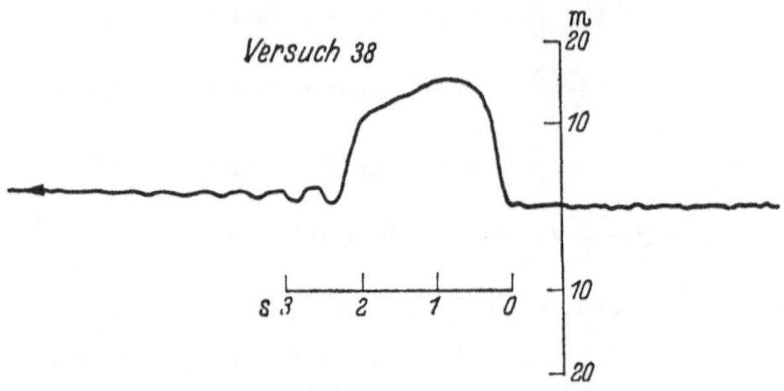

16 und 17b: $Q(0) = 0{,}975\ \mathrm{m^3/s}$ $Q(t_s) = 0{,}036\ \mathrm{m^3/s}$ $t_s = 2{,}32\ \mathrm{s}$

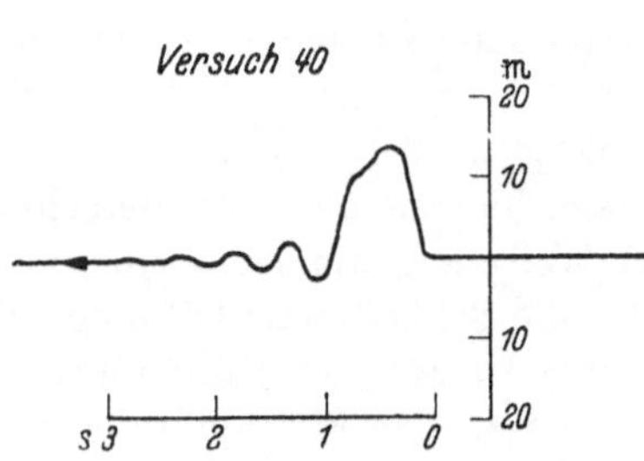

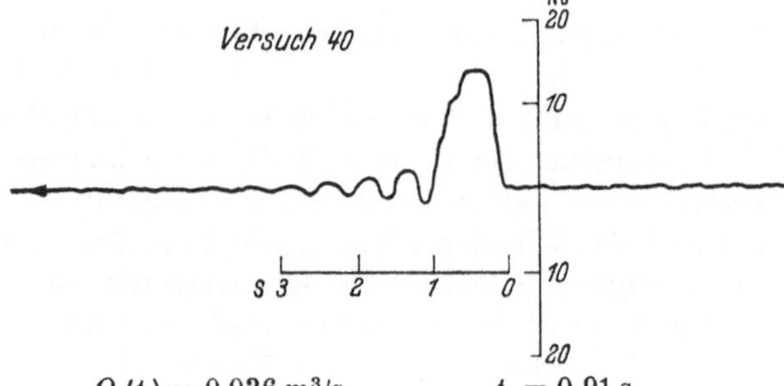

16 und 17c: $Q(0) = 0{,}321\ \mathrm{m^3/s}$ $Q(t_s) = 0{,}036\ \mathrm{m^3/s}$ $t_s = 0{,}91\ \mathrm{s}$

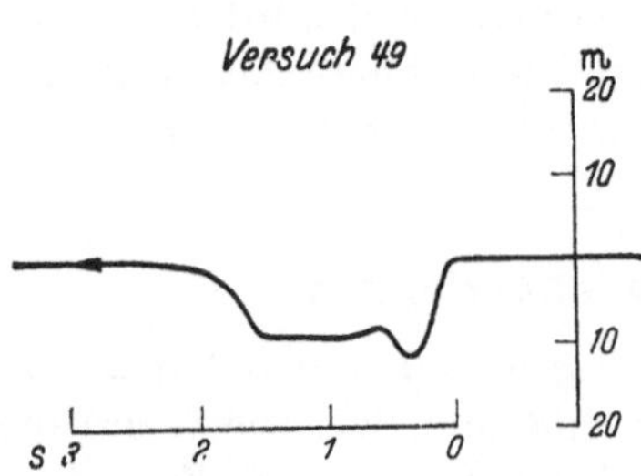

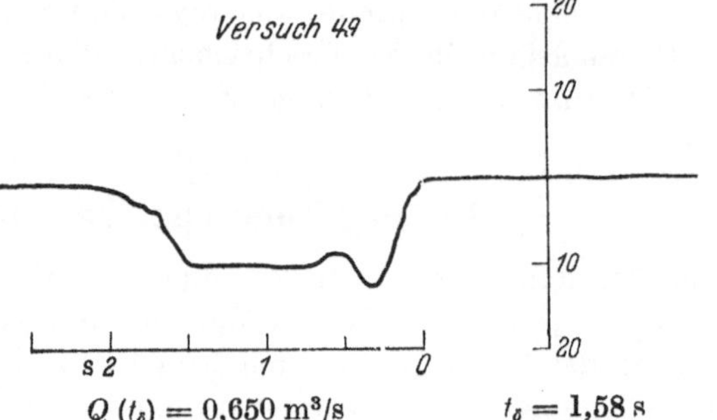

16 und 17d: $Q(0) = 0{,}036\ \mathrm{m^3/s}$ $Q(t_\delta) = 0{,}650\ \mathrm{m^3/s}$ $t_\delta = 1{,}58\ \mathrm{s}$

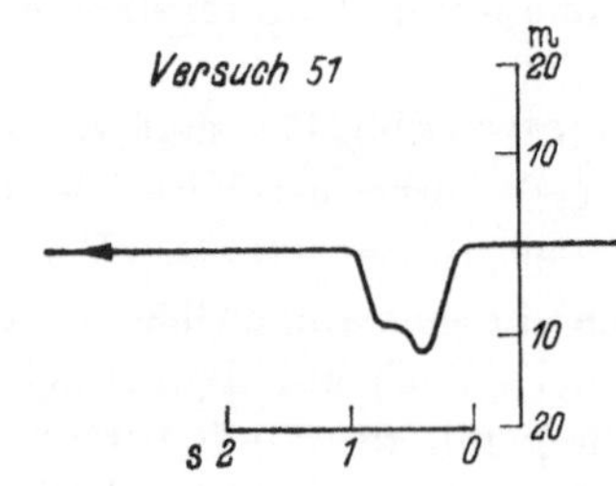

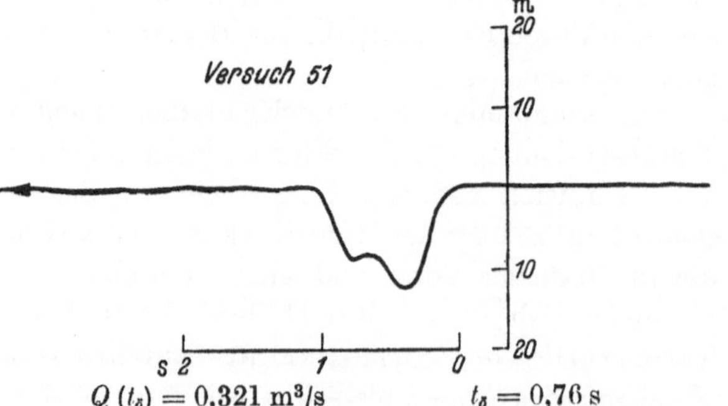

16 und 17e: $Q(0) = 0{,}036\ \mathrm{m^3/s}$ $Q(t_\delta) = 0{,}321\ \mathrm{m^3/s}$ $t_\delta = 0{,}76\ \mathrm{s}$

Abb. 16a—e. Originaldiagramme des MAIHAK-Indikators (¾ der nat. Größe).

Abb. 17a—e. Originaldiagramme des Druckschreibers von VOITH-BRECHT (¾ der nat. Größe).

Empfindlichkeit, mit welcher der Druckschreiber auf kleinste Druckschwankungen reagiert. Daß die Oberschwingung während der Regulierbewegung und vollends beim Abschluß gedämpft wird, trägt zur Klarheit der Diagramme bei und deutet ebenfalls auf ihren Zusammenhang mit der Umlauffrequenz des Turbinenläufers (12,5 Hz) hin.

Auf den Oszillogrammen der Druckdosenmessung nach LEHR-WILLMS (Abb. 18) ist die Steigerung der gewählten Geberempfindlichkeit in der Reihenfolge der Messungen an Rohr-

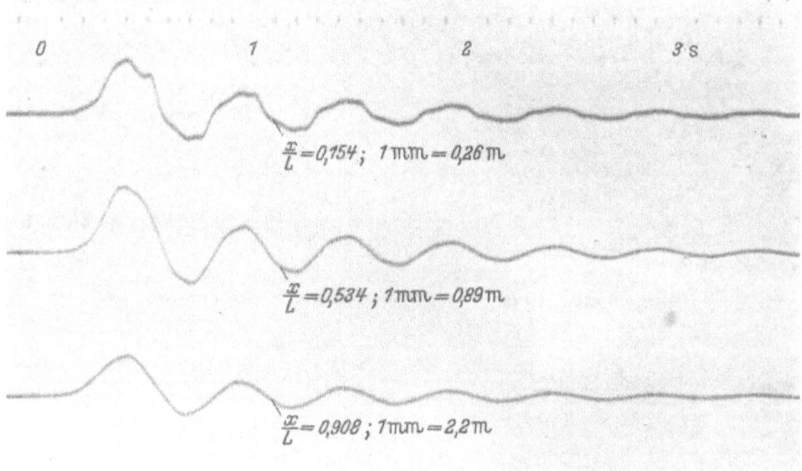

Abb. 18a: Versuch 16.
$Q\,(0) = 0,163$ m³/s $\;Q\,(t_s) = 0,036$ m³/s $\;t_s = 0,59$ s $\;H_n = 70,6$ m

Abb. 18a—e. Originaloszillogramme der Druckdosenmessung nach LEHR-WILLMS (nat. Größe).

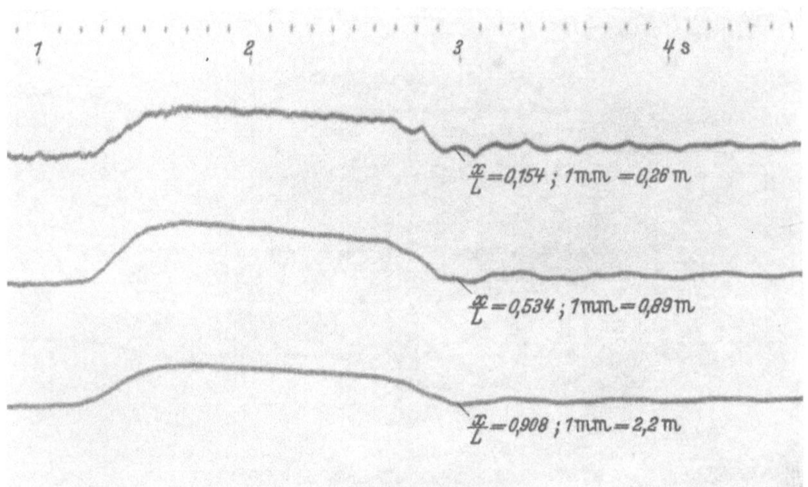

Abb. 18b: Versuch 20.
$Q\,(0) = 0,654$ m³/s $\;Q\,(t_s) = 0,036$ m³/s $\;t_s = 1,92$ s $\;H_n = 70,0$ m

schuß 1, 7 und 13 besonders an den vorhin erwähnten Oberschwingungen erkenntlich. Einem Millimeter Lichtweg entsprechen beispielsweise 2,2, 0,89 und 0,26 m Druckänderung. Man sieht auch ungefähr, daß jene innerhalb der Reflexionszeit sich abspielenden kleinen Druckschwankungen in Übereinstimmung mit der Theorie das ganze Rohr ohne Amplitudenverringerung durchlaufen. Der große Vorzug der oszillographischen Aufnahme erweist sich neben einer von jeglichen Reibungseinflüssen freien Druckaufzeichnung an der beliebigen

7*

Genauigkeit der Zeitmessung, unabhängig von der Papiergeschwindigkeit. Der verwendete S.- u. H.-Reiseoszillograph ließ mit seinen 3 Meßschleifen nur die Aufschreibung von 3 Druckmessungen und der Zeit zu. Der Reglerhub wurde daher auf die gleichzeitigen Dehnungs-Oszillogramme übertragen.

Die Einbeziehung der Rohrdehnungen in Ring- und Längsrichtungen in das Versuchsprogramm erfolgte auf Grund der Tatsache, daß bei Rohrleitungen mit genügender Näherung

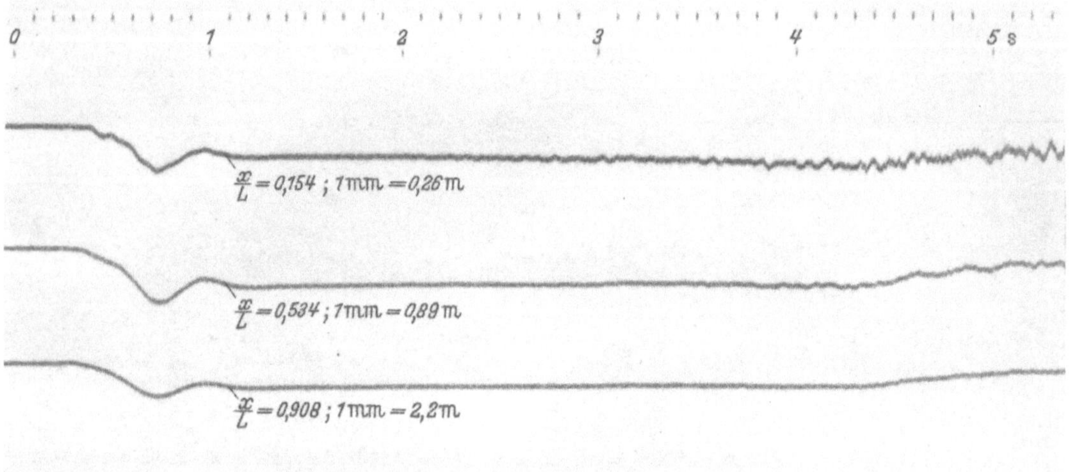

Abb. 18c: Versuch 23.
$Q\,(0) = 0{,}036\ \mathrm{m^3/s}\quad Q\,(t_\delta) = 1{.}335\ \mathrm{m^3/s}\quad t_\delta = 4{,}00\ \mathrm{s}\quad H_n = 71{,}4\ \mathrm{m}$

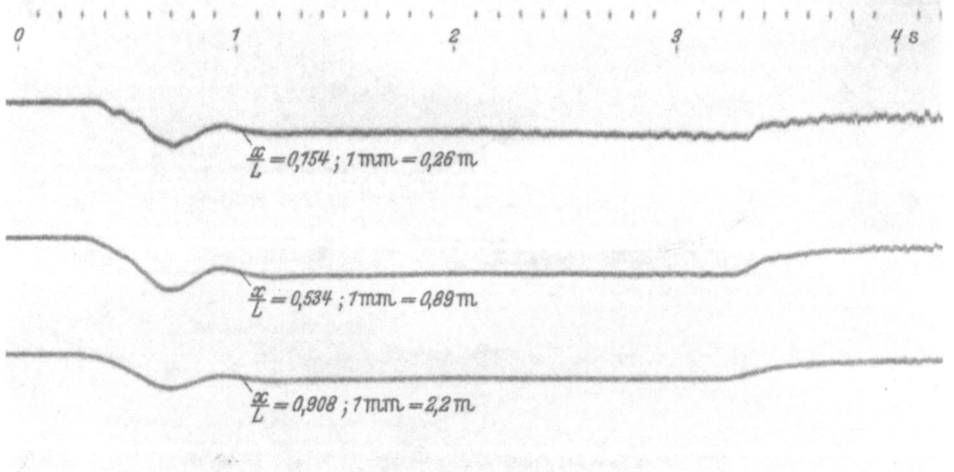

Abb. 18d: Versuch 24.
$Q\,(0) = 0{,}036\ \mathrm{m^3/s}\quad Q\,(t_\delta) = 0{,}992\ \mathrm{m^3/s}\quad t_\delta = 2{,}94\ \mathrm{s}\quad H_n = 70{,}9\ \mathrm{m}.$

die Gesetze des einachsigen Spannungszustandes gelten, nach welchen *jeder* Punkt einer auf Betonsockeln gelagerten und durch die obere Expansion im wesentlichen längsnachgiebigen Leitung die Ring- bzw. Längsdehnungen

$$\varepsilon_r = \frac{p\,D}{2\,s\,E_r},$$

$$\varepsilon_l = \frac{\mu\,p\,D}{2\,s\,E_r}$$

erfährt. Unter dieser Voraussetzung hätte die Möglichkeit bestanden, aus den Dehnungen die Druckänderungen zu bestimmen, so daß man in künftigen Fällen das lästige Anbohren der Leitungen zur Druckentnahme hätte entbehren können. Die ersten Messungen brachten aber schon das überraschende Ergebnis, daß hier die örtlich gemessenen Ringdehnungen an sich keinen sinngemäß eindeutigen Zusammenhang mit der Beanspruchung des ganzen Rohres liefern. Meßstellen im unteren Teil der Rohrleitung zeigten z. B. kleinere Dehnungen als im oberen Teil, die gemessenen Dehnungen lagen teilweise über, teilweise weit unter dem erwarteten rechnerischen Wert für das betreffende Rohrstück. Diese Ergebnisse, die übrigens durch die parallellaufenden statischen Dehnungsmessungen bestätigt wurden, deuten darauf hin, daß das überdimensionierte Rohr bei der niedrigen Ringspannung von durchschnittlich $\sigma_R = 270 \ \mathrm{kg/cm^2}$ für den unteren Teil noch nicht den Gleichgewichtszustand erreicht hat, der dem Vorhandensein gleicher Ringspannung über den ganzen Umfang entspricht.

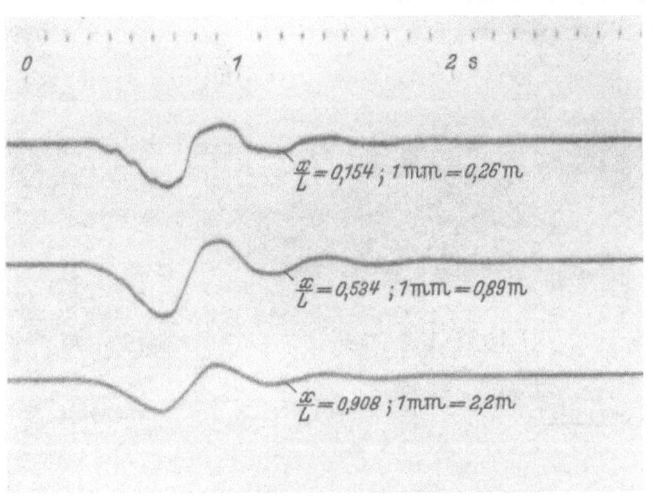

Abb. 18e: Versuch 25.
$Q\,(0) = 0{,}036\ \mathrm{m^3/s}$ $Q\,(t_\delta) = 0{,}163\ \mathrm{m^0/s}$ $t_\delta = 0{,}44\ \mathrm{s}$ $H_n = 71{,}2\ \mathrm{m}$

Eine Meßgeberanordnung, welche auf Grund dieser Erfahrung die Dehnung des gesamten Rohrumfanges erfaßt, wurde inzwischen entwickelt und wird an anderer Stelle erprobt werden. Bei den vorliegenden Messungen half man sich dadurch, daß durch Eichung mit dem stufenweise entleerten und wiedergefüllten Rohrstrang der Zusammenhang zwischen dem Druck und jenen örtlich gemessenen *Ring*dehnungen ermittelt wurde. Das Rohr wurde damit gewissermaßen selbst zur Manometerfeder. Auf die Meßergebnisse in der *Längs*richtung, die trotz der Meßlänge von 500 mm kein eindeutiges Bild geliefert haben, soll hier nicht näher eingegangen werden.

Die mit einem Universal-8-Schleifen-Oszillographen von S. u. H. aufgenommenen Oszillogramme (Abb. 19) enthalten den Verlauf der Ringdehnung an 7 Meßstellen und den des Reglerhubes, ferner die Zeitmarkengabe mit 0,02 s kleinster Unterteilung. Allgemein ist wieder die absichtlich gewählte Empfindlichkeitssteigerung von unten nach oben ersichtlich, die hier noch schnellere Oberschwingungen herauslöst, als vorhin bei der Druckdosenmessung bemerkt wurden. Ihre Auszählung ergibt in den weniger verwickelten Fällen von Versuch 40, 49 und 51 die Frequenz 50 Hz; es handelt sich also um die wohlbekannte Wechselstromfrequenz, die entweder durch den als Gleichstromquelle dienenden rotierenden Umformer oder wahrscheinlicher, noch durch eine kleine Unsymmetrie des mit 3000 U/min umlaufenden Trägerfrequenzgenerators $\left(\frac{3000}{60} = 50!\right)$ hereingetragen wird. Dagegen scheinen die resonanzähnlichen Schwingungsbäuche bei Versuch 35 und 38 wieder von Druckschwankungen vom Turbinenlaufrad herzurühren, denn sie verschwinden mit zunehmendem Abschluß. Die Oszillogramme a, b und c bringen noch einen interessanten Vergleich zwischen Dehnungs- und Druckdosenmessung. Einerseits zeigt sich für die untere Meßstelle die vollkommene Übereinstimmung des Verlaufs nach den beiden Meßverfahren ohne Rücksicht auf den Maßstab. Andererseits beweist das Oszillogramm deutlich die Überlegenheit der Druckdosenmessung, insbesondere für die oberen Meßstellen. Während die Druckdose mit ihrer auf die kleinen Drücke im oberen Bereich abgestimmten Blattfeder den spitz verlaufenden Druckänderungen genau folgt, ant-

wortet das dicke Rohr als höchst unvollkommene „Manometerfeder" mit ganz geringen un-
deutlichen Ringdehnungen und hätte auch bei erreichbar höherer Empfindlichkeit der Geber
keine zuverlässigere Messung ergeben. Die Druckmessungen der Versuche 38 und 40 enthalten
mit dem spitzen Verlauf der Messung an Rohr 13 außerdem eine gute Bestätigung der er-
rechneten Reflexionszeit: In den Oszillogrammen 38 und 40 beträgt der Abstand der ausgeprägten Spitzen 0,244 s.

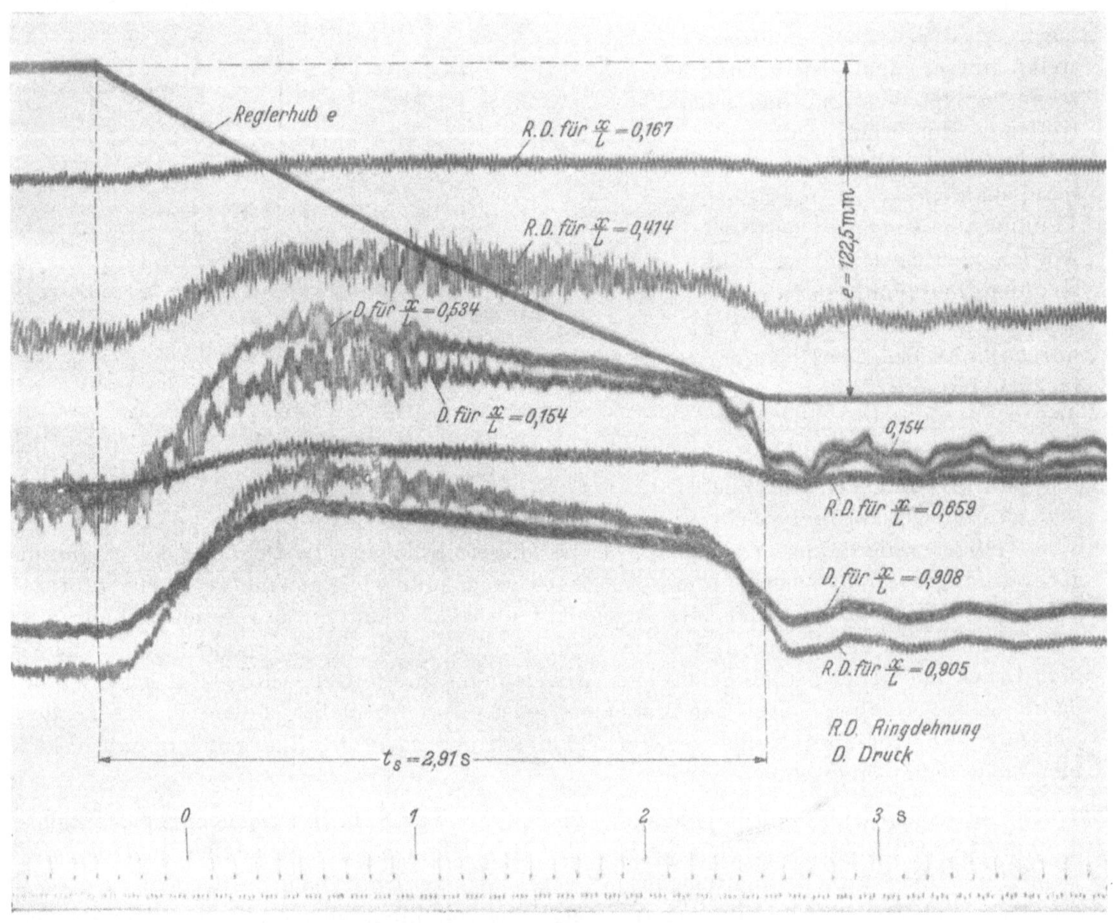

Abb. 19a: Versuch 35.
$Q(0)=1{,}284$ m³/s $Q(t_s)=0{,}035$ m³/s $H_n=64{,}5$ m

Abb. 19a—e. Originaloszillogramme (nat. Größe) des Dehnungsmessers nach Lehr-Askania (Ringdehnung R. D.), vereinzelt mit-
aufgenommene Drucklinien nach LEHR-WILLMS (Druck D.).

7. Vergleich der Meßergebnisse mit den Ergebnissen der Rechnung.

Die nachfolgenden Ausführungen stützen sich auf die Abb. 20 bis 25. Die oszillographisch aufgenommenen Druck- und Dehnungskurven zeigten (z. B. Versuch 38, 40), daß
Dehnung und Druck sich vollkommen gleichzeitig ändern. Von den erwähnten Unvollkommenheiten abgesehen, könnte demnach die Dehnung *zeitlich* ohne Bedenken als Maß
für den Druck dienen. Dagegen fällt auf, daß Druck- und Dehnungsänderung dem Schließ-
und Öffnungsvorgang nacheilen. Das zeigt sich durchweg beim Beginn der Öffnungsänderung,
wo der gemessene Druck (Sog) einerseits im Mittel um etwa 0,1 s verspätet, andererseits para-
bolisch anwächst, während die Rechnung einen fast geradlinigen Anstieg ergibt, der nur um

die Teillaufzeit $\dfrac{L-x}{a}$ des betreffenden Punktes verspätet einsetzt. Eine Erklärung für die gemessene Nacheilung durch das Geberprinzip scheidet aus, denn die Nacheilung zwischen Meßstrom- und Spaltänderung kann nur von der Größenordnung einer elektrischen Halbperiode sein, d. h. bei 10000 Hz Trägerfrequenz 0,00005 s, also hier bedeutungslos. Wahrscheinlich beruht die Nacheilung auf einer Verspätung zwischen der Bewegung des Leit-

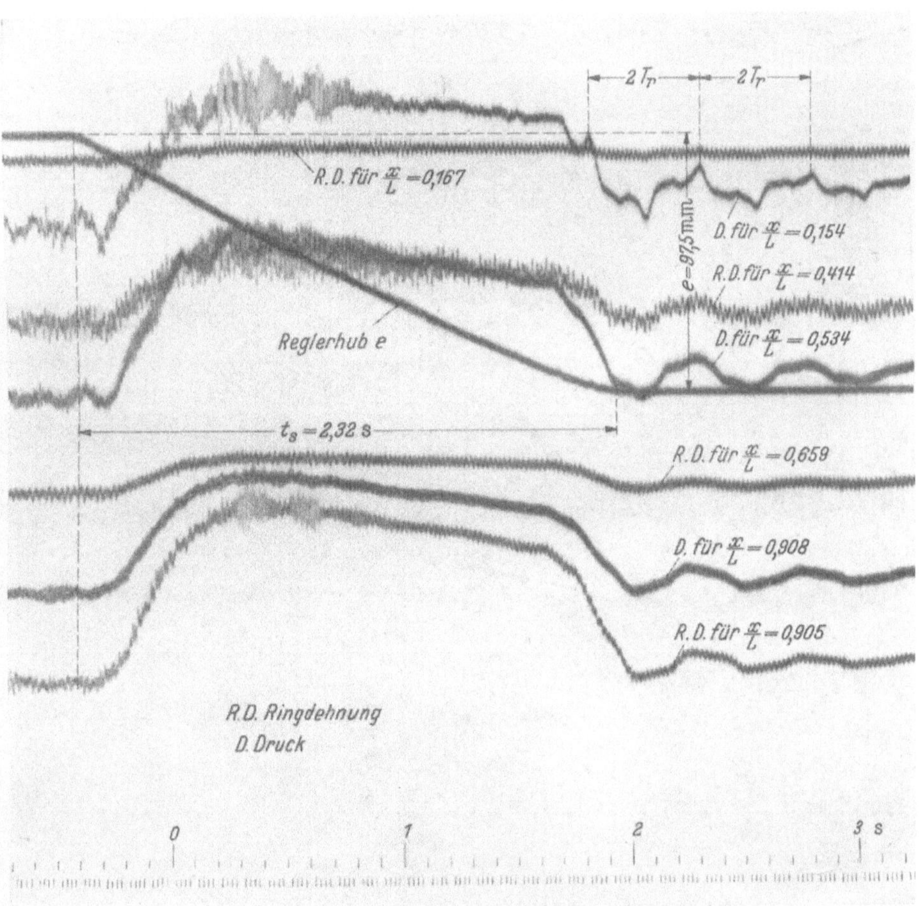

Abb. 19b: Versuch 38.
$Q(0) = 0,975$ m³/s $Q(t_s) = 0,036$ m³/s $H_n = 67,4$ m

apparates als dem eigentlichen Regulierorgan und dem oszillographisch verzeichneten Reglerhub, die durch die Elastizität der mechanischen Verbindung und durch Spiel in den Gelenken verursacht sein kann. Für diese Erklärung spricht auch der Umstand, daß bei den Versuchen mit größerer Regulierzeit die anfängliche Nacheilung zwischen Versuchs- und Rechnungskurve gegen Ende des Reguliervorgangs wieder verschwindet. Dies bedeutet, daß sich die Elastizität der Übertragung infolge der ruhenden Reibung nur bei Bewegungsbeginn auswirkt. Je kürzer die Bewegung (Vers. 16 und 25), um so nachhaltiger ist dieser Einfluß. Die Aufnahme des Reglerhubes gibt demnach kein echtes Bild des Wassermengenverlaufes. Darauf wird bei künftigen Versuchen Bedacht zu nehmen sein, indem die Leitschaufelbewegung selbst gemessen wird.

Sonst sind im ganzen betrachtet die Kurven des Druckverlaufs nach Rechnung und Versuch fast formgleich, woraus geschlossen werden darf, daß die Theorie den Vorgang wenigstens unter den vorliegenden Voraussetzungen im wesentlichen richtig erfaßt. Ein auffälliger Unterschied besteht darin, daß die Rechnung an den Phasenendpunkten vielfach Unstetigkeiten (Spitzen) ergibt, während solche Spitzen durch keines der benutzten Meßverfahren nachzuweisen waren; Ausnahmen bilden die *Druck*oszillogramme der Versuche 35, 38 und 40, aber nur für $\frac{x}{L} = 0,154$, an einer Stelle also, wo ausgeprägte Spitzen nach der Theorie am wenigsten zu erwarten waren. Das Fehlen der für die Druckstoßtheorie typischen Druckspitzen

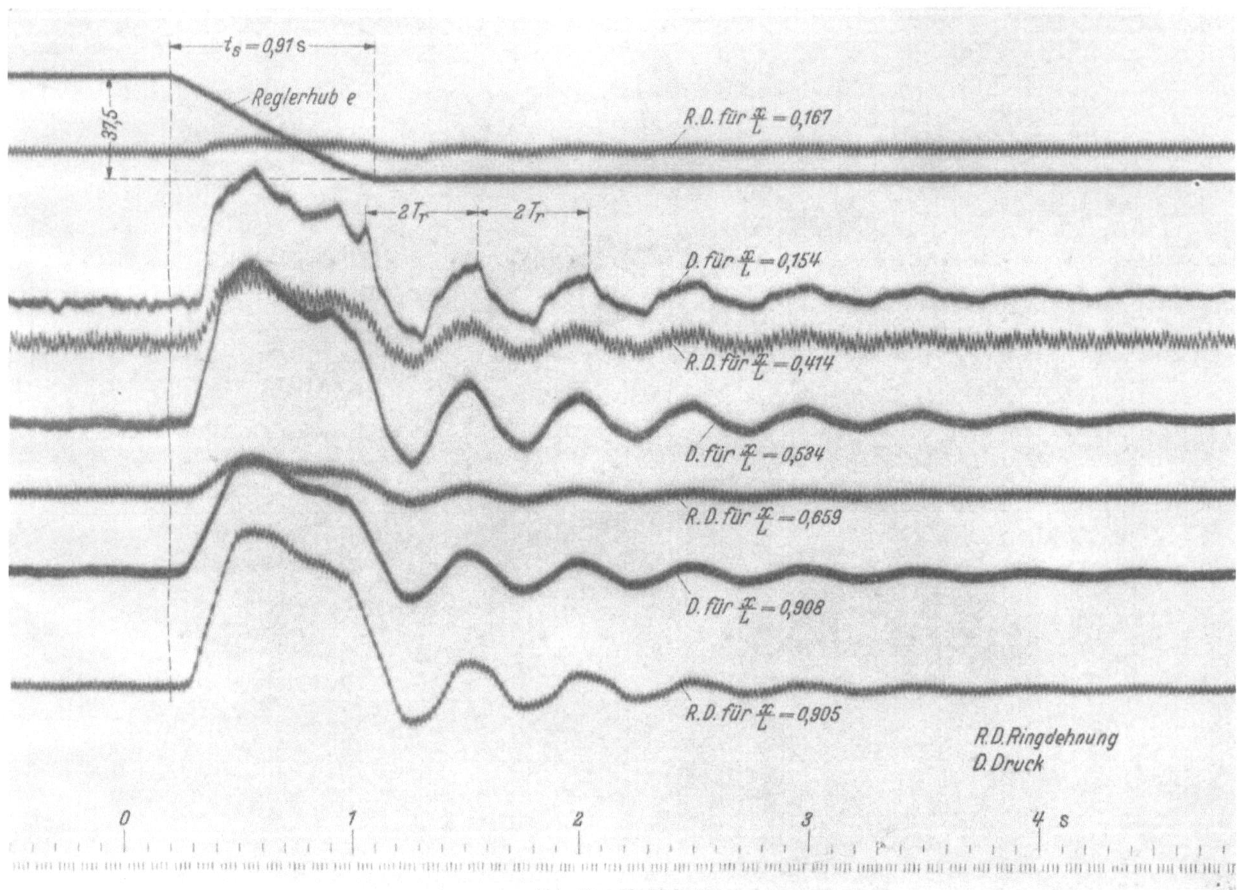

Abb. 19c: Versuch 40.
$Q(0) = 0,321\ \mathrm{m^3/s}$　$Q(t_s) = 0,036\ \mathrm{m^3/s}$　$= 7$　$H_n = 70,0$ m

ist dem Verfasser auch von Messungen an anderen Leitungen her bekannt. Wenn dort noch Zweifel darüber bestehen konnten, ob die mechanische Messung den Unstetigkeiten des Druckes zu folgen vermochte, kann hier nach Kenntnis der Leistungsfähigkeit des Lehrschen Geberprinzips (vgl. die Oberschwingungen!) mit Bestimmtheit ausgesprochen werden, daß Druckspitzen nicht aufgetreten sind, wo sie im Oszillogramm fehlen. Zur Klärung dieser grundsätzlichen Abweichung wird es noch vieler Versuchsarbeit bedürfen. Vorläufig kann nur angenommen werden, daß hauptsächlich der oben erwähnte allmähliche Druckanstieg (= -abfall) bei Beginn der Regulierung, der nach der Reflexionszeit auch die Art der Wellenüberlagerung bestimmt, für die Abrundung der Druckkurven an den Phasenendpunkten verantwortlich ist. Hier werden am besten Versuche mit einer Düse, die mit sofort einsetzender Geschwindigkeit reguliert werden kann, Klarheit schaffen. In Übereinstimmung mit der Theorie wird der zum Zeitpunkt t_s $(t_ö)$ erreichte Druckanstieg (Sog) abgebaut, und zwar nach dem Charakter der Endregulierung $\frac{d\varphi}{dt}$ periodisch oder aperiodisch. Verbleibende Schwingungen haben die Periode $2\,T_r = 0{,}48$ s, wie zu erwarten, und verlaufen infolge der restlichen Öffnung (Undichtheit) gedämpft; mit der Reibung hat diese Dämpfung nichts zu tun. Daß die theoretischen Ausschwingungen zum Unterschied von den Meßergebnissen um die Gleich-

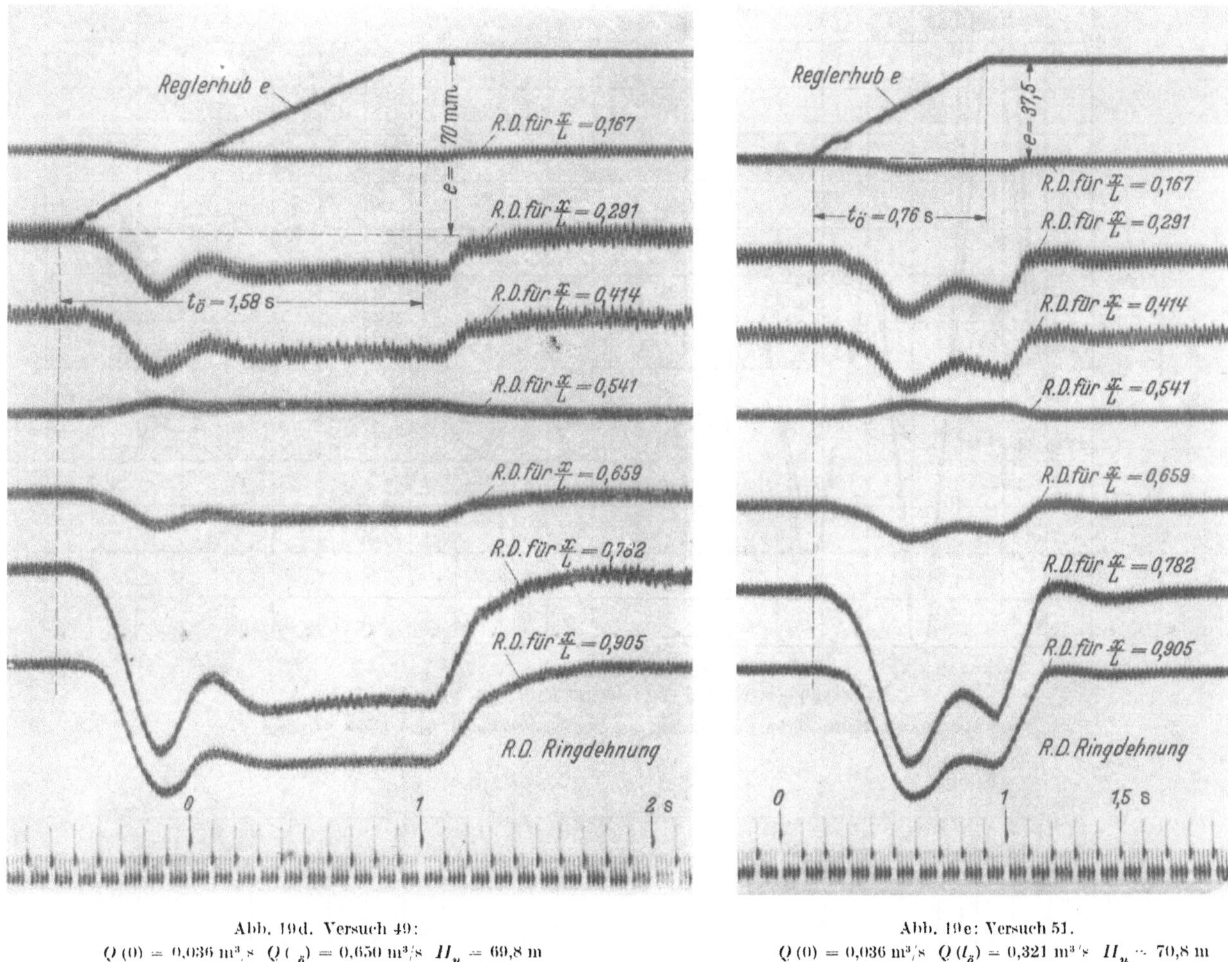

Abb. 19d. Versuch 49:
$Q\,(0) = 0{,}036$ m³/s $Q\,(t_ö) = 0{,}650$ m³/s $H_n = 69{,}8$ m

Abb. 19e: Versuch 51.
$Q\,(0) = 0{,}036$ m³/s $Q\,(t_ö) = 0{,}321$ m³/s $H_n = 70{,}8$ m

gewichtslage Null erfolgen, ist selbstverständlich, weil die Reibung in der Rechnung unberücksichtigt blieb.

Betragsmäßig ist die Übereinstimmung zwischen Theorie und Versuch nicht einheitlich, aber in Anbetracht der verwickelten Vorgänge im ganzen recht gut. In den beiden folgenden Tabellen sind die die Praxis am meisten interessierenden Höchstwerte des Druckanstiegs (-abfalls) aus den Diagrammen (Abb. 20 bis 25) zahlenmäßig gegenübergestellt.

Versuch	Wassermenge in m³/s		Schließ- (Öffnungs-) zeit	$\dfrac{x}{L} \sim 0{,}91$		$\dfrac{x}{L} \sim 0{,}54$		$\dfrac{x}{L} = 0{,}154$	
	vorher	nachher		Messung	Rechnung	Messung	Rechnung	Messung	Rechnung
16	0,163	0,036	0,59	$+12{,}0$	$+11{,}2$	$+8{,}0$	$+7{,}3$	$+1{,}8$	$+2{,}3$
20	0,654	0,036	1,92	$+11{,}9$	$+11{,}8$	$+7{,}0$	$+7{,}3$	$+1{,}5$	$+2{,}1$
23	0,036	1,335	(4,00)	$-9{,}6$	$-10{,}5$	$-6{,}5$	$-6{,}3$	$-1{,}5$	$-1{,}9$
24	0,036	0,992	(2,94)	$-10{,}0$	$-11{,}4$	$-6{,}3$	$-7{,}2$	$-1{,}5$	$-2{,}2$
25	0,036	0,163	(0,44)	$-9{,}3$	$-10{,}5$	$-6{,}2$	$-6{,}6$	$-1{,}6$	$-1{,}9$

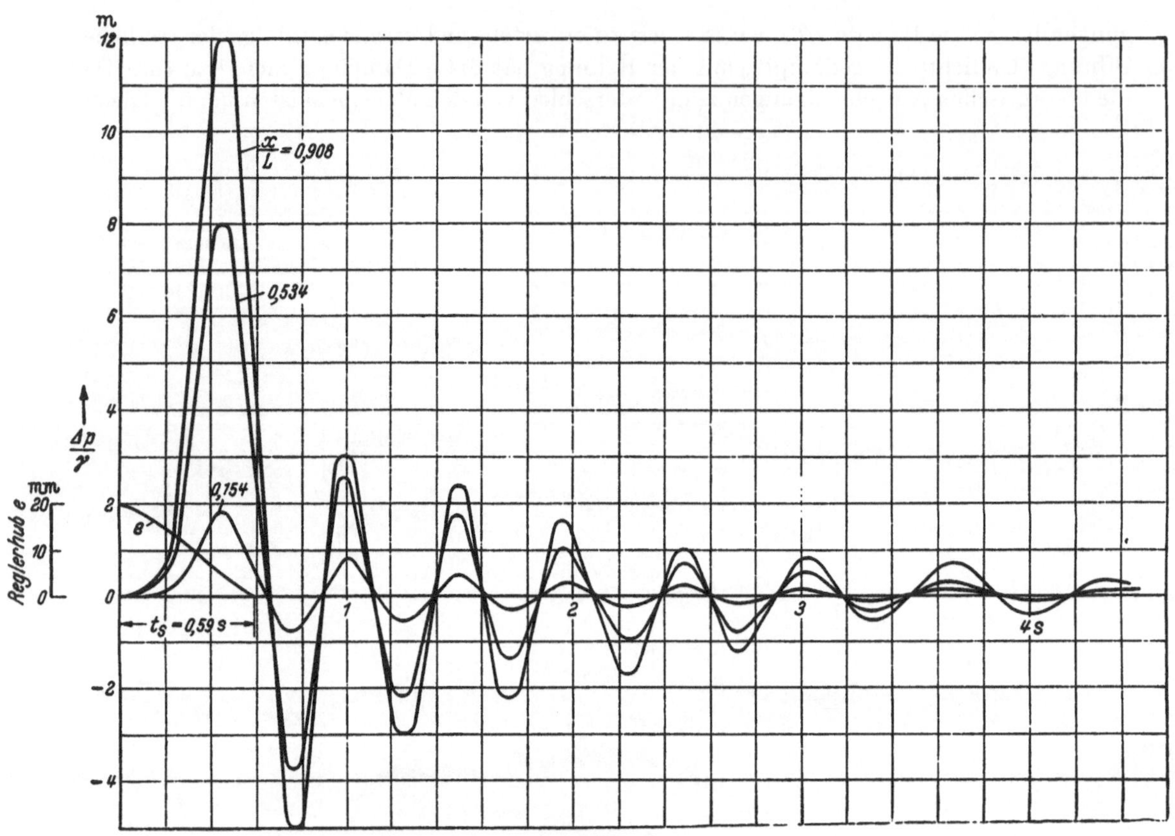

Abb. 20a: Versuch 16.
$Q(0) = 0,163$ m³/s $Q(t_s) = 0,036$ m³/s $H_n = 70,6$ m

Abb. 20a—e. Maßstäbliche Umzeichnung der Druckoszillogramme nach LEHR-WILLMS.

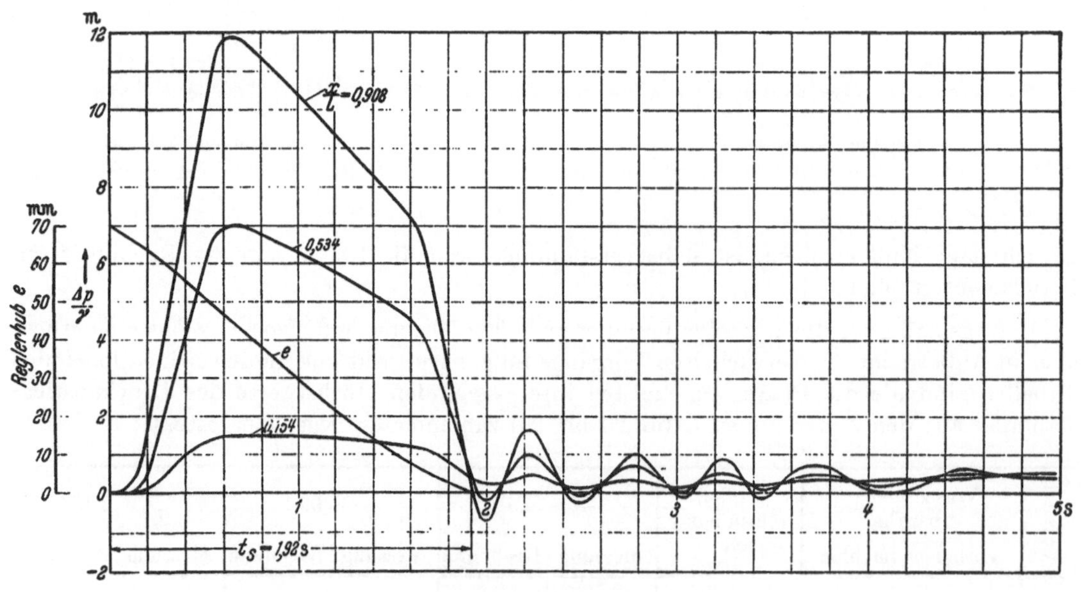

Abb. 20b: Versuch 20.
$Q(0) = 0,654$ m³/s $Q(t_s) = 0,036$ m³/s $H_n = 70,0$ m

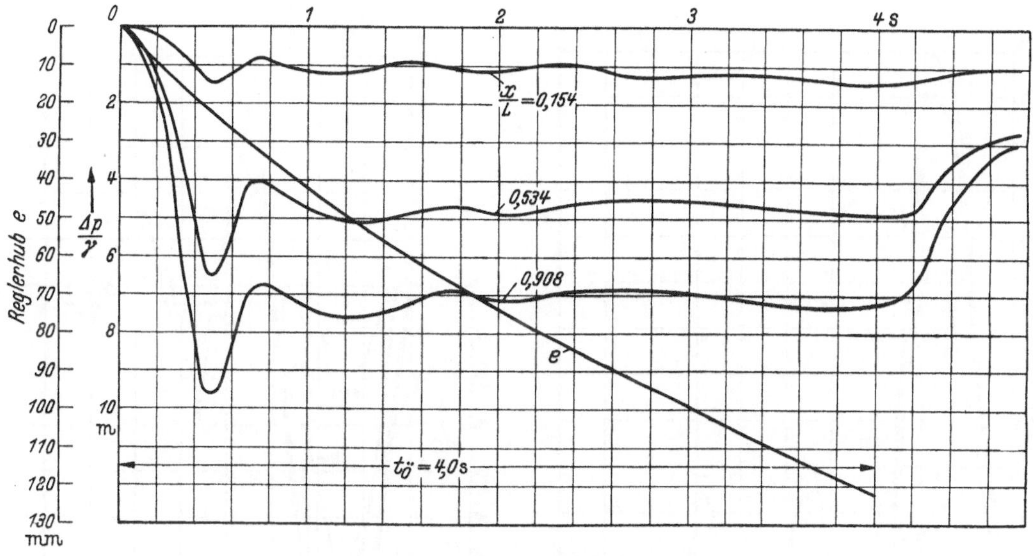

Abb. 20c: Versuch 23.
$Q(0) = 0,036$ m³/s $Q(t_\delta) = 1,335$ m³/s $H_n = 71,4$ m

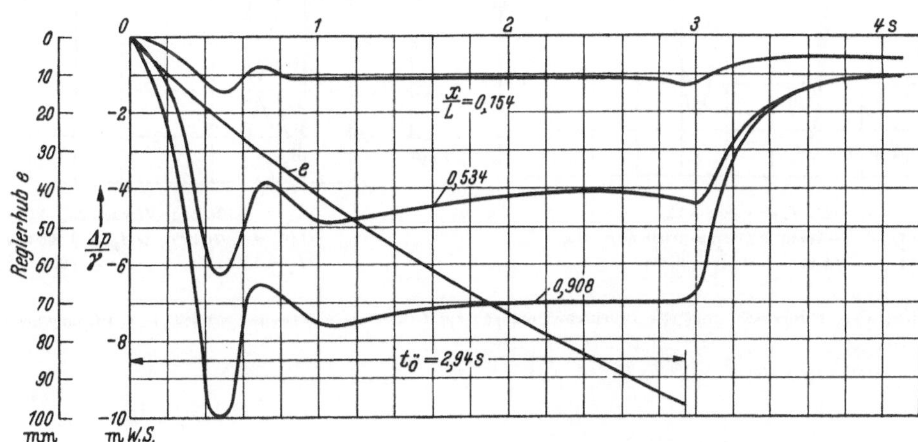

Abb. 20d: Versuch 24.
$Q(0) = 0,036$ m³/s $Q(t_\delta) = 0,992$ m³/s
$H_n = 70,9$ m

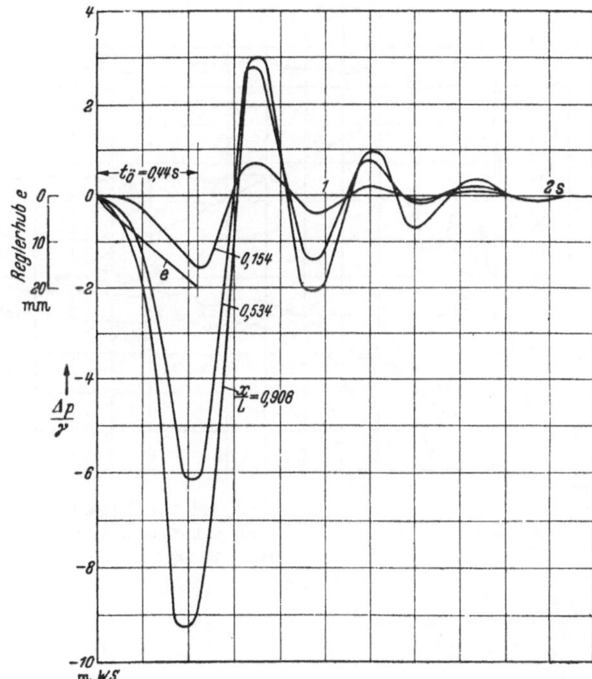

Abb. 20e: Versuch 25.
$Q(0) = 0,036$ m³/s $Q(t_\delta) = 0,163$ m³/s
$H_n = 71,2$ m

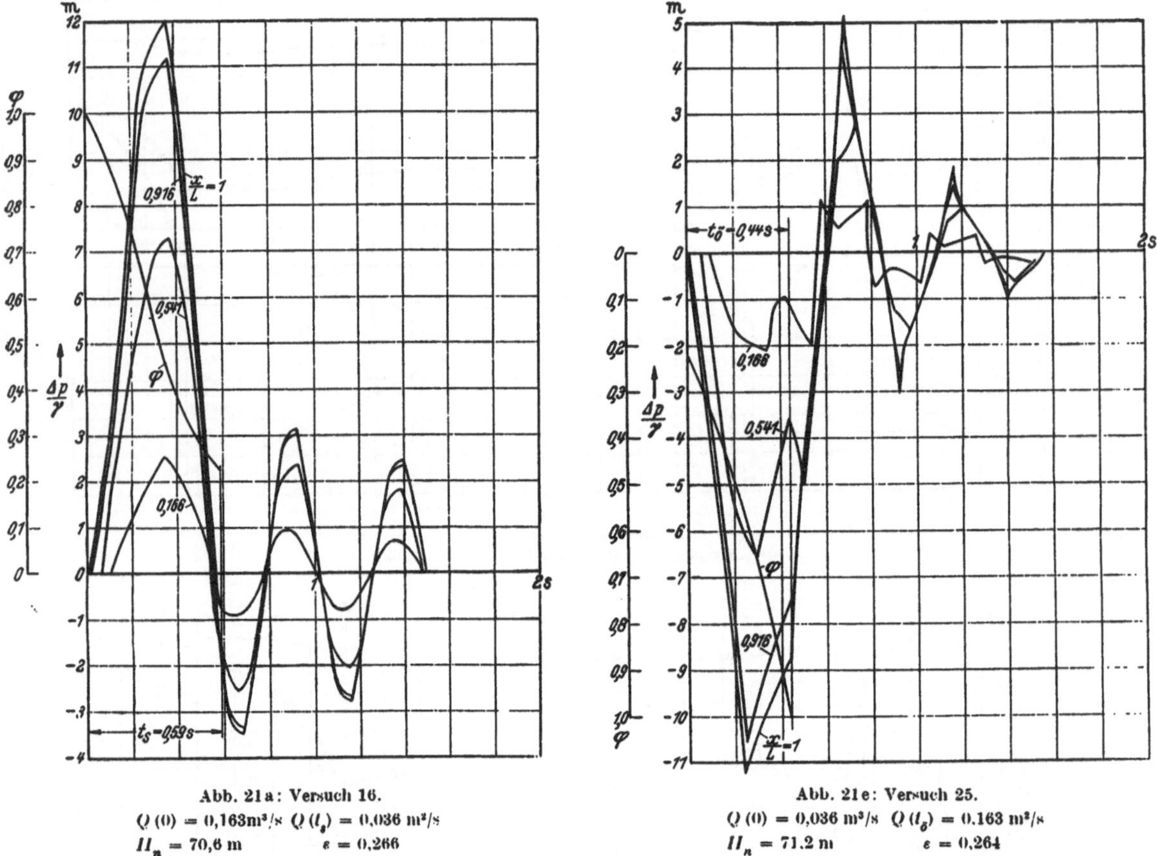

Abb. 21a: Versuch 16.

$Q(0) = 0{,}163\,\text{m}^3/\text{s}$ $Q(t_s) = 0{,}036\,\text{m}^2/\text{s}$

$H_n = 70{,}6$ m $\varepsilon = 0{,}266$

Abb. 21e: Versuch 25.

$Q(0) = 0{,}036\,\text{m}^3/\text{s}$ $Q(t_6) = 0{,}163\,\text{m}^2/\text{s}$

$H_n = 71{,}2$ m $\varepsilon = 0{,}264$

Abb. 21a—e. Theoretisch ermittelte Druckschwankungen auf Grund des gemessenen Schließ- bzw. Öffnungsgesetzes.

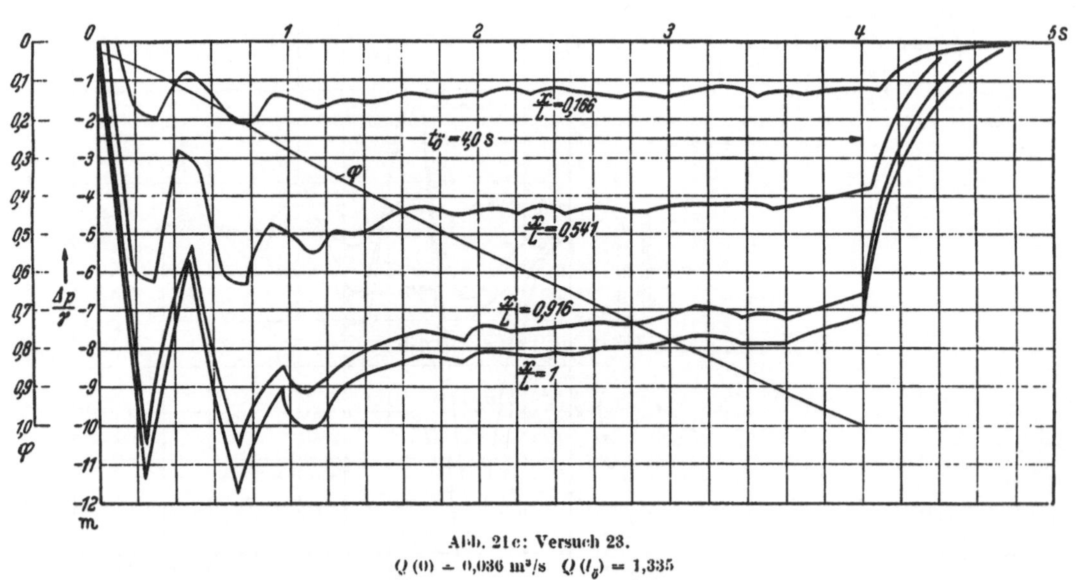

Abb. 21c: Versuch 23.

$Q(0) = 0{,}036$ m³/s $Q(t_6) = 1{,}335$

$H_n = 71{,}4$ m $\varepsilon = 2{,}07$

Versuch	Wassermenge in m³/s		Schließ-(Öffnungs-)zeit	$\dfrac{x}{L} \sim 0{,}915$				$\dfrac{x}{L} \sim 0{,}54$		$\dfrac{x}{L} = 0{,}166$	
	vorher	nachher	s	Maihak	Voith	Lehr-Ask.	Rech-nung	Lehr-Ask.[1]	Rech-nung	Lehr-Ask.	Rech-nung
35	1,284	0,035	2,91	+16,6	+17,4	+17,7	+16,5	+9,9	+9,8	+3,0	+3,1
38	0,975	0,036	2,32	+15,1	+15,1	14,8	+14,9	+9,3	+8,9	+2,5	+2,8
40	0,321	0,036	0,91	+13,5	13,9	13,5	+14,8	+9,2	+9,3	+2,1	+2,9
49	0,036	0,650	1,58)	—11,5	—12,5	—12,3	—13,0	—8,6	—8,4	—1,6	—2,5
51	0,036	0,321	(0,76)	—12,1	—12,4	—12,2	—12,0	—8,7	—7,4	—1,6	—2,2

[1] Mittel aus den Messungen bei $\dfrac{x}{L} = 0{,}659$ und $0{,}414$.

Während die Messungen für den unteren Punkt und für den mittleren Punkt der Rohrleitung durchschnittlich gut, vereinzelt sogar praktisch vollkommen mit der Rechnung übereinstimmen, weichen die Werte für den oberen Punkt nächst dem Wasserschloß beträchtlich voneinander ab; die Meßwerte erreichen die theoretischen Werte bei weitem nicht. Dies dürfte damit zu erklären sein, daß der obere Punkt mit seiner kleinen Reflexionszeit ($T_r' = 0{,}04$ s) besonders stark dem Einfluß des Druckschwankungsbeginnes unterliegt, von dem oben gesagt wurde, daß er in Wirklichkeit viel allmählicher verlief als berechnet. Die Vorgänge im oberen Teil der Rohrleitung sind besonders für Belastungsfälle wichtig und verdienen

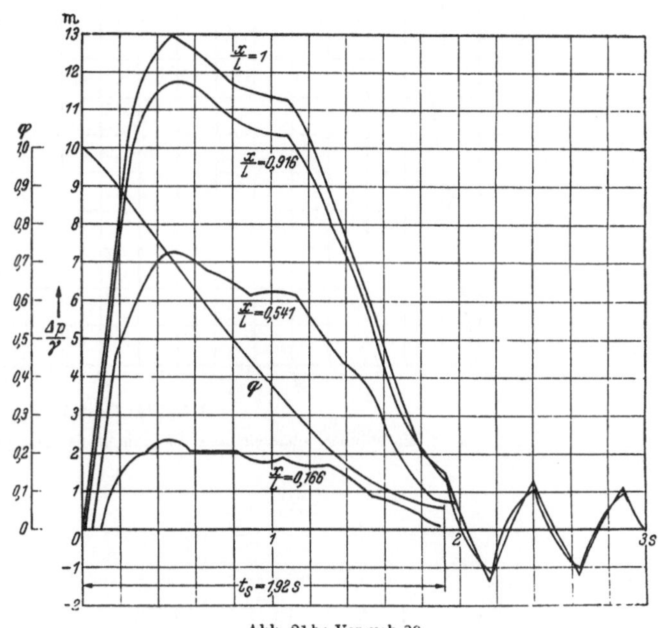

Abb. 21 b: Versuch 20.
$Q\,(0) = 0{,}654$ m³/s $Q\,(t_s) = 0{,}036$ m³/s
$H_n = 70{,}0$ m $\varepsilon = 1{,}034$

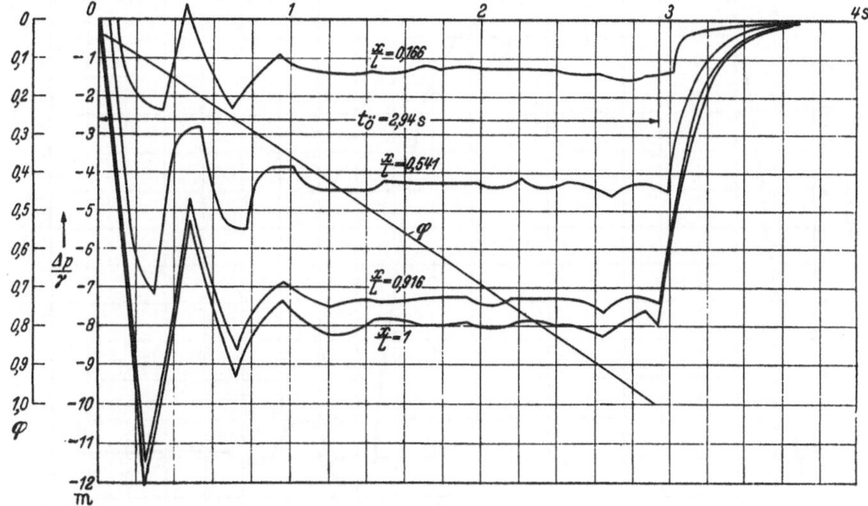

Abb. 21 d: Versuch 24.
$Q\,(0) = 0{,}036$ m³/s $Q\,(t_s) = 0{,}992$ m³/s
$H_n = 70{,}9$ m $\varepsilon = 1{,}545$

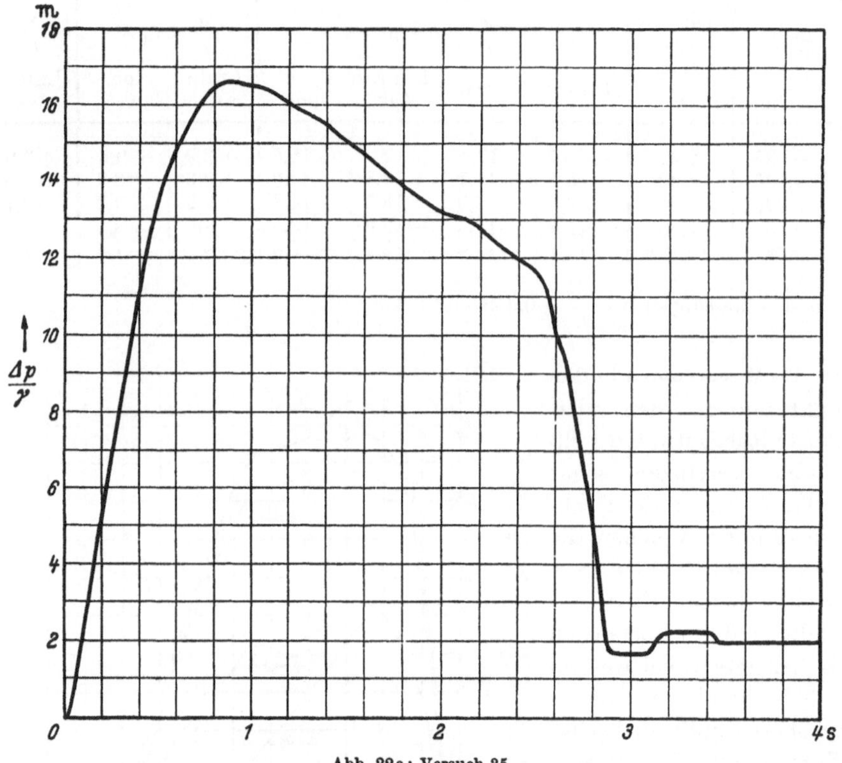

Abb. 22a: Versuch 35.

Abb. 22a—e. Maßstäblich umgezeichnete Diagramme des Maihak-Indikators. Meßstelle $\frac{x}{L} = 0{,}927$.

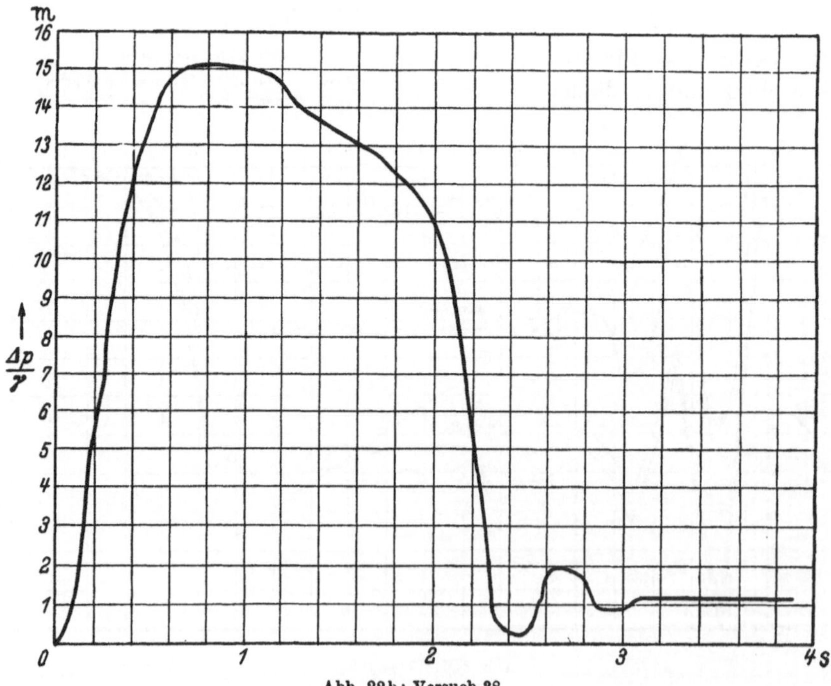

Abb. 22b: Versuch 38.

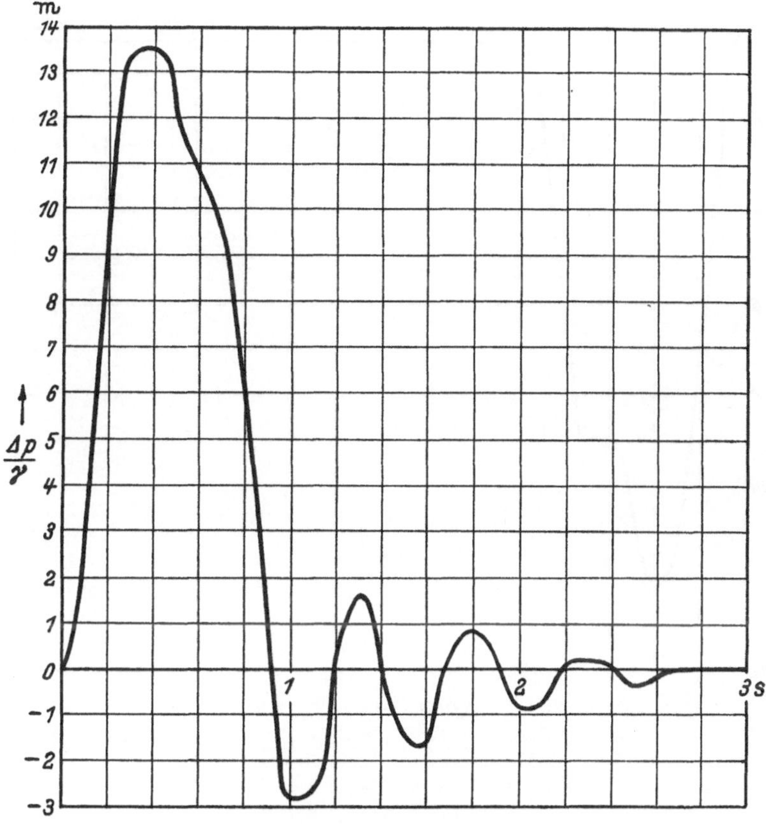

Abb. 22c: Versuch 40.

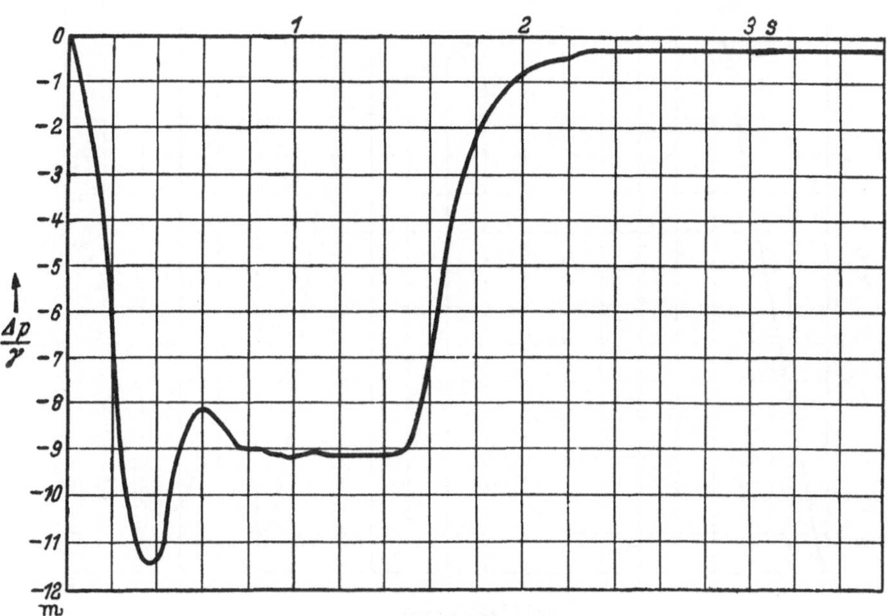

Abb. 22d: Versuch 49.

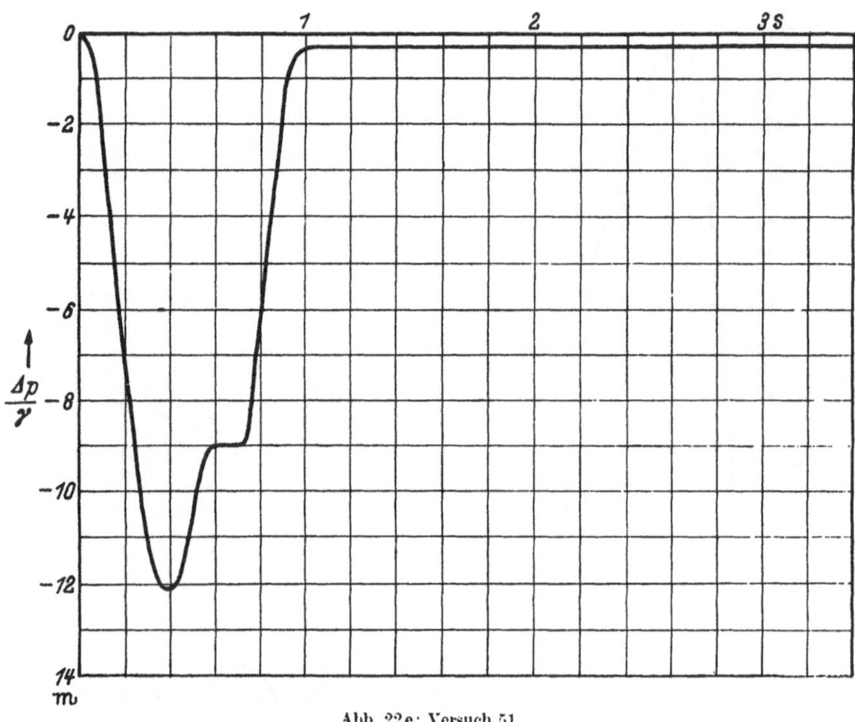

Abb. 22e: Versuch 51.

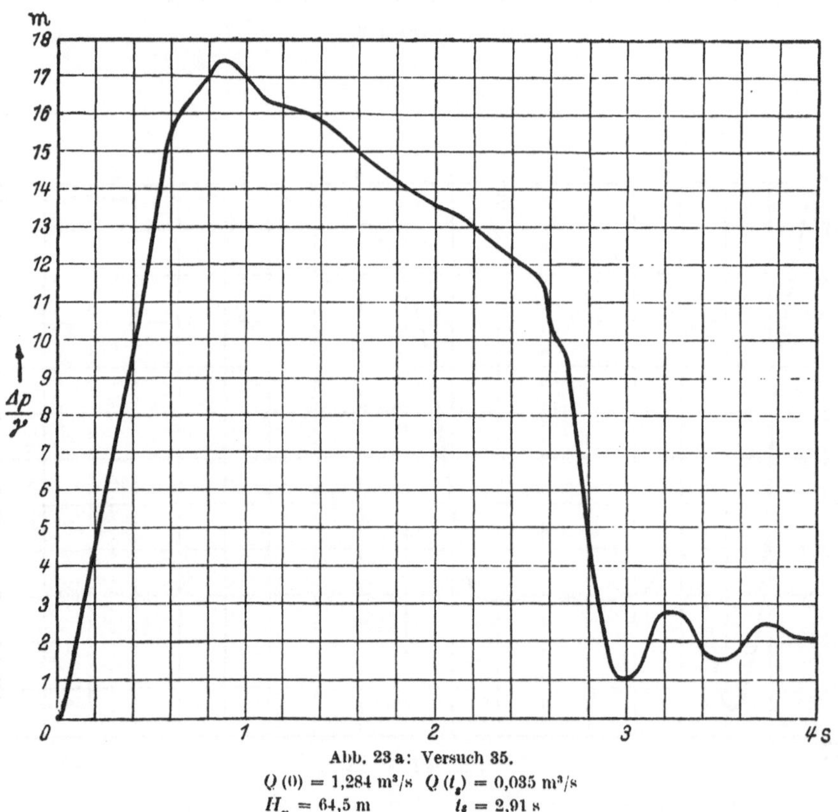

Abb. 23a: Versuch 35.

$$Q(0) = 1{,}284 \text{ m}^3/\text{s} \quad Q(t_s) = 0{,}035 \text{ m}^3/\text{s}$$
$$H_n = 64{,}5 \text{ m} \qquad t_s = 2{,}91 \text{ s}$$

Abb. 23a—e. Maßstäblich umgezeichnete Diagramme des Druckschreibers nach VOITH-BRECHT. Meßstelle $\frac{x}{L} = 0{,}913$.

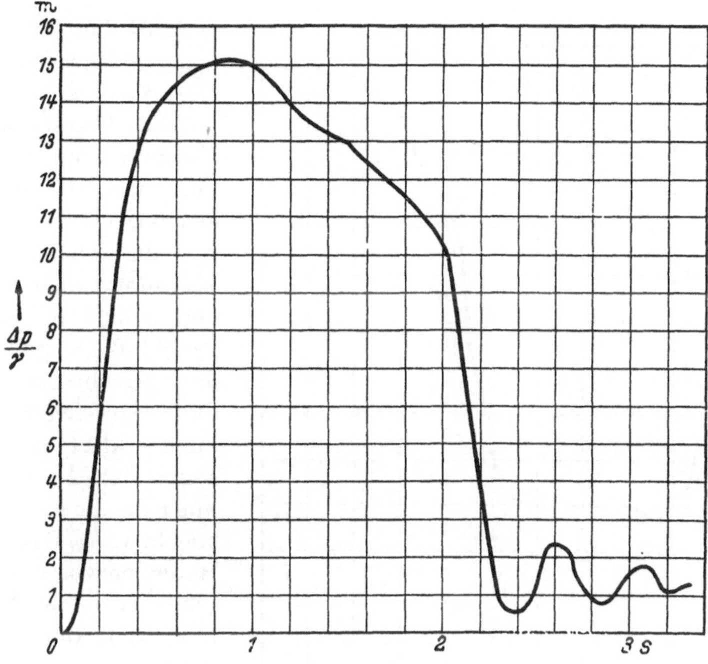

Abb. 23b: Versuch 38.

$Q(0) = 0{,}975 \text{ m}^3/\text{s} \quad Q(t_s) = 0{,}036 \text{ m}^3/\text{s}$

$H_n = 67{,}4 \text{ m} \qquad t_s = 2{,}32 \text{ s}$

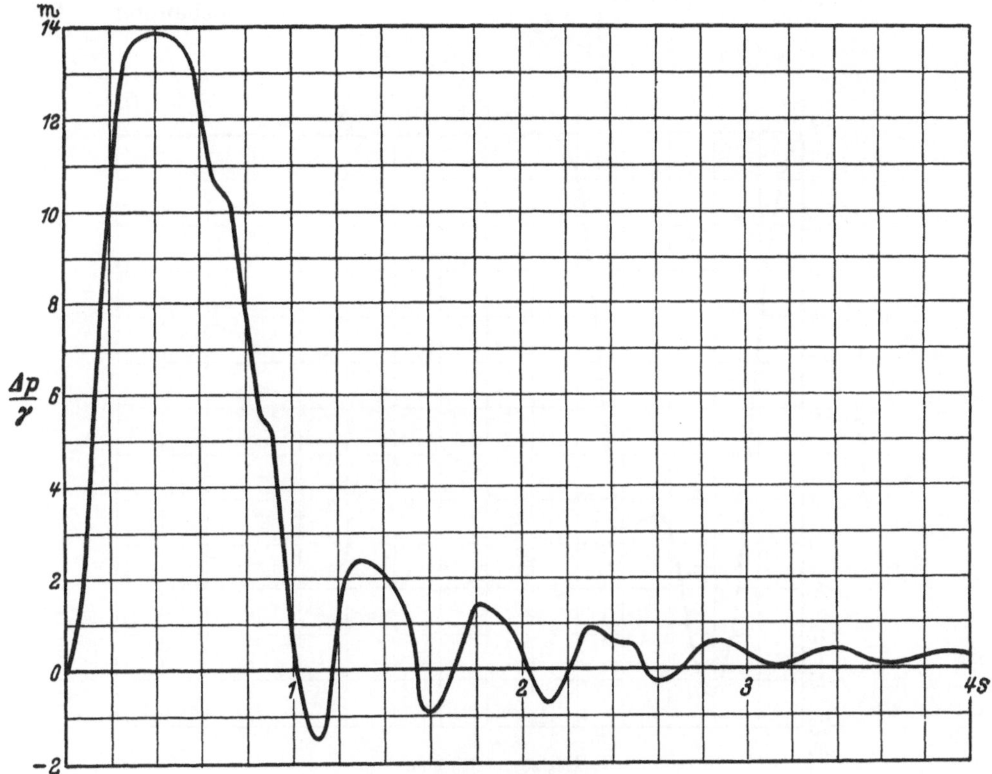

Abb. 23c: Versuch 40.

$Q(0) = 0{,}321 \text{ m}^3/\text{s} \quad Q(t_s) = 0{,}036 \text{ m}^3/\text{s}$

$H_n = 70{,}0 \text{ m} \qquad t_s = 0{,}91 \text{ s}$

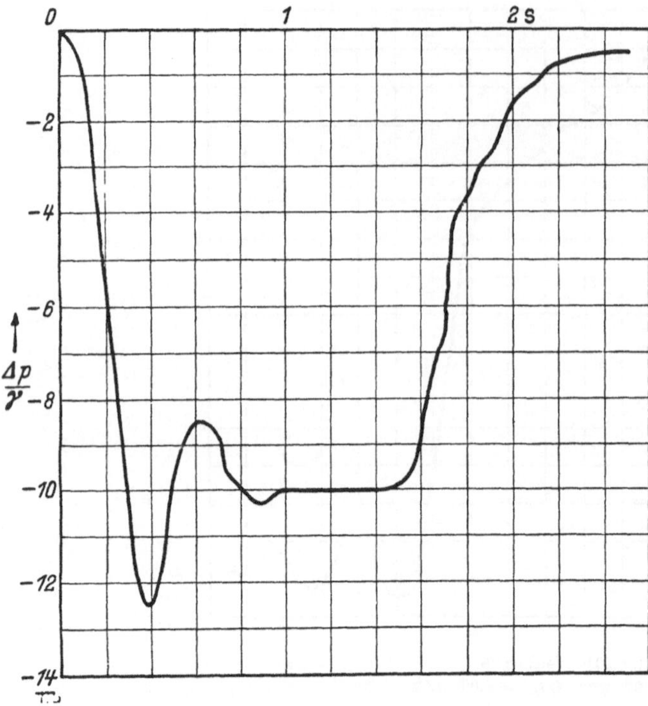

Abb. 23 d: Versuch 49.

$Q\,(0) = 0{,}036$ m³/s $Q\,(t_s) = 0650$ m³/s

$H_n = 69{,}8$ m $t_s = 1{,}58$ s

deshalb bei künftigen Messungen die gleiche Sorgfalt wie die Messungen an der Turbine.

Die Betrachtung des übrigen Verlaufs der Druckschwankungskurven ergibt ferner, daß bei den gemessenen *Schließ*kurven durchweg der Abbau des Druckes vom Maximum zunächst langsamer und von dem typischen „Eck" vor dem Abschluß ab steiler erfolgt als bei den gerechneten. Zum Teil kann diese Abweichung durch die Reibung erklärt werden, die natürlich gegen den Abschluß hin eine Hebung der Energielinie um ihren Betrag bewirkt. Daß etwa der wirkliche Reflexionsvorgang am Wasserschloß von der Voraussetzung totaler Reflexion abweiche und dadurch ebenfalls die Erhaltung des höheren Druckes bis zum „Eck" begünstige, läßt sich auf Grund der vorliegenden Versuche nicht mit Sicherheit behaupten, denn die

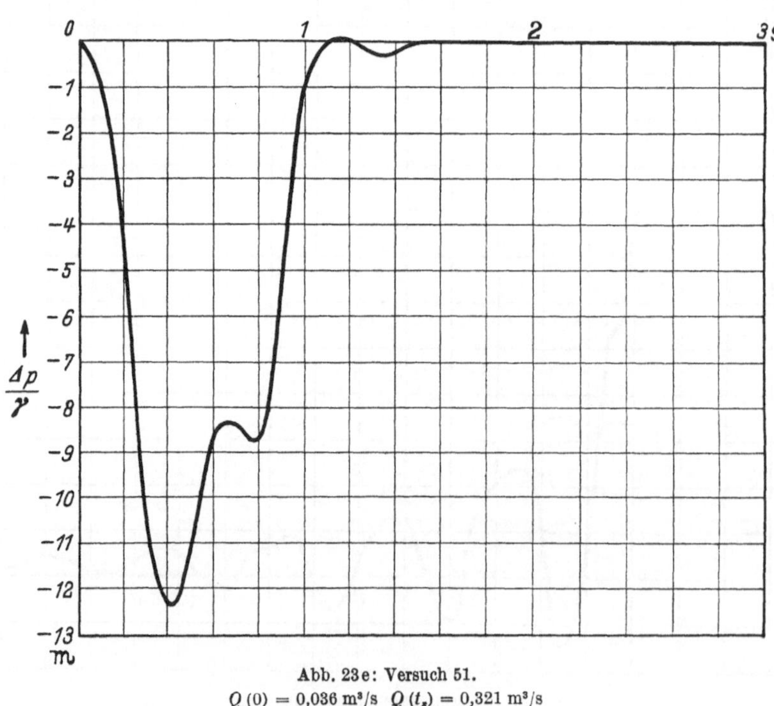

Abb. 23 e: Versuch 51.

$Q\,(0) = 0{,}036$ m³/s $Q\,(t_s) = 0{,}321$ m³/s

$H_n = 70{,}8$ m $t_s = 0{,}76$ s

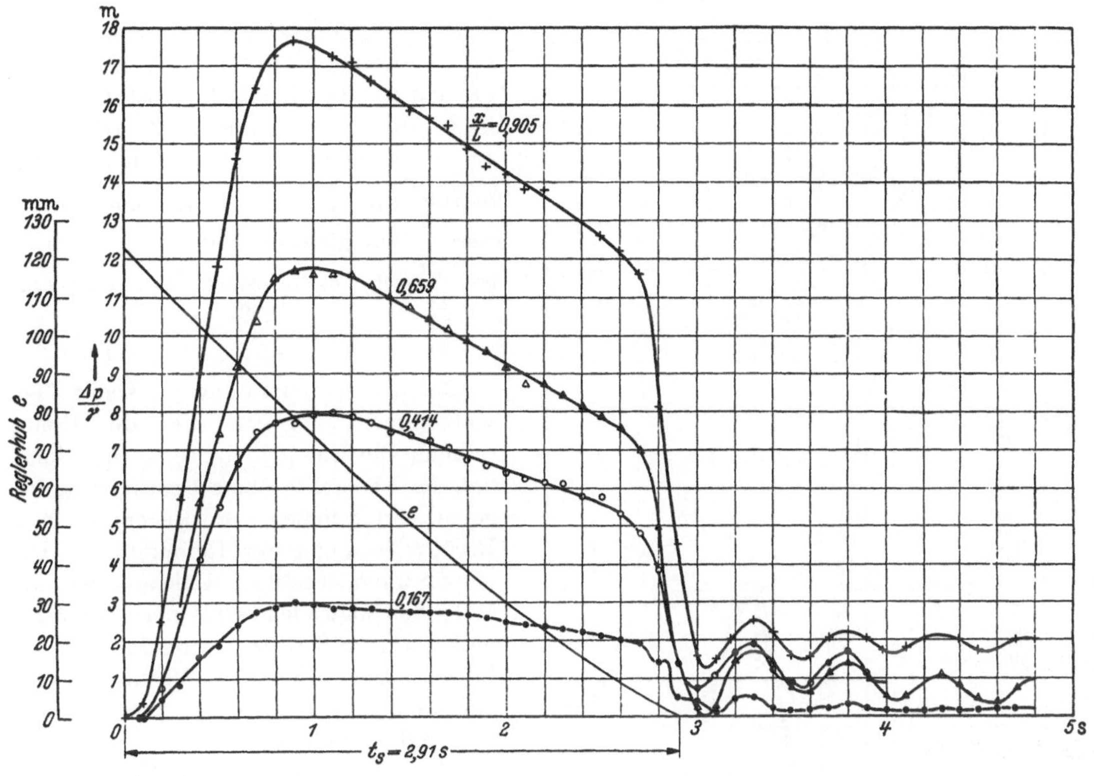

Abb. 24a: Versuch 35.

Abb. 24a—e. Maßstäbliche Auftragung der aus den Dehnungsoszillogrammen (LEHR-Askania) bestimmten Druckschwankungen.

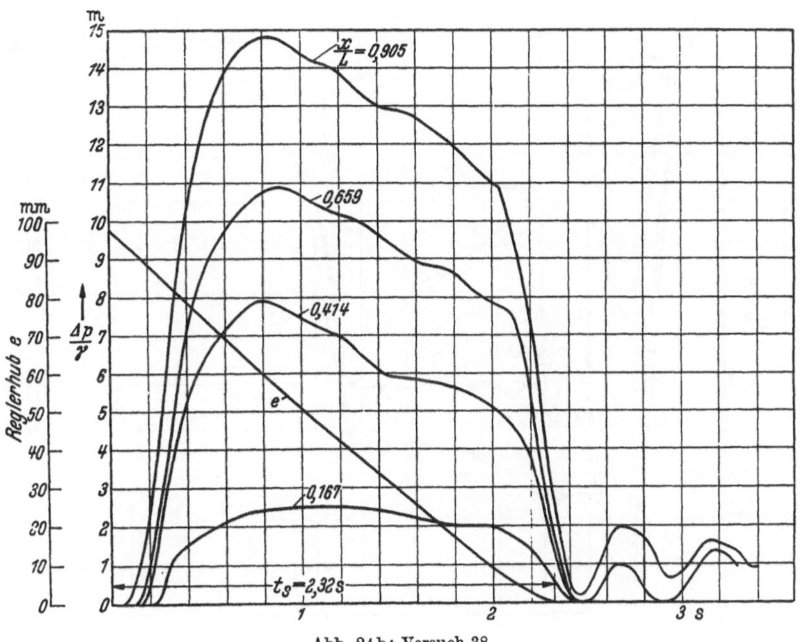

Abb. 24b: Versuch 38.

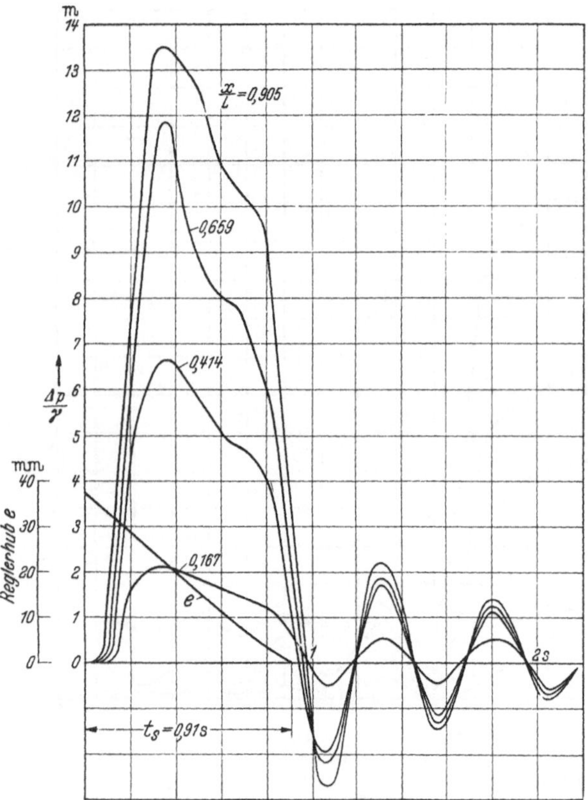

Abb. 24c: Versuch 40.

Öffnungsergebnisse sprechen nicht dafür. Bei den *Öffnungs*kurven der Versuche 23, 24 und 49 ist der fast konstante Sog nach 1 bis 2 vorangehenden Schwankungen ein naheliegender Vergleichswert. Er betrug für $\frac{x}{L} = 0{,}916$ im konstanten Bereich zur gleichen Zeit

bei Versuch	nach Messung	nach Rechnung
23	—7,0	—7,1 m
24	—7,0	—7,3 m
49	—9,5	—9,3 m

Die Übereinstimmung ist somit fast vollkommen, obgleich hier die Rohrreibung die Energielinie senkt und folglich der Versuch größere Druckabsenkungen erwarten ließe als die Rechnung ohne Berücksichtigung der Reibung. Die Annahme unvollständiger Reflexion der auflaufenden Sogwellen würde hier rechnungsmäßig auf größere resultierende Sogwerte führen als durch den Versuch nachgewiesen und ist deshalb für den Öffnungsfall unhaltbar.

Eine besonders auffällige Verschiedenheit des Verlaufs von Messung und Rechnung weist Versuch 51 auf, wo die Rechnung nach der ersten normalen Druck-

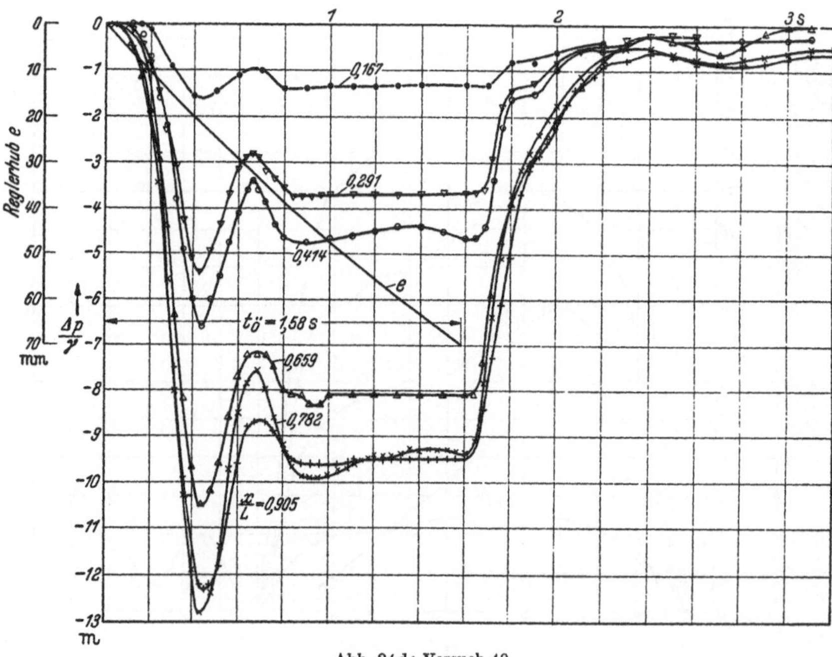

Abb. 24d: Versuch 49.

senkung eine zweite von größerer Amplitude ergibt, die dann zum periodischen Ausschwingen Anlaß gibt, während auf den gemessenen Diagrammen der Sog nach einer zweiten kleineren Welle aperiodisch ausklingt. Dieser grundsätzliche Unterschied scheint nach allem Bisherigen darauf zu beruhen, daß der Öffnungsvorgang mit den verwendeten Verfahren nicht genau genug erfaßt ist. Daß an sich ein Sogverlauf wie der errechnete bei entsprechendem Öffnungsgesetz möglich ist, kann nicht bezweifelt werden.

8. Endergebnis der Versuche.

Im vorstehenden wurde an 10 von 55 insgesamt angestellten Versuchen nachgewiesen, daß Rechnung und Versuch im Gesamtverlauf und betragsmäßig zum überwiegenden Teil gut übereinstimmen. Was an Unterschieden übrigbleibt, liegt entweder innerhalb der zu

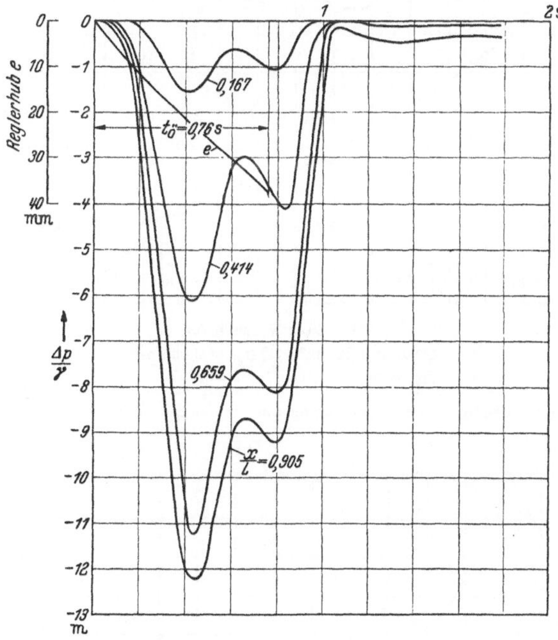

Abb. 24e: Versuch 51.

erwartenden Genauigkeit oder in Grenzen, welche durch künftig vermeidbare Unvollkommenheiten der angewandten Meßtechnik begründbar sind. Wenn sich gezeigt hat, daß vielfach die Rechnung kompliziertere Formen des Druckverlaufs ergab als der Versuch, so ist das nur ein Beweis dafür, daß die Erforschung der Feinstruktur von Druckstoßerscheinungen außerhalb der Möglichkeiten eines Versuchs im Kraftwerk fällt. Laboratoriumsmethoden sind in der Regel nur bei einheitlicher Anwendung erfolgreich und gehören daher ins Laboratorium. Daneben sind Versuche in Kraftwerken zur Nachprüfung der generellen Vorgänge unerläßlich. Für solche Versuche sind die genauesten im Kraftwerk heute anwendbaren Meßverfahren gerade gut genug, und zwar gleichermaßen für Wassermenge, Druck und deren Zeitverlauf. Ist die Messung mit Unsicherheiten systematischer Art behaftet, dann lohnt sich der erhebliche Aufwand, den die Vergleichsrechnung an Zeit und Genauigkeit erfordert, nicht.

Bei Rohrleitungen der vorliegenden Art wird man stets mit 3 Druckmeßstellen auskommen, wovon eine zweckmäßig unmittelbar vor der Turbine, eine etwa in der Entfernung $\frac{x}{L} = 0{,}15$, gegebenenfalls am oberen Knick, die dritte etwa in der Mitte davon anzuordnen ist. Bei Rohr-

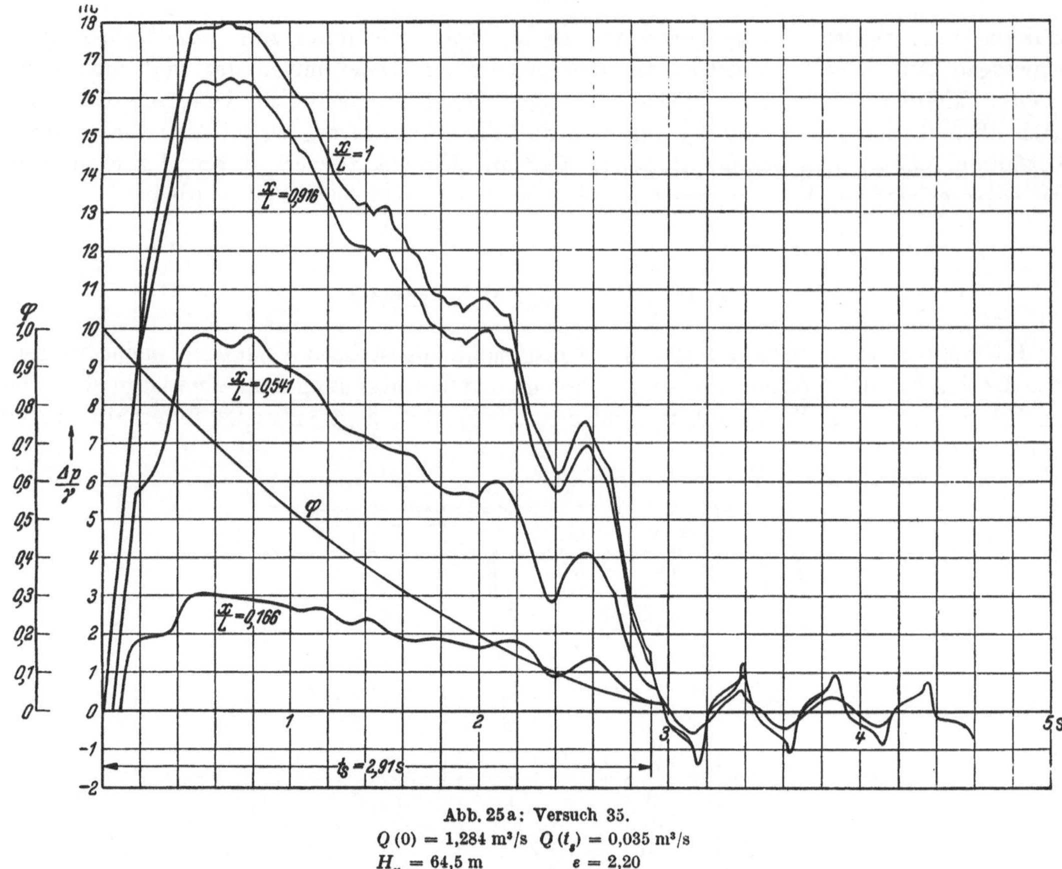

Abb. 25a: Versuch 35.

$Q(0) = 1{,}284\ \mathrm{m^3/s}$ $Q(t_s) = 0{,}035\ \mathrm{m^3/s}$

$H_n = 64{,}5\ \mathrm{m}$ $\varepsilon = 2{,}20$

Abb. 25a—e. Theoretisch ermittelte Druckschwankungen auf Grund des gemessenen Schließ- bzw. Öffnungsgesetzes.

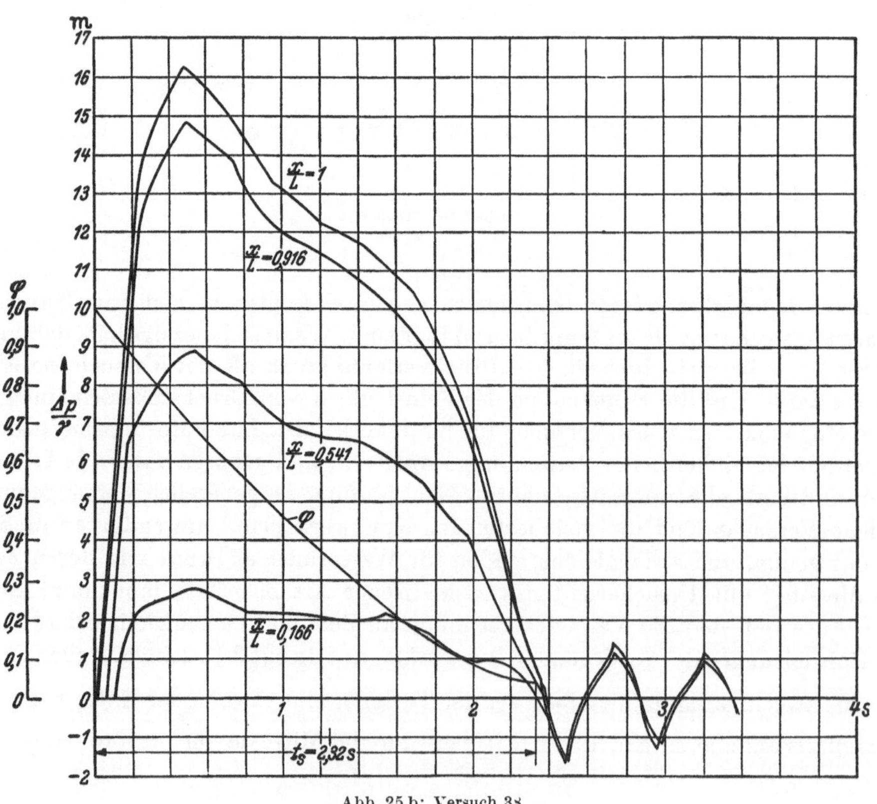

Abb. 25b: Versuch 38.

$Q(0) = 0{,}975\ \mathrm{m^3/s}$ $Q(t_s) = 0{,}036\ \mathrm{m^3/s}$

$H_n = 67{,}4\ \mathrm{m}$ $\varepsilon = 1{,}60$

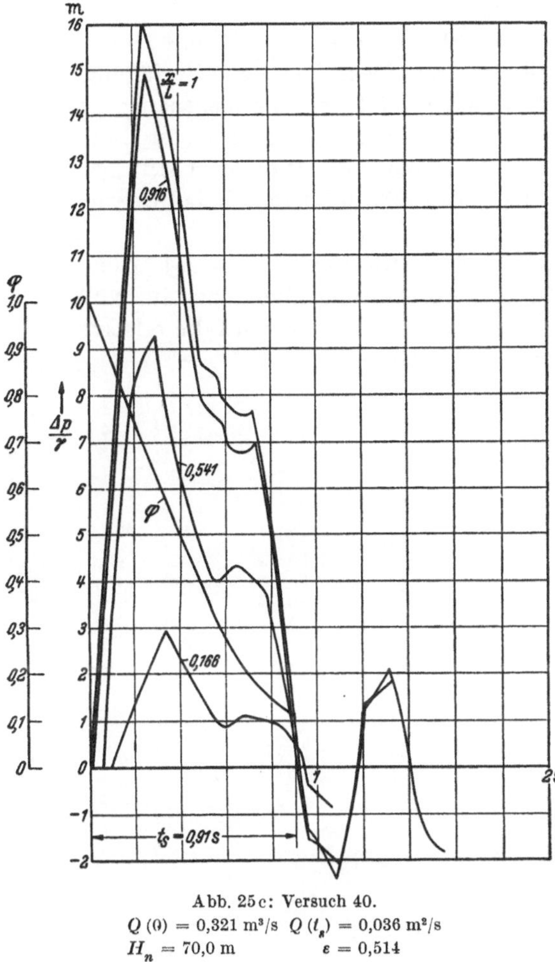

Abb. 25c: Versuch 40.
$Q\,(0) = 0{,}321\ \mathrm{m^3/s}\quad Q\,(t_s) = 0{,}036\ \mathrm{m^2/s}$
$H_n = 70{,}0\ \mathrm{m}\qquad\qquad \varepsilon = 0{,}514$

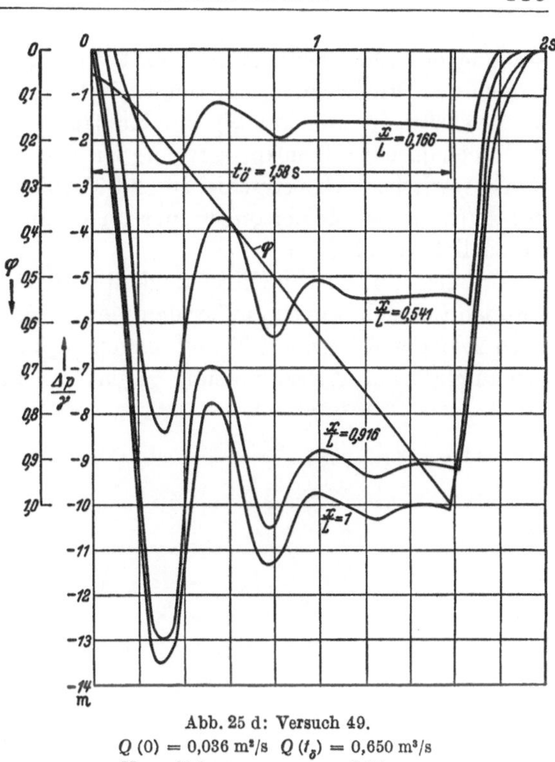

Abb. 25 d: Versuch 49.
$Q\,(0) = 0{,}036\ \mathrm{m^2/s}\quad Q\,(t_s) = 0{,}650\ \mathrm{m^3/s}$
$H_n = 69{,}8\ \mathrm{m}\qquad\qquad \varepsilon = 1{,}03$

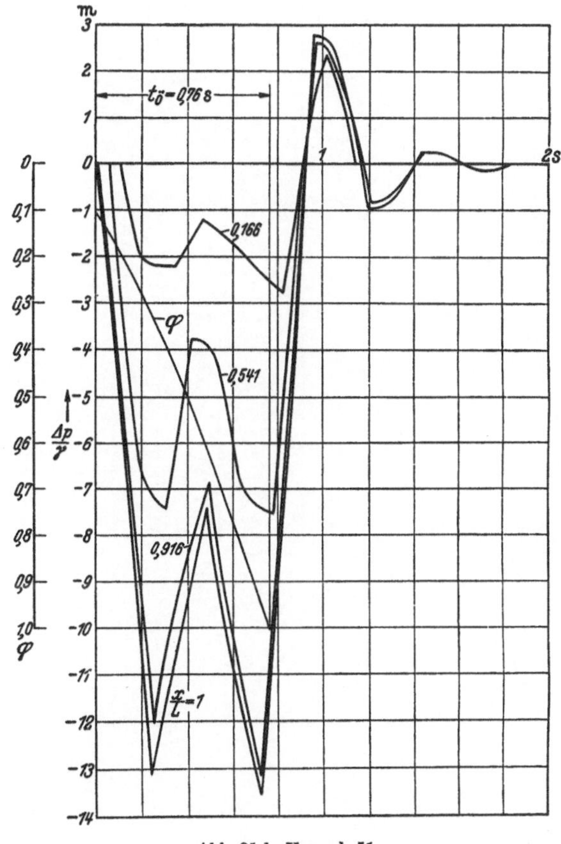

Abb. 25 d: Versuch 51.
$Q\,(0) = 0{,}036\ \mathrm{m^3/s}\quad Q\,(t_s) = 0{,}321\ \mathrm{m^3/s}$
$H_n = 70{,}8\ \mathrm{m}\qquad\qquad \varepsilon = 0{,}508$

leitungen mit gestuften Durchmessern, Abzweigstücken usw. werden die Druckmeßpunkte entsprechend zu vervielfachen sein.

Die vorliegenden Versuche haben nicht die Auffassung bekräftigt, als ob auch für Messungen im Kraftwerk die elektrische Druckmeßgebung mit ihrem großen Aufwand an Apparatur und Installation unbedingt notwendig sei. Die beiden mechanischen Druckschreiber haben miteinander und mit den oszillographischen Aufnahmen verglichen sehr gute Meßwerte geliefert, so daß bei entsprechender Ergänzung durch Zeit- und Zeitmarkengabe und besterreichbarer Konstanz des nicht zu kleinen Papiervorschubs mit derartig einfachen Meßverfahren in allen praktischen Fällen auszukommen sein wird.

Dagegen erscheint die Anwendung des Oszillographen zur genauen Feststellung des zeitlichen Verlaufs der Öffnung, bei Francisturbinen gegebenenfalls mit Hinzunahme des Druckreglers, angezeigt. Steht dann noch eine freie Meßschleife zur Verfügung, dann wird man zweckmäßig zur Kontrolle der Reflexionszeit und der Anzeigegenauigkeit der mechanischen Druckmesser eine Druckmeßdose nach Lehr-Willms am untersten Meßpunkt, zwischen Absperrschieber und Turbine, anbringen. Durch dieses Vorgehen läßt sich der Aufwand an Meßleitungen, der im vorliegenden Fall etwa 500 m Vieraderkabel betrug, wesentlich vermindern.

Um den Einfluß von Ungenauigkeiten in der Wassermenge weitgehendst zu unterdrücken, empfiehlt es sich, künftig außer den hier gezeigten Zu- und Abschaltungen von bzw. auf Null noch solche von bzw. auf Teilöffnungen zu untersuchen, denn in der Regel wird die relative Genauigkeit der Wassermessung gegen Null hin geringer werden.

Die Regelvorgänge in langen hydraulischen Leitungen.

Von **W. WIEDERHOLD**, Hildesheim, und **A. GEROMILLER**, Magdeburg.

Mit 12 Abbildungen.

Bei der Regelung langer hydraulischer Rohrleitungen ist das bei Turbinenrohrleitungen als annähernd linear voraussetzbare Schließgesetz üblicher Absperrorgane nicht mehr zutreffend. Die Untersuchung dieser Frage stellt die konstruktiven Bedingungen für diese Regelvorgänge heraus und gibt im weiteren Zusammenhang einen Überblick der in solchen Leitungen herrschenden dynamischen Betriebsverhältnisse.

Wie in Kraftrohrleitungen führen auch in langen hydraulischen Versorgungsleitungen Störungen des energetischen Gleichgewichtes — des „stationären" Fließzustandes — zu dynamischen Ausgleichsvorgängen, die in der Schwingungsfähigkeit des Systems bedingt sind. Eine besonders eindringliche Parallele bilden in der Elektrotechnik die als Wanderwellen bekannten dynamischen Erscheinungen auf langen Freileitungen und Kabeln; dieselben weisen gegenüber den üblichen elektrischen Schwingungskreisen mit örtlich konzentrierter Induktivität und Kapazität hier eine stetige, räumliche Verteilung derselben längs der Leitung auf und führen daher zu den gleichen raumzeitlichen Erscheinungsformen, wie sie als Druckstoßwellen in hydraulischen Leitungen zu beobachten sind. Rechnerisch stellen sich diese Verhältnisse deshalb auch als gleichgebaute partielle Differentialgleichungen dar, die zu analogen Lösungen führen.

Störungen des stationären Zustandes in so gearteten Schwingungssystemen werden durch Änderungen des Fließzustandes, d. h. durch allgemeine Regelvorgänge im weitesten Sinne, in den Leitungen hervorgerufen; dabei kann die Regelung sowohl betrieblicher Art (Durchfluß- und Druckänderungen) als auch außerbetrieblicher Natur sein (Rohrbruch, Pumpenausfall). Die Beurteilung der dynamischen Verhältnisse in solchen Versorgungsleitungen für Trink-, Brauch- und Abwasser, wie auch für Öl, Kraftstoffe usw. setzt daher einen gewissen Überblick über ihre Bau- und Betriebsweise voraus; da schon hierin andere Voraussetzungen vorliegen als bei Turbinenrohrleitungen, scheint es notwendig, dieselben kurz darzulegen, um dann anschließend den wesentlichen Unterschied zu behandeln, der in dem andersgearteten hydraulischen Verhalten solcher Leitungen bei ihrer Regelung zu suchen ist.

1. Bau- und Betriebsverhältnisse langer Versorgungsleitungen.

Hinsichtlich des dynamischen Verhaltens sind die Vorbedingungen in reinen Gefälleleitungen als wesentlich günstiger anzusprechen als in Pumpenleitungen. Solche Gefälleleitungen werden fast immer als Freispiegelleitungen gebaut, so daß bei voller Durchflußleistung nahezu die Gesamtfallhöhe H_{ges} als Reibungsverlusthöhe h_r verbraucht wird. Nur ein unwesentlicher Anteil entfällt auf die Geschwindigkeitshöhe h_c, da in diesen Leitungen die Durchflußgeschwindigkeit selten über 2,0 m/s, entsprechend einem $h_c = 0{,}20$ m, liegt. Mit Rücksicht auf die Höhe der statischen Drücke und die vorliegenden dynamischen Verhältnisse werden längere Leitungen in einzelne hydraulische Abschnitte durch Zwischenschaltung von Hochbehältern unterteilt. Meist werden die Längen dieser Abschnitte durch das Vorhandensein örtlicher Erhebungen zur Anlage der Erdhochbehälter bestimmt; wo die Geländeverhältnisse dies nicht gestatten, wird der wesentlich teurere Turmbehälter erforderlich (Abb. 1).

Die Regelung des Durchflusses in den einzelnen Abschnitten erfolgt fast immer automatisch mittels des sogenannten Einlaufschiebers im Zulauf des Hochbehälters, dessen vom Behälterstand abhängige Schwimmersteuerung entweder direkt mechanisch oder über einen Servomotorantrieb den Zufluß einstellt (Abb. 2). Bei direkt mechanischer Schwimmersteuerung des Einlaufschiebers ist ein Mindestschwimmerhub von 0,5 bis 0,6 m notwendig, um die nötigen Verstellkräfte aufzubringen. Dieser Hubweg bedingt den Regelraum des Behälters, der als Speicherraum verlorengeht. Da der Speicherraum zum Ausgleich der Belastungsspitzen, aber auch zur Reserve bei Störungen möglichst groß sein soll, muß bei Erdbehältern großer Grundrißfläche ein tunlichst kleiner Regelraum angestrebt werden. Er läßt sich

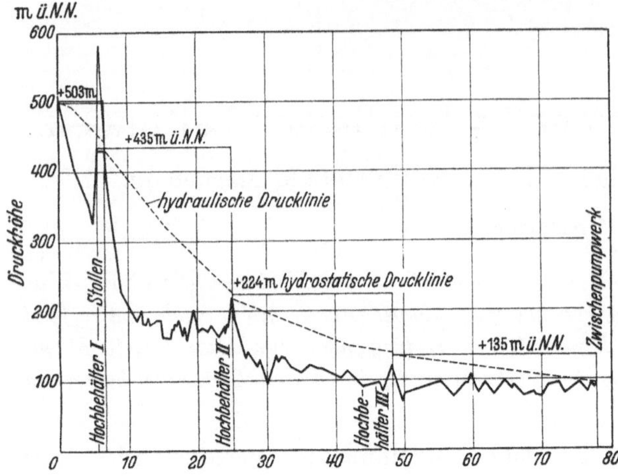

Abb. 1. Druckhöhenplan einer Fernwasserleitung.

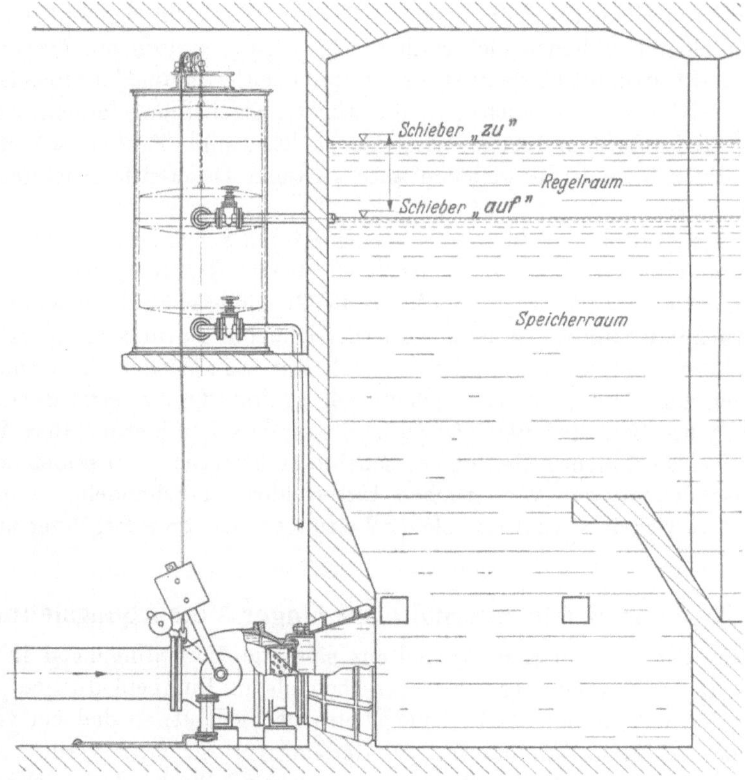

Abb. 2. Schwimmergesteuerter Einlaufschieber eines Hochbehälters.

einmal erreichen durch eine wirtschaftlich noch vertretbare große Wasserstandshöhe des Behälters (bis 6,0 m), zum anderen mittels Servomotorantrieb des Einlaufschiebers. Die Mindestgröße des Regelraumes wird andererseits durch die Regelzeit dieses Schiebers festgelegt bzw. durch die Verhältnisse der durch diesen Schieber geregelten Zulaufleitung; wird diese Mindestregelzeit unterschritten oder ist dabei die Durchflußänderung nicht linear, so ergeben sich durch zu große oder unstetige Beschleunigung der Wassermassen in der Rohrleitung dynamische Druckschwankungen, die für den Betrieb dieser Leitungen fast immer nachteilig sind und grundsätzlich vermieden werden sollen.

Die Bedingung einer ausreichenden Regelzeit läßt sich baulich und betrieblich bei diesen Gefälleleitungen meist ohne weiteres einhalten; bei Turmbehältern mit relativ kleiner Grundrißfläche bedingt der erforderliche Regelraum bzw. die Schließzeit dann allerdings Regelhöhen, d. h. Schwimmerhübe bis 3 m und darüber. Auch die zweite Forderung der linearen Durchflußänderung läßt sich erfüllen; auf die Einzelheiten derselben wird noch später einzugehen sein. Durch die betriebliche Regelung treten daher normalerweise in diesen Leitungen dynamische Druckstoßerscheinungen nicht auf; außerbetriebliche Störungen durch Versagen des Regelmechanismus infolge Gestängebruchs, Versagen der Ölbremsen usw. sind bei entsprechenden Schieberkonstruktionen praktisch ausgeschlossen.

Auch der Betrieb von Pumpleitungen läßt sich ohne dynamische Störungen gestalten, wenn die mit dem Anfahren und Absetzen der Pumpen auftretenden Beschleunigungen des Rohrleitungsinhaltes mittels eines Schiebers auf der Pumpendruckseite entsprechend gesteuert werden. Hat dieser Schieber besonderen Kraftantrieb, so ist bei hohen Reibungsverlusthöhen, also langen Rohrleitungen, ebenfalls auf die Herbeiführung einer linearen Durchflußänderung, d. h. auf eine stetige Beschleunigung zu achten. Die Regelung des Durchflusses in Pumprohrleitungen erfolgt meist durch Unterteilung der Gesamtleistung auf verschiedene Maschinensätze; unter Einbeziehung des Speicherinhaltes der Hochbehälter läßt sich damit eine weitgehende Anpassung der Förderung an die Abnahmeverhältnisse erreichen. Auch der Betrieb mit drehzahlgeregelter Maschine oder Pumpe mit Verstellpropeller führt zu keinen Schwierigkeiten in dynamischer Beziehung.

Gegenüber Gefälleleitungen sind jedoch Pumpleitungen, je nach Art der Antriebsenergie, wesentlich störanfälliger durch plötzliches Aussetzen der maschinellen Förderung. Bei der massearmen Ausführung elektromotorischer Antriebe führt daher jede größere Störung der Stromzufuhr zu dynamischen Druckstoßerscheinungen im hydraulischen Teil, mit des öfteren recht unangenehmen betrieblichen Folgeerscheinungen. Letztere sind meist in dem Auftreten der Unterdruckwellen bedingt, die zu Unterschneidungen der Geländehochpunkte der Trasse führen und, falls dieselben belüftet sind, unerwünschte Luftmengen in die Rohrleitungen bringen; bei Trinkwasserleitungen besteht hierbei noch eine weitere Gefahr darin, daß Oberflächenwasser aus den Lüfterschächten mit bakteriologisch gefährlichen Verschmutzungen in das Wasser gelangen können. Reißt die Wassersäule infolge des Unterdruckstoßes in den Hochpunkten ab, so führen die einzelnen Wassersäulen voneinander unabhängige Schwingungen aus und verursachen beim Zusammenprallen die gefürchteten Wasserschläge, die sehr oft Überbeanspruchungen der Leitung zur Folge haben und bei gestemmten Muffenverbindungen zu Undichtigkeiten, bei gußeisernen Leitungen und Ausrüstungsteilen, wie auch bei Stahlbetonleitungen zu Rissen und ganzen Schalenbrüchen führen können. Bei einfachen Abrissen der Wassersäule lassen sich Ort und Höhe des Wasserschlages nach den bekannten graphischen Verfahren der Druckstoßermittlung mit großer Annäherung bestimmen, während bei mehrfachen Abrissen die Verhältnisse sehr bald nicht mehr übersehbar werden. Bei solchen Betriebsverhältnissen können sich dann alle ungünstigen Faktoren einmal so addieren, daß ein Bruch unvermeidbar wird — eine Erscheinung, die schon des öfteren beobachtet wurde. Relativ günstige Versuchswerte aus Ersterprobungen solcher Leitungen schließen daher nicht die Möglichkeit überraschender Überbeanspruchungen im späteren Betrieb aus.

Aber auch die aus der Unterdruckwelle vom Behälterende der Leitung reflektierte Überdruckwelle kann mancher Anlage gefährlich werden. Wie noch weiter unten gezeigt werden kann, gelingt es jedoch fast immer, diese Überdruckwellen mittels zusätzlicher Vorrichtungen unschädlich zu machen.

Eine weitere, sowohl in Pump- wie Gefälleleitungen auftretende und in dynamischer Hinsicht interessierende Betriebsstörung bildet der Rohrbruch in seinen vielfältigen, vom schleichenden Bruch durch Anrisse und Muffenundichtigkeiten bis zum vollen Schalenbruch gekennzeichneten Erscheinungsformen. Abgesehen von seinen unmittelbaren Folgen in Gestalt von Überschwemmungen, Unterspülungen und sonstigen Auswirkungen hat er sehr oft weitere Rohrbrüche im Gefolge, die auf die durch ihn in der Leitung ausgelösten dynamischen Druckstöße zurückzuführen sind. Bei vollem plötzlichem Rohrbruch treten hier stoßartige Unterdruckwellen auf, die infolge der zusätzlichen Beschleunigungsenergie des voll verfügbaren manometrischen Druckgefälles weit über den Druckschwankungen aus Änderungen der betrieblichen Durchflußgeschwindigkeiten liegen können. Die Auswirkungen dieser Rohrbrüche erfordern daher besondere Sicherungseinrichtungen, deren Aufgabe es ist, sowohl die unmittelbaren als auch die mittelbaren Folgen auf ein Mindestmaß einzuschränken.

Aus diesen kurzen Darlegungen ergibt sich, daß die dynamischen Verhältnisse in langen hydraulischen Leitungen zum Teil wesentlich andersgeartet sind als in Turbinenrohrleitungen. Während bei letzteren durch die unmittelbare Lastverkettung des elektrischen und hydraulischen Teiles auch im normalen Betrieb die dynamischen Erscheinungen die Regel bilden, treten sie in den Versorgungsleitungen nur als Ausnahmefälle infolge außerbetrieblicher Störungen auf.

Die Begrenzung der Druckschwankungen läßt sich in Turbinenrohrleitungen mit verschiedenen konstruktiven Mitteln, so z. B. durch ausreichend bemessene Schwungmomente in den Maschinensätzen, durch Strahlablenker, Druckregler, Freiauslässe und dergleichen, eindeutig erreichen, während baulich eine günstige Trassenführung, nötigenfalls unter Einschaltung von Wasserschlössern, fast immer möglich ist. Bei Pumpleitungen auf langen Strecken liegen ähnlich günstige Geländeverhältnisse in der Regel nicht vor, und der Konstrukteur muß daher fast stets zu zusätzlichen apparativen Mitteln greifen, um die dynamischen Folgen des Pumpenausfalls zu unterdrücken oder herabzumindern. Über den Wert und die Anwendbarkeit derselben konnte eine einheitliche Auffassung bislang nicht immer festgestellt werden; ein Kapitel jedoch, das in dynamischer Hinsicht gerade für Fernleitungen von besonderer Wichtigkeit war, nämlich die richtige Konstruktion der Regel- und Absperrorgane im Hinblick auf die bei langen Leitungen besonders gelagerten hydraulischen Regelvorgänge, kann bereits als abgeschlossen betrachtet werden, wie sich aus dem Nachstehenden ergibt.

2. Das hydraulische Regelverhalten langer Leitungen.

Zwischen den relativ kurzen Turbinenrohrleitungen und den Versorgungsleitungen mit Längen bis 50 km und mehr ergeben sich Unterschiede hydraulischer Art, die von besonderer Bedeutung für die Regelung, also die Schließ- und Öffnungsvorgänge der Armaturen dieser Leitungen werden. Die Reibungsverlusthöhen h_r in Turbinenrohrleitungen bewegen sich aus wirtschaftlichen Erwägungen in niedrigen Grenzen (6 bis 8% der statischen Druckhöhe h_s). Der Vordruck am Regelorgan, an der Düsennadel oder am Turbinen-Leitapparat unterliegt also während des Regelvorganges nur geringen Schwankungen. Dagegen ändert sich der Vordruck eines Schiebers am Ende einer langen Freispiegelleitung bis zur Höhe des gesamten Reibungsverlustes h_r, der hier, wie schon erwähnt, praktisch dem statischen Druck gleichkommt. Diese Schieber besitzen gegenüber einer Düsennadel nur eine geringe mechanische Einschnürung im Verhältnis zum Rohrquerschnitt. Werden ein eventueller Gegendruck hinter dem Schieber (Behälterdruck) sowie seine strömungstechnischen Verluste vernachlässigt, so muß bei dem Schließvorgang die in der Rohrleitung freiwerdende Reibungshöhe nunmehr im Regler restlos in Geschwindigkeit umgesetzt werden. Je nach Länge der Rohrleitung wird daher ein dem Reibungsverlust h_r entsprechend verschieden hoher Anteil des Gesamtgefälles H_{ges} erst im Regler in Geschwindigkeitshöhe verwandelt. Dies bedingt ein unterschiedliches, hydraulisches Regelverhalten von kurzen gegenüber langen Rohrleitungen, trotz Verwendung gleichgebauter Regelschieber.

Diese Verhältnisse sind in Abb. 3 dargestellt, und zwar zunächst unter der Voraussetzung, daß die Regelvorgänge sehr langsam erfolgen und die hierdurch bedingten Beschleunigungsänderungen des Rohrleitungsinhaltes so klein sind, daß die Gesetze der statischen Hydraulik anwendbar bleiben.

Auf der Abszisse von Abb. 3 ist der bezogene Hubweg $e/e_{\max}$ des für alle betrachteten Leitungen gleichen Absperrorganes dargestellt. Dasselbe besitzt eine mechanisch-lineare Regleröffnungsfunktion, wie sie sich aus der Auftragung des Öffnungsgrades

$$\sigma\,(e) = \frac{F_R\,(e)}{F_{R\max}} \qquad (1)$$

auf der unteren Ordinate und des Reglerhubes e auf der Abszisse ergibt, so daß sich das Öffnungsverhältnis σ linear mit dem Regelhub e ändert.

Die obere Ordinate von Abb. 3 bezeichnet die bezogene Durchflußgeschwindigkeit

$$\varphi\,(e) = \frac{c\,(e)}{c_{\max}} \qquad (2)$$

in der Rohrleitung, und zwar für verschieden lange Rohrleitungen (Kurven a bis d). Bei einer einheitlichen Gesamtfallhöhe H_{ges} sind die Leitungslängen so bemessen, daß für

Kurve a $h_r = 0$ und damit $h_c = H_{ges}$

,, b $h_r = 0{,}9\,H_{ges}$ $h_c = 0{,}1\,H_{ges}$

,, c $h_r = 0{,}99\,H_{ges}$ $h_c = 0{,}01\,H_{ges}$

,, d $h_r = 0{,}999\,H_{ges}$ $h_c = 0{,}001\,H_{ges}$

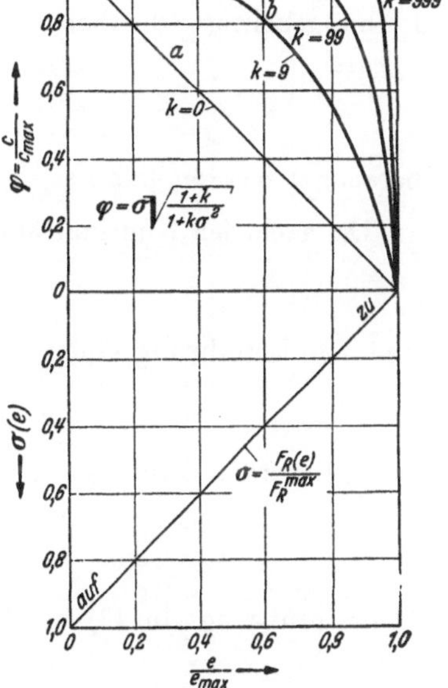

Abb. 3. Hydraulische Regelkennlinien verschieden langer Freispiegelleitungen.

wird. Diese Zahlen ergeben beispielsweise bei Annahme eines Rohrdurchmessers von 700 mm l.W. und einer einheitlichen Gesamtfallhöhe $H_{ges} = 50$ m WS folgende Verhältnisse (bei quadratischem Reibungsgesetz und voll geöffnetem Schieber):

Tabelle 1. Zugrunde gelegte Leitungsausgangswerte.

Kurve	a	b	c	d
H_{ges} in m WS .	50	50	50	50
L in km. . . .	0	0,5	5	50
h_r in m WS . .	0	45	49,5	49,95
h_c in m WS . .	50	5	0,5	0,05
c in m/s	31,3	9,9	3,15	0,99
k	0	9	99	999

Aus dem Verlauf der auf dem quadratischen Reibungsgesetz aufgebauten „hydraulischen Regelkennlinien" von Abb. 3 ist zu ersehen, daß bei der vorausgesetzten mechanisch-linearen Schließfunktion des Regelschiebers nur Kurve a ein hydraulisch-lineares Regelverhalten aufweist. Da die Rohrreibungsverluste hier gleich 0 sind, wird das Gesamtgefälle H_{ges} in Geschwindigkeit umgesetzt, so daß mit jeder Änderung des Regelquerschnittes eine entsprechende Änderung des Durchflusses eintritt, Verhältnisse, wie sie theoretisch bei Grundablässen ohne Leitung an Talsperrenmauern vorstellbar sind. Die Einbeziehung von Reibungsverlusthöhen h_r bedingt einen gekrümmten Verlauf der Regelkennlinien, der mit zunehmender Länge der Rohrleitung, d. h. mit zunehmendem h_r, wie die Kurven a bis d zeigen, immer stärker wird. Diese Verhältnisse lassen sich an Hand der für Turbinenrohrleitungen üblichen Regleröffnungsfunktion theoretisch leicht verfolgen, wie kurz abgeleitet sei.

Wenn die praktisch bedeutungslose Einlauf-Geschwindigkeitshöhe vernachlässigt und die Druckhöhe am Auslauf zu Null zugrunde gelegt wird, so erhält man für die Gesamtfallhöhe am Auslauf

$$H_{ges} = h_r + h_c = k\,\frac{c^2}{2\,g} + \frac{c_R^2}{2\,g}. \tag{3}$$

In dieser Gleichung bezeichnet c die Leitungsgeschwindigkeit bei gleichbleibendem Leitungsquerschnitt F, c_R die Geschwindigkeit im engsten Querschnitt F_R des Schiebers und k den Reibungsbeiwert, der beispielsweise für eine geschlossene Rohrleitung nach der Langschen Formel

$$k = \frac{\lambda\,L}{D} \tag{4}$$

berechnet werden kann.

Da nach der Kontinuitätsbedingung

$$c\,F = c_R\,F_R \tag{5}$$

und bei Einführung einer mechanischen Einschnürungsziffer α

$$F_{R\,max} = \alpha\,F \tag{6}$$

gesetzt werden kann, so erhält man in Verbindung mit (1)

$$c_R = c\,\frac{F}{F_R} = c\,\frac{F}{F_{R\,max}}\,\frac{F_{R\,max}}{F_R} = \frac{c}{\alpha\,\sigma}. \tag{7}$$

Die Einführung von (7) in (3) liefert für eine beliebige Stellung des Schiebers

$$H_{ges} = k\,\frac{c^2}{2\,g} + \frac{1}{\alpha^2\,\sigma^2}\,\frac{c^2}{2\,g} = \left(k + \frac{1}{\alpha^2\,\sigma^2}\right)\frac{c^2}{2\,g} \tag{8}$$

und insbesondere bei voll geöffnetem Schieber

$$H_{ges} = \left(k + \frac{1}{\alpha^2}\right)\frac{c_{max}^2}{2\,g}. \tag{9}$$

Hieraus folgt

$$c = \sqrt{\frac{2\,g\,H_{ges}}{k + \dfrac{1}{\alpha^2\,\sigma^2}}} \quad \text{bzw.} \quad c_{max} = \sqrt{\frac{2\,g\,H_{ges}}{k + \dfrac{1}{\alpha^2}}} \tag{10}$$

und damit für die bezogene Durchflußgeschwindigkeit oder hydraulische Regelkennlinie in Abhängigkeit von der Hubhöhe e

$$\varphi\,(e) = \frac{c\,(e)}{c_{max}} = \sqrt{\frac{k + \dfrac{1}{\alpha^2}}{k + \dfrac{1}{\alpha^2}\,\dfrac{1}{\sigma^2\,(e)}}} = \sigma\,(e)\,\sqrt{\frac{1 + \alpha^2\,k}{1 + \alpha^2\,k\,\sigma^2(e)}}. \tag{11}$$

Im Sonderfalle, daß Rohrquerschnitt F und Reglervollquerschnitt $F_{R\,max}$ gleich groß sind, ergibt sich mit $\alpha = 1$

$$\varphi\,(e) = \frac{c}{c_{max}} = \sigma\,(e)\,\sqrt{\frac{1 + k}{1 + k\,\sigma^2(e)}}. \qquad (\alpha = 1) \tag{12}$$

Die hydraulischen Regelkennlinien der Abb. 3 sind nach Gl. (12) berechnet. Der Reibungsbeiwert k der Formel bestimmt sich hierbei aus dem vorgegebenen Verhältnis h_c/H_{ges} bei ganzgeöffneter Rohrleitung (Tabelle 1). Die zu Abb. 3 gehörigen Zahlenwerte sind in der Tabelle 2 niedergelegt.

Tabelle 2. Berechnung der hydraulischen Regelkennlinien.

σ	$\varphi = c/c_{max}$			
	$h_c/H_{ges} = 1{,}0$ bzw. $k = 0$	$h_c/H_{ges} = 0{,}1$ bzw. $k = 9$	$h_c H_{ges} = 0{,}01$ bzw. $k = 99$	$h_c/H_{ges} = 0{,}001$ bzw. $k = 999$
1,0	1,0	1,0	1,0	1,0
0,9	0,9	0,987	1,0	1,0
0,8	0,8	0,972	1,0	1,0
0,7	0,7	0,953	0,998	1,0
0,6	0,6	0,921	0,991	1,0
0,5	0,5	0,877	0,987	1,0
0,4	0,4	0,180	0,976	1,0
0,3	0,3	0,705	0,953	0,994
0,2	0,2	0,541	0,900	0,986
0,1	0,1	0,302	0,710	0,954
0,08	0,08	0,246	0,625	0,930
0,06	0,06	0,186	0,515	0,883
0,04	0,04	0,125	0,370	0,785
0,02	0,02	0,063	0,196	0,535
0,01	0,01	0,030	0,101	0,302

Zusammengefaßt ergeben sich aus diesen Betrachtungen folgende Erkenntnisse:

1. Bei der Regelung langer hydraulischer Leitungen ist zu unterscheiden zwischen der „mechanischen Regleröffnungsfunktion" des Reglers und dem hydraulischen Regelverhalten der Leitung. Die mechanische Regleröffnungsfunktion wird definiert als die Abhängigkeit des geometrischen Regelquerschnittes von dem Regelhub:

$$\frac{F_R}{F_{R\,max}} = \sigma = \sigma\,(e)$$

bzw., wie noch später gezeigt wird, von der Regelzeit: $\sigma = \sigma\,(t)$.

2. Für das hydraulische Regelverhalten der Leitung, dargestellt durch die hydraulisch wirksame Regleröffnungsfunktion oder die „hydraulische Regelkennlinie"

$$\frac{c}{c_{max}} = \varphi = \varphi\,(\sigma_{(e)}) \quad \text{bzw.} \quad \frac{c}{c_{max}} = \varphi = \varphi\,(\sigma_{(t)})\,,$$

sind sowohl die hydraulischen Verhältnisse der Leitung wie auch die „mechanische Regleröffnungsfunktion" maßgebend.

3. Bei linearer mechanischer Regleröffnungsfunktion ist der Verlauf der hydraulischen Regelkennlinien vom Rohrreibungswert k bzw. vom Verhältnis der Geschwindigkeitshöhe h_c zur Reibungsverlusthöhe h_r abhängig; letzteres kann auch in der Form

$$\frac{h_c}{h_c + h_r} = \frac{h_c}{H_{ges}}$$

als Parameter eingeführt werden (Tabelle 2).

In langen Versorgungsleitungen ist dieses Verhältnis h_c/h_r sehr klein, und es ergeben sich daraus ungünstige Regelbedingungen. Aus der Kurve d (Abb. 3) ist erkenntlich, daß beim Abschluß eines üblichen Schiebers die wirksame Drosselung erst auf den letzten 10 bis 20% des Hubweges e beginnt, um dann allerdings sehr schnell anzuwachsen. Das bedeutet, daß ein solcher Schieber zu 80 bis 90% geschlossen werden kann, ohne daß eine merkbare Durchflußminderung in der Rohrleitung entsteht, eine Erscheinung, die jedem Betriebspraktiker geläufig ist. Der letzte Teil des Hubweges muß daher sehr langsam durchfahren werden, da sonst heftige dynamische Druckstoßerscheinungen unausbleiblich sind. Beim Öffnungsvorgang ist das umgekehrte Verhalten zu beobachten.

Solange solche Schieber manuell betätigt werden, entstehen keine Schwierigkeiten, da man die Schieber-Schließgeschwindigkeit diesen Bedingungen ohne weiteres anpassen kann. Bei Regelorganen, die dagegen kraftbetätigt mit konstanter Regelgeschwindigkeit arbeiten, wie etwa motorisch angetriebene oder schwimmergesteuerte Schieber, ergeben sich sehr ungünstige Vorbedingungen, die zur Entwicklung besonderer Regelarmaturen führten.

3. Die Regelarmaturen in hydraulischen Fernleitungen.

Für die meisten kraftangetriebenen Abschluß- und Regelorgane in hydraulischen Fernleitungen, insbesondere Rohrbruchschieber, Zulaufregler, Druckzonenschieber usw., muß eine möglichst kurze Schließ- bzw. Regelzeit angestrebt werden. Die kürzeste Schließzeit bei vorgeschriebener dynamischer Drucksteigerung läßt sich bekanntlich nur bei einer stetigen Beschleunigung, d. h. einer linearen Geschwindigkeitsänderung in der Rohrleitung, erreichen. Die übliche analytische Berechnung der Drucksteigerung geht daher meist von der Voraussetzung einer linearen Schließfunktion, genauer gesagt von einer linearen hydraulischen Regelkennlinie $\varphi = \varphi(\sigma)$ aus. Die obigen Betrachtungen lassen aber erkennen, daß diese Bedingung infolge des durch die Reibung stark beeinflußten hydraulischen Regelverhaltens der Leitung nur im Regelorgan selbst zu erreichen ist.

Zur konstruktiven Lösung dieser Frage muß ein weiterer Faktor der Regelung, die Regelgeschwindigkeit

$$v_R = \frac{de}{dt}$$

eingeführt werden. In den bisherigen Betrachtungen war dieselbe als so klein vorausgesetzt worden, daß sie außer Ansatz bleiben konnte. Die nunmehr gestellte Forderung auf kürzeste Regelzeit bei stetiger Beschleunigung des Rohrleitungsinhaltes wirkt sich aber auch auf die Art und Größe der Regelgeschwindigkeit aus. Bei Berücksichtigung derselben ergeben sich zwei grundsätzliche Wege des Reglerbaues, auf denen sich eine weitgehend lineare Regelkennlinie erreichen läßt.

a) Die Regelung mit nichtlinearer Regleröffnungsfunktion und konstanter Regelgeschwindigkeit. Aus nebenstehendem Regeldiagramm (Abb. 4) ist das Prinzip dieser Lösung erkenntlich. Die Regelung soll voraussetzungsgemäß mit gleichbleibender Regelgeschwindigkeit v_R erfolgen. Um die gegebene nichtlineare Regelkennlinie $\varphi = \varphi(e)$ zu linearisieren, muß daher die zugehörige lineare Regleröffnungsfunktion $\sigma = \sigma(e)$ entsprechend umgestaltet werden; der Verlauf

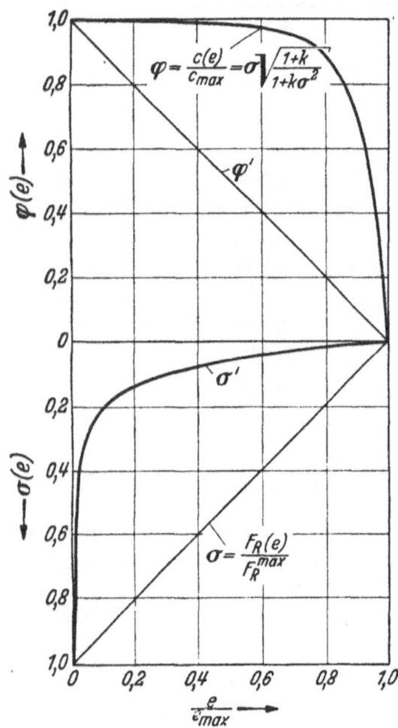

Abb. 4. Regelung mit hubabhängiger Öffnnngssteuerung.

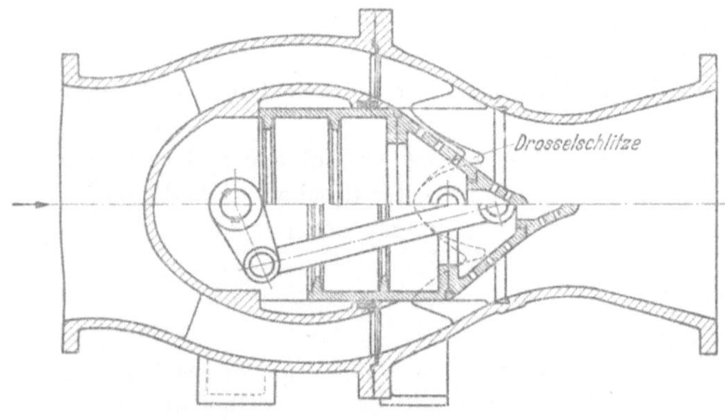

Abb. 5. Ringkolbenschieber mit Schlitzsteuerung.

dieser mit Hilfe von (11) ohne weiteres berechenbaren Funktion $\sigma' = \sigma'(e)$ führt dann zu einer linearen Regelkennlinie $\varphi' = \varphi'(e)$. Wird in (11) $\varphi = \varphi' = 1 - \dfrac{e}{e_{\max}}$ und $\sigma = \sigma'$ gesetzt, so folgt

$$\sigma'(e) = \frac{1}{a\sqrt{\dfrac{k + \dfrac{1}{a^2}}{(1 - e/e_{\max})^2} - k}} \tag{14}$$

Eine Regleröffnungsfunktion gemäß (14) läßt sich konstruktiv nur bei bestimmten Regelorganen erreichen, in erster Linie beim Ringkolbenschieber, gegebenenfalls auch bei

Ventilen. Der übliche Ringkolbenschieber besitzt eine mechanisch-lineare Regelfunktion $\sigma = F_R/F_{R\,\max} = \sigma\,(e)$, da der zylindrische Regelquerschnitt sich mit dem Regelhub e praktisch linear ändert. Ein Verlauf des Öffnungsverhältnisses nach den Bedingungen von (14) (Abb. 4) läßt sich nun dadurch erreichen, daß im Regelquerschnitt des Schiebers ein Zylinder angeordnet wird, der fensterartige Ausschnitte, sogenannte Drosselschlitze, enthält (Abb. 5). Die Abmessungen dieser Drosselschlitze lassen sich aus dem gegebenen Verhältnis $\sigma' = F_R/F_{R\,\max} = \sigma'\,(e)$ ohne weiteres errechnen. Bei konstanter Regelgeschwindigkeit wird damit der lineare Verlauf der hydraulischen Regelkennlinie $\varphi' = \varphi'\,(e)$ erzwungen.

Ringkolbenschieber mit Schlitzsteuerung werden hauptsächlich als Zulauf-Regelschieber in Hochbehältern verwendet. Diese Schieber arbeiten beim Öffnen bei bestimmten Zu- und Ablaufverhältnissen mit konstanter Regelgeschwindigkeit v_R. Auch Regelschieber mit motorischem Antrieb, wie sie besonders als fernbediente Druckzonen- und Absperrschieber in längeren Leitungen Verwendung finden, haben konstante Regelgeschwindigkeit und werden deshalb ebenfalls zweckmäßig mit dieser Schlitzsteuerung ausgerüstet. Sie gewährleisten dann eine dynamisch stoßlose Regelung des Durchflusses innerhalb der kleinsten zulässigen Regelzeiten.

Nachteilig wirkt sich bei diesen Konstruktionen der Umstand aus, daß selbst bei voller Öffnung der Schieber infolge des Drosselzylinders ein größerer Druckverlust in Kauf genommen werden muß. Der nachstehende zweite Weg vermeidet diesen Nachteil, ist aber selbst wieder in seiner Anwendbarkeit beschränkt, wie sich aus folgendem ergeben wird.

b) Die Regelung mit veränderlicher Regelgeschwindigkeit und linearer Regleröffnungsfunktion. In dem zugehörigen Regeldiagramm (Abb. 6) ist der Abszisse statt des bisherigen Regelhubes e nunmehr die Regelzeit t bzw. die dimensionslose Regelzeit t/T_s zugrunde gelegt; der Regler selbst besitzt hier eine lineare mechanische Regleröffnungsfunktion $\sigma = \sigma\,(e)$, so daß bei linearem Schließzeitverlauf $\sigma = \sigma\left(\dfrac{t}{T_s}\right)$ dieselbe hydraulische Regelkennlinie $\varphi = \varphi\left(\dfrac{t}{T_s}\right)$ wie im Falle a) auftritt. Ihre Linealisierung $\varphi' = \varphi'\left(\dfrac{t}{T_s}\right)$ kann nun durch eine mechanische Regleröffnungsfunktion $\sigma' = \sigma'\left(\dfrac{t}{T_s}\right)$ herbeigeführt werden, aus der sich die Regelgeschwindigkeit $v_R = de/dt$ ohne weiteres ermitteln läßt. Wird in (14) e mit $\dfrac{t}{T_s}$ vertauscht, so folgt

$$\sigma'\left(\frac{t}{T_s}\right) = \frac{1}{\alpha\sqrt{\dfrac{k + \dfrac{1}{\alpha^2}}{\left(1 - \dfrac{t}{T_s}\right)^2} - k}} \tag{15}$$

$$v_R = \frac{de}{dt} = \frac{\dfrac{d\sigma'}{dt}}{\dfrac{d\sigma'}{de}}. \tag{16}$$

Während im Falle a) die mechanische Regleröffnungsfunktion $\sigma' = \sigma'\,(e)$ wegabhängig gestaltet wird, bei konstanter Regelgeschwindigkeit v_R, wird sie hier zeitabhängig zugrunde gelegt durch Anwendung einer veränderlichen Regelgeschwindigkeit bei linearer Wegabhängigkeit.

Zur Erzielung der durch (15) und (16) vorgeschriebenen Änderung der Regelgeschwindigkeit v_R sind oft nicht unerhebliche konstruktive Schwierigkeiten zu überwinden, die durch das ungünstige Verhältnis der Geschwindigkeitsänderungen bedingt sind. Kinematische Übersetzungsgetriebe, z. B. mit Abwälzkurven im Antriebsmechanismus des Schiebers, sind er-

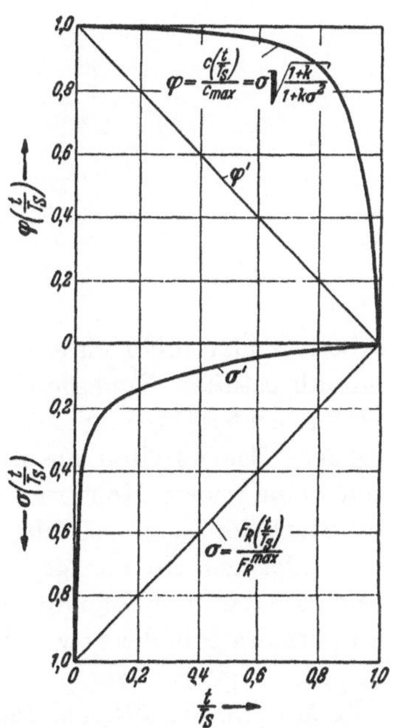

Abb. 6. Regelung mit geschwindigkeitsabhängiger Öffnungssteuerung.

fahrungsgemäß nicht anwendbar. Die bisherigen Lösungen arbeiten daher nur im Schließhub, und zwar mit veränderlicher Regelgeschwindigkeit, die mittels Ölbremsen erreicht wird, z. B. bei Rohrbruchschiebern mit Fallgewichtsantrieb. Geöffnet werden diese Armaturen von Hand, was sich mit den betrieblichen Erfordernissen im allgemeinen auch in Einklang bringen läßt. Die Anpassung an den vorgeschriebenen Verlauf der Regelgeschwindigkeit v_R wird auf verschiedenen Wegen mit mehr oder weniger großer Annäherung erreicht. Zuerst

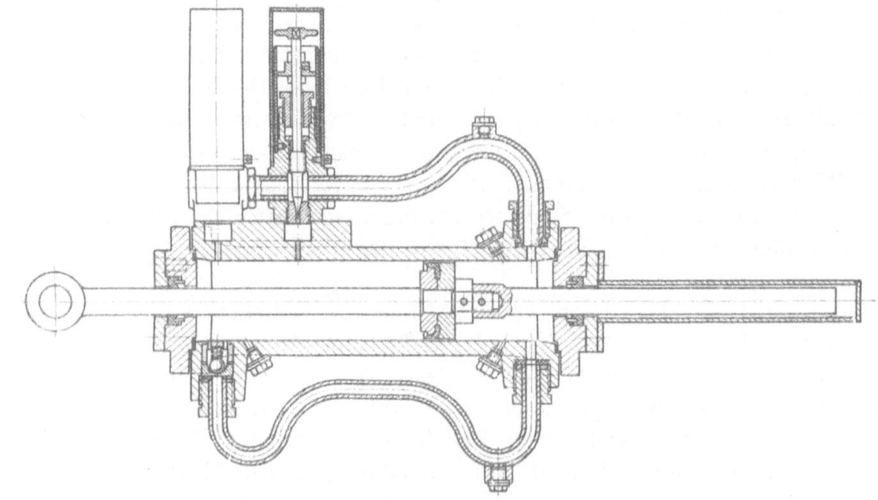

Abb. 7. Ölbremse mit abgestuften Bremsgeschwindigkeiten.

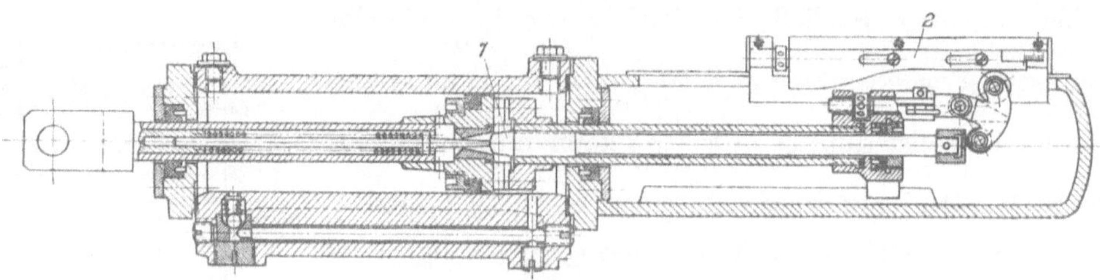

Abb. 8. Gesteuerte Ölbremse.

arbeitete man mit mehreren, in ihren Geschwindigkeiten abgestuften Bremszylindern, dann mit abgestuften Bremsgeschwindigkeiten in einer einzigen Ölbremse (Abb. 7). Die hierbei verbleibenden Unstetigkeiten im Verlauf der Regelgeschwindigkeit erfordern aber immer noch größere Schließzeiten als die theoretisch möglichen. Einen bemerkenswerten Fortschritt zeigt eine neuere Konstruktion, deren Gedanke kurz erläutert sei.

Statt der festeingestellten Drosselventile einer mehrfach gestuften Ölbremse verwendet man hier nur ein einziges, über eine Leitkurve gesteuertes Drosselventil. Die Steuerung erfolgt dabei in Abhängigkeit von der Hubbewegung des Bremskolbens bzw. des Absperrkörpers des Schiebers, wobei die Leitkurve zu einer kontinuierlichen und den gewünschten Regelbedingungen entsprechenden Schließgeschwindigkeit führt. Abb. 8 zeigt eine solche Ölbremse im Schnitt, bei der die Drosseleinrichtung im Bremskolben angeordnet ist, wobei der Durchfluß der Bremsflüssigkeit von einer Seite des Kolbens zur anderen durch das Drosselventil bestimmt wird. Die Verstellung des Drosselkegels *1* erfolgt über einen Winkelhebel, der an der Kolbenstange angelenkt ist und von dieser an der Leitkurve *2* entlang bewegt wird. Es ergibt sich also eine vom Hub abhängige, kontinuierliche Drosselung der Ölbremse, wodurch die gewünschte Bewegung des Absperrorganes erreicht wird. Dieselbe Einrichtung kann auch zur Veränderung der Abschluß- und Öffnungsbewegung an Servomotor-Antrieben von Absperrorganen jeder Art verwendet werden.

Für die Ausrüstung langer Versorgungsleitungen mit selbsttätigen Absperr- und Regelorganen stehen daher heute Schieberkonstruktionen zur Verfügung, die den gestellten Regelforderungen weitgehendst entsprechen und hinsichtlich ihrer baulichen Durchbildung bereits einen gewissen Abschluß erreicht haben dürften. Wenn auch die verhältnismäßig schnelle Entwicklung noch verschiedene Zwischenlösungen mit sich brachte, so darf doch angenommen werden, daß die hier beschriebenen Konstruktionen das Feld behaupten werden.

Es ergeben sich damit für den Einbau solcher selbsttätiger Armaturen in hydraulischen Fernleitungen gewisse Bedingungen, deren Einhaltung die Voraussetzung für eine dynamisch einwandfreie betriebliche Regelung dieser Leitungen bildet. Sie gipfeln in der Erkenntnis, daß die Konstruktion dieser Schieber nicht mehr unabhängig von den hydraulischen Verhältnissen der Rohrleitung am Einbauort ist, daß letztere vielmehr die Art der mechanischen Regleröffnungsfunktion vorschreibt; jeder Schieber muß daher für den endgültigen Einbauort vorberechnet werden.

Für schwimmerbetätigte oder motorisch angetriebene Zulaufregler von Behältern sowie fernbediente Absperr- und Regelschieber kommt in erster Linie der Ringkolbenschieber mit Drosselschlitzen in Frage, da hier sowohl Öffnungs- als Schließbewegungen mit konstanter Regelgeschwindigkeit vorkommen. Auf den erhöhten Widerstandsverlust bei voller Öffnung muß bei der hydraulischen Dimensionierung Rücksicht genommen werden. Selbsttätige Absperrorgane, die reine Schließbewegungen auszuführen haben, also insonderheit Rohrbruchorgane, können mit veränderlicher Schließgeschwindigkeit durch entsprechende Abbremsung arbeiten. Es empfiehlt sich, solche Armaturen, die den Abschluß gegen höhere hydraulische Drücke durchzuführen haben, ebenfalls als Ringkolbenschieber auszubilden, da diese Schieber entlastet arbeiten, also geringe Verstellkräfte benötigen und infolge ihrer günstigen Strömungsverhältnisse auch kavitations- und erschütterungsfrei arbeiten. Dagegen kommen für Rohrbruchsicherungen am Auslauf von Behältern, die unter niedrigen Drücken stehen, zweckmäßig Drosselklappen mit Fallgewichtsantrieb und stetiger Ölbremsung zum Einbau; auch motorisch oder kraftkolbenbetätigte Abschlußarmaturen sind hier möglich. Die Anwendung dieser Armaturen wird jedoch bis zu einem gewissen Grade durch die vorerwähnten Umstände eingeschränkt, und es empfiehlt sich daher, besonders in Grenzfällen, ihre Wahl dem Ermessen des Lieferwerkes anheimzustellen.

4. Maßnahmen gegen Betriebsstörungen.

Für die aus Rohrbruch und Pumpenausfall bedingten dynamischen Störungen stehen eine Anzahl baulicher und konstruktiver Gegenmaßnahmen zur Verfügung, mit welchen sich in vielen Fällen ein befriedigendes Ergebnis erzielen ließ. Daneben treten aber auch Betriebsverhältnisse auf, für die sowohl die theoretischen Zusammenhänge als auch die bisherigen Konstruktionen noch nicht als ausreichend entwickelt anzusehen sind. Hier eröffnet sich daher noch ein weiteres Feld für die Durchforschung der Druckstoßerscheinungen und ihre praktische Auswertung. Die nachstehenden Ausführungen beschränken sich darauf, einen kurzen Überblick der hierbei vorliegenden Bau- und Betriebsverhältnisse in langen Leitungen zu geben, zumal dieselben nicht in dem Maße allgemein bekannt sind, wie dies bei Kraftrohrleitungen der Fall ist.

a) Rohrbruchsicherungen. Neben Ringschiebern und Drosselklappen läßt sich selbstverständlich jedes Absperrorgan auch selbsttätig schließend bauen, so daß für die Wahl dieser Armaturen neben dem wirtschaftlichen und konstruktiven Aufwand hauptsächlich das strömungstechnische Verhalten bei Drosselstellungen unter höheren Drücken entscheidend ist. Der allgemeine Aufbau einer solchen Rohrbrucharmatur darf als bekannt vorausgesetzt werden.

In dynamischer Hinsicht interessieren hier vornehmlich die Fragen der Schließfunktion, der Schließzeit, der Auslösung sowie Steuerung des Rohrbruchorganes. Die schon oben gegebenen grundsätzlichen Ausführungen zur Schließfunktion bedürfen hier lediglich noch

9*

einer Betrachtung im Zusammenhang mit Schließzeit und Auslösungsvorgang; die Schließfunktion selbst wird dabei als linear vorausgesetzt, wie dies den Annahmen aller analytischen
Schließzeitformeln entspricht. Die Schließzeit ist dabei abhängig von der Länge der Leitung,
der Höhe der auftretenden Fließgeschwindigkeit und der Größe der zulässigen dynamischen
Drucksteigerung. Für einen im Zuge einer Falleitung eingebauten selbsttätigen Absperrschieber
kann daher auch deren längerer Teil hinter demselben für die Bemessung der Schließzeit
und Schließfunktion maßgebend sein; so ist für ein Rohrbruchorgan am Auslauf eines Hochbehälters die Länge der anschließenden Gefälleleitung dann in die Rechnung einzuführen,
wenn gleichzeitig ein wesentlicher Teil des anstehenden Druckgefälles durch diesen Schieber
als Transportenergie des Leitungsinhaltes abgedrosselt wird, wie es z. B. bei Turmbehältern
der Fall ist. Diese Druckhöhe wird im allgemeinen, so bei fernbetätigten Druckzonen- oder
Absperrschiebern, gleich der an der Drosselstelle vorhandenen Reibungsverlusthöhe sein;
im Fall eines Rohrbruches tritt hierzu noch der vorhandene hydraulische Druck, der unter
Umständen ein Mehrfaches der Reibungsverlusthöhe betragen kann. Im Beharrungszustand
des vollkommenen Rohrbruches wird damit die Geschwindigkeit in der Rohrleitung wesentlich
über der des Betriebes liegen. Welche Geschwindigkeit nun anzusetzen ist, hängt von der
Ansprechzeit des Rohrbruchorganes und der Anlaufzeit der Rohrleitung ab. Das Bestreben
nach kürzesten Schließzeiten geht daher parallel mit der Forderung möglichst kurzer Ansprechzeiten für den Auslösevorgang des Rohrbruchorganes. Der dritte Faktor der Schließ-
zeitbemessung, die zulässige dynamische Drucksteigerung, ist einmal durch die Über-
beanspruchbarkeit der Rohrleitung, also durch die Festigkeit der Rohre, Rohrverbindungen
und Einbauteile bestimmt, zum anderen durch den Abstand der betrieblichen hydraulischen
Drucklinie von den Gelände- bzw. Leitungshochpunkten. Der letztere Umstand ist, zumal
für die Bemessung der Regelzeiten von Einlauf- und Druckzonenschiebern, von Bedeutung,
insofern hier die Höhe der zulässigen Unterdruckstöße die Öffnungszeiten festlegt, was gegebenenfalls auch eine nichtlineare Schließfunktion bedingen kann. Versuche über die Art
der Beschleunigungsvorgänge von schnellgeöffneten langen Leitungen fehlen bislang ebenso
wie Zahlenangaben über die Ansprechzeiten von Rohrbruch-Auslöseeinrichtungen.

Die Auslösung der Abschlußbewegung des Schiebers kann selbsttätig oder halbautomatisch
mittels elektromagnetischer Fernsteuerung erfolgen; als Antriebsmittel für den Schließhub des
Rohrbruchorganes wird der Fallgewichtsantrieb bevorzugt, um in allen im Betrieb vor-
kommenden Fällen von anderen Betriebsmitteln (Strom, Druckwasser, Drucköl, Preßluft usw.)
unabhängig den sicheren Abschluß zu gewährleisten. Wenn das Rohrbruchorgan dagegen
gleichzeitig zur Regelung der Durchflußmenge (Druckzonenschieber) verwendet wird, kann
dieses auch zusätzlich mit Elektro- oder Kraftkolbenantrieb ausgerüstet werden.

Für die vollautomatische Auslösung wird fast immer die geschwindigkeits- bzw. mengen-
abhängige angewandt, in Form der Staupendelscheibe, der Quecksilberkippwaage und der
Quecksilberringwaage. Die Geschwindigkeitsmessung der ersteren beruht auf dem Widerstand
einer in der Strömung hängenden Stauscheibe, während bei den letzteren der Differenzdruck
eines Meßdruckgebers (Venturi, Normblende, Staurohr) genutzt wird. Bei den mengenabhängigen, nach dem Venturiprinzip arbeitenden Relais ist das Verhältnis von Verstellkraft
zu Verstellweg relativ klein. Sie arbeiten daher mit einer gewissen Verzögerung, d. h. die
mechanische Auslösung wird erst nach einer bestimmten Zeit, nach der die eingestellte Aus-
lösemenge erreicht ist, erfolgen. Während dieser Ansprechzeit wird die Wassergeschwindigkeit
bei Vorliegen eines vollkommenen Schalenbruches weiter ansteigen; daher erfolgt die Bemessung der Schließzeit bislang meist nach der überhaupt möglichen größten Durchflußmenge, was in vielen Fällen als nachteilig empfunden werden muß. Bei der Staupendelscheibe ist die Auslöseverzögerung infolge des günstigeren Verhältnisses von Verstellkraft
zu Verstellweg wesentlich kleiner, aber ihre konstruktiven Bedingungen setzen ihrer Meßgenauigkeit bestimmte Grenzen.

In langen Versorgungsleitungen wird sehr oft der Fall eintreten, daß mehrere Rohrbruchorgane zum Schutze bestimmter Objekte (Reichsbahnkreuzungen usw.) hintereinander liegen

und ein Rohrbruch alle Auslöserelais innerhalb der Laufzeit der Unterdruckwelle zum Ansprechen bringt. Meist wird nur eine Abriegelung beiderseits der Bruchstelle gewünscht, um die Versorgung der Abnehmer außerhalb des Rohrbruchabschnittes aufrechterhalten zu können. Ein vollautomatischer Selektivschutz, der nur die kranke Strecke heraustrennt, wäre hier das Wünschenswerteste und dürfte auch unter Zuhilfenahme elektrischer Meßwertübertragung und Vergleichung möglich sein. Teilweise ist man hier bereits zu einer halbautomatischen Lösung gekommen, die darin besteht, die Auslöserelais nach ihrem Ansprechen und ihrer Meldung in einer Betriebswarte automatisch zu verriegeln und die Verriegelung der abzuschließenden Schieber durch elektromagnetische Fernbetätigung von dort aus aufzuheben.

Ein anderer halbautomatischer Rohrbruchschutz besitzt Verzögerungsrelais, die in einer gewissen Zeitspanne zwischen Meldung und Abschlußbeginn noch eine Fernverriegelung gestatten, sofern eine Fehlauslösung stattfand. Letztere können hydraulisch dadurch auftreten, daß größere Abnehmer durch zu schnelles Öffnen ihrer Anschlußleitungen Unterdruckstöße hervorrufen, die auch die mengenabhängigen Auslöserelais der Rohrbruchschieber zum Ansprechen bringen. Vor allem sind es hier die vielerorts verwendeten einfachen Schwimmerventile, die in der Nähe der Schließstellung durch zusätzlich auftretende Strömungskräfte zu dem bekannten Schlagen des Abschlußkörpers neigen, wobei selbst der Schwimmer noch in hüpfende Bewegung gerät und Druckstöße mit besonders steiler Wellenstirn ausgelöst werden. Da mit den dynamischen Druck- auch entsprechende Mengenschwankungen verbunden sind, kann hierdurch ein Rohrbruch vorgetäuscht werden. Solche Fehlauslösungen beunruhigen den Betrieb der Versorgungnetze sehr stark; zweckmäßig sind daher die Hauptregelschieber solcher Abnehmer mit großen mechanischen Untersetzungsverhältnissen oder Ölbremsen vorzusehen, wenn es nicht sogar nötig wird, hier besondere Ausgleichsbehälter einzuschalten. In solchen Fällen kann auch eine Halbautomatik am Platze sein, trotz der dadurch bedingten Abschlußverzögerung; sie setzt eine ständig besetzte Betriebswarte voraus, ebenso die Anlage betriebseigener Fernmeldekabel.

In allen Fällen des vollkommenen Rohrbruches, wie er heute auch bei den relativ überlastbaren Stahlrohrleitungen auftreten kann, ist stets ein möglichst schneller Abschluß anzustreben. Dies erfordern nicht nur die mittelbaren Folgen der oft mit großer Gewalt austretenden Wassermassen, sondern auch die den Rohrbruch begleitenden dynamischen Druckstöße, die weitabgelegene Punkte der Leitung in Mitleidenschaft ziehen können und oft erst nach Behebung des auslösenden Schadenfalles entdeckt werden. Sofern dieselben zu Lufteinströmungen in den automatisch belüfteten Hochpunkten der Leitung führen, werden sie besonders gefährlich, da ein solches Schwingungssystem schon durch geringe Kräfte zu erheblichen Aufschaukelungen der Drücke veranlaßt werden kann. Bekannt sind diese Erscheinungen auch beim Füllen hydraulischer Leitungen, das nach vorliegenden Erfahrungen nur mit Füllgeschwindigkeiten von etwa 0,10 bis 0,15 m/s, bezogen auf den vollen Leitungsquerschnitt, erfolgen darf. Sie machen das Füllen langer Leitungen zu einer sehr zeitraubenden Angelegenheit, so daß die bauliche Schadensbehebung oft nur den kleineren Teil der Ausfallzeit der Versorgung darstellt. Das Leerlaufen einer Leitung im Schadensfalle zu verhüten, ist daher vom Betriebsstandpunkt aus gesehen mit eine der wichtigsten Aufgaben des Rohrbruchschutzes.

b) Pumpenausfall. Die dynamischen Störungen des Pumpenausfalles in langen Leitungen gehören in manchen Versorgungsanlagen zu den unangenehmsten Erscheinungen des Betriebes. Abrisse der Wassersäule an der Pumpe oder in den Leitungshochpunkten sowie bedeutende Überdrücke mit ihren Folgeerscheinungen mechanischer Zerstörungen machen in besonders gelagerten Fällen einen geordneten Betrieb oft unmöglich. Naturgemäß sind elektromotorisch angetriebene Kreiselpumpen in dynamischer Hinsicht am störanfälligsten, da zu dem Unsicherheitsfaktor der elektrischen Energiezufuhr noch das geringe Trägheitsmoment dieser Aggregate hinzukommt. Trotzdem hat die Wirtschaftlichkeit dieser Pumpanlagen ihnen eine weitgehende Verbreitung gesichert, wobei aus der Praxis eine ganze Anzahl baulicher und apparativer Maßnahmen geschaffen wurde, um die dynamischen Schwierigkeiten zu umgehen oder sie auf ein erträgliches Maß herabzumindern.

Auf der elektrischen Seite suchte man sich gegen außerbetriebliche Störungen durch zwei oder mehr voneinander unabhängiger Energiezuführungsleitungen zu sichern, wobei durch automatische Schnellumschaltung ein merklicher Abfall der Pumpendrehzahl vermeidbar wird. Da die meisten Ausfälle durch Einwirkungen atmosphärischer Überspannungen in Freileitungen auftreten, hat man mit Erfolg die Zuleitungen bis zum speisenden Kraftwerk vollständig verkabelt. Trotz der damit erreichten Beruhigung des Betriebes muß man natürlich noch gelegentliche Ausfälle infolge Schaltfehler oder sonstiger Betriebsstörungen in Kauf nehmen.

Günstige Geländeverhältnisse gestatten auch bauliche Maßnahmen, um lange Pumpleitungen zu vermeiden. So kann man in unmittelbarer Nähe des Pumpwerkes einen Hochbehälter anordnen und von ihm aus die übrige Zuleitung als Gefälleleitung betreiben. Ordnet man diesen Behälter im Nebenschluß zur Leitung an, so wirkt er als Standrohr bzw. Wasserschloß und ist bei entsprechender Bemessung seines Nutzinhaltes imstande, dynamische Störungen zu dämpfen oder ganz zu unterdrücken. Künstliche Standrohre mit ausreichendem Querschnitt

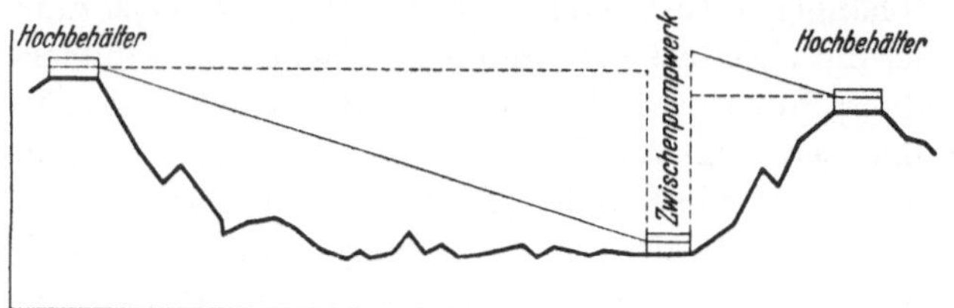

Abb. 9. Zwischenpumpwerk in einer Fernleitung.

zur Kompensation des Pumpenausfalles werden ihre Aufgabe nur in unmittelbarer Nähe des Pumpwerkes ganz erfüllen und stellen daher in den meisten Fällen eine teure Lösung dar. In Fernversorgungsleitungen wird man bei der in Abb. 9 gezeigten Situation statt einer langen Pumpleitung zwischen zwei Hochbehältern mit der Pumpe im ersten Behälter, den längeren Teil als Gefälleleitung ausbilden und in der Pumpstation einen Zwischenbehälter anordnen. Bei Pumpenausfall schließt der automatisch ausgelöste Einlaufschieber des Zwischenbehälters die Gefälleleitung in der zulässigen Schließzeit stoßlos ab; die Gesamtleitung wird sowohl statisch als dynamisch wesentlich geringer beansprucht.

Wo diese baulichen Möglichkeiten nicht vorhanden sind, werden zusätzliche apparative

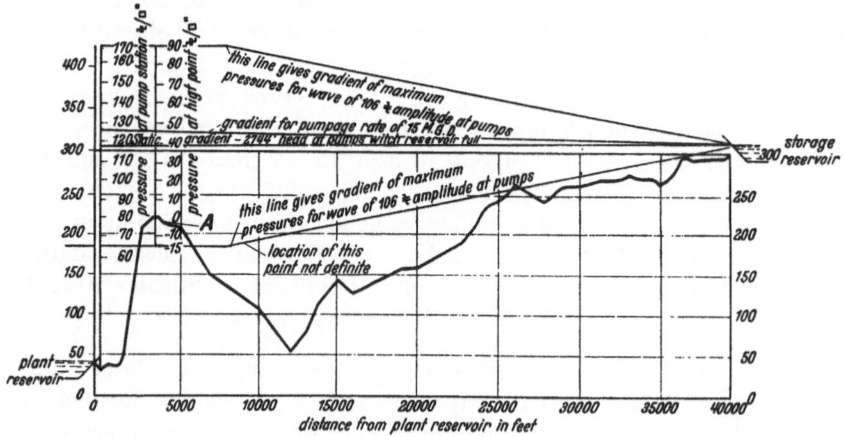

Abb. 10. Dynamischer Druckhöhenplan einer städtischen Hauptversorgungsleitung (St. Louis).

Einrichtungen notwendig; als solche sind gesteuerte Freiauslässe, Druckwindkessel und Rückschlagklappen mit hydraulischer Umführung in Anwendung.

Aus der amerikanischen Praxis wird ein Fall geschildert, dessen Verhältnisse in Abb. 10 dargestellt sind. Beim Ausfall der Pumpen traten hier in Punkt A ständig Leitungsbrüche

auf, die durch Vakuumbildung und Wasserabriß mit anschließenden örtlichen Überdruck-
beanspruchungen verursacht waren. Ein daraufhin dort angeordnetes Freiauslaßventil mit
automatischer Belüftung der Leitung und anschließender gesteuerter Entlüftung brachte sofort Abhilfe. Die Entlüftungsschließzeit wurde empirisch auf Grund der Druckdiagramme und
der ermittelten Laufzeit der Druckstoßwellen eingestellt. Ungesteuerte automatische Lüfter-
ventile, die man erst versuchte, erwiesen sich als ungeeignet, ja als zusätzliche Störungsquelle.

Ein in der Praxis ebenfalls erprobtes Verfahren arbeitet mit einem gesteuerten Freiauslaß
in der Nähe der Pumpe nach dem Prinzip einer dynamischen Kompensation. Bei Ausfall

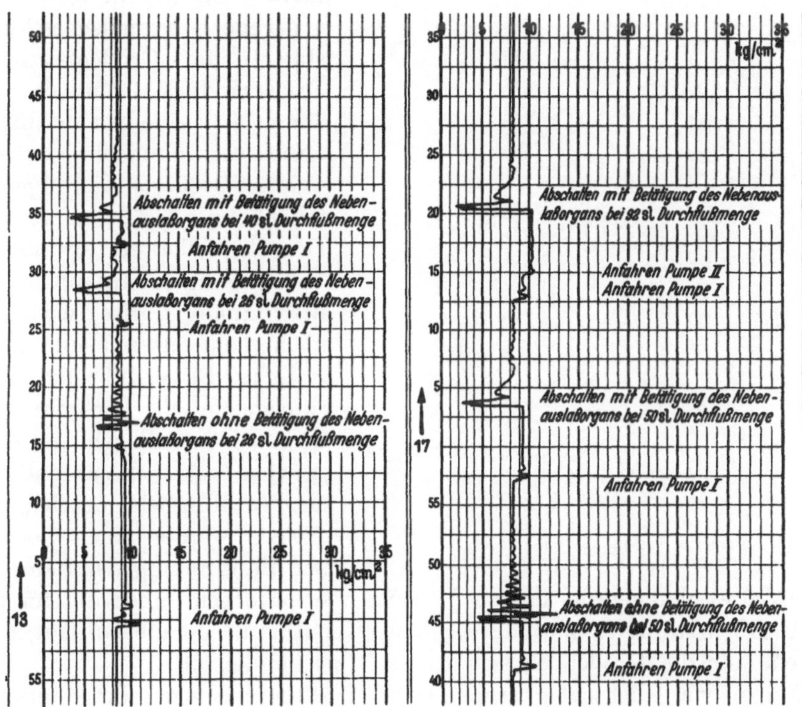

Abb. 11. Druckdiagramm einer Pumpleitung mit gesteuertem Freiauslaß.

des Pumpenstromes läuft von der Pumpe eine Unterdruckwelle durch die Rohrleitung zum
Hochbehälter und wird dort als Überdruckwelle reflektiert, die zur Pumpe zurückläuft. Wird
nun der von der Pumpe ausgehenden Unterdruckwelle zur gegebenen Zeit eine neue Unterdruckwelle, die mittels des Nebenauslaßorganes erzeugt wird, nachgesandt, so wird sie sich
in der Nähe des Hochbehälters mit der reflektierten Überdruckwelle überlagern und sie ganz
oder teilweise auslöschen. Voraussetzung für die Anwendung des Nebenauslaßorganes ist,
daß der verbleibende Restdruck des Pumpenausfalls die Erzeugung der künstlichen, zweiten
Unterdruckwelle gestattet und ein Abreißen der Wassersäule an den Hochpunkten der Leitung
hierbei nicht eintreten kann. Die aufgenommenen Druckdiagramme (Abb. 11) mit und ohne
Betätigung des Nebenauslasses lassen erkennen, daß eine einwandfreie Kompensation der die
Leitung gefährdenden Überdrücke gelingt.

Das Nebenauslaßorgan (Abb. 12) besteht aus einem verhältnismäßig kleinen Ringkolbenschieber mit Servomotorantrieb, der in Abhängigkeit vom Pumpenstrom gesteuert wird.
Beim Abschalten bzw. beim Stromloswerden des Pumpenmotors wird auch ein unter Ruhe-
strom stehender Elektromagnet stromlos. Der abfallende Magnetanker steuert mittels eines
Gewichtes den Servomotor auf Öffnen des Schiebers und steuert dann selbsttätig um, so daß
der Schieber nach einer gewissen Zeit wieder abschließt. Die Zeit, in welcher der Schieber in
geöffneter Stellung verbleibt, sowie die Öffnungs- und Schließgeschwindigkeit ist jede für sich
nach den Betriebsverhältnissen unabhängig voneinander mittels eines hydraulischen Relais

und Drosselventilen einstellbar. Das Nebenauslaßorgan wird in der Nähe der Pumpen oder je nach den Verhältnissen in der Nähe des Hochbehälters in einen Abzweig der Pumpendruckleitung eingebaut und gießt in den Saugbehälter bzw. ins Freie aus.

Bereits Alliévi wies nach, daß die Anwendung von Druckwindkesseln zur Dämpfung oder Unterdrückung dynamischer Druckschwankungen in kurzen Turbinenleitungen fehl am Platze ist. Aus der Praxis ergab sich jedoch die Brauchbarkeit derselben in langen Leitungen, wo sie speziell beim Pumpenausfall geeignet sind, die Höhe der Unterdruckstöße und bei Anordnung einer Rückschlagklappe zwischen Windkessel und Rohrleitung auch die Überdrücke herabzusetzen. Ein von Boerendans angegebenes graphisches Verfahren gestattet die Größenberechnung der Druckwindkessel und die Ermittlung der noch verbleibenden ungedämpften Druckschwankungen; dabei ergeben sich bei größeren Leitungen allerdings erhebliche Größenabmessungen der Druckluftbehälter, so daß sich ihre Verwendung nur auf solche Verhältnisse beschränken dürfte, wo andere Mittel nicht mehr ausreichend sind. Die analytische Beweisführung und ein entsprechendes Berechnungsverfahren über die Grundlagen und Grenzen der Anwendbarkeit dieser Methode müssen als vordringlich bezeichnet werden. Hierzu werden auch noch Versuche zur Bestimmung der Dämpfung dynamischer Druckschwankungen in langen Leitungen erforderlich, über die im Schrifttum noch kaum Angaben zu finden sind. Ihre genaue Kenntnis ist gerade bei langen Leitungen ausschlaggebend für die Größenbemessung der Druckwindkessel.

Abb. 12. Gesteuerter Freiauslaß-Ringschieber.

Für den Einbau von Rückschlagklappen in langen Pumpleitungen, besonders solcher mit großer geodätischer Pumphöhe, sind noch keine Grundsätze und Berechnungsverfahren entwickelt. Solche Rückschlagklappen mit hydraulisch gesteuerter Umführung wurden aber in der Praxis viel verwendet, wenn auch ihr Einbau fast immer nach rein statisch-hydraulischen Gesichtspunkten erfolgte, die zweifelsohne durch eine dynamische Betrachtungsweise abgelöst oder ergänzt werden müssen. Die Auswertung der durch den Druckstoßausschuß eingeleiteten Versuche auf der Pumpstrecke einer süddeutschen Fernwasserversorgung wird wohl einen wertvollen Beitrag zur Lösung dieser Frage liefern können.

Zusammenfassung.

In langen hydraulischen Versorgungsleitungen herrschen meist bauliche und betriebliche Voraussetzungen, die eine Regelung ohne dynamische Schwierigkeiten gestatten. Für den Regelvorgang ist dabei der Umstand wesentlich, daß er sowohl von der Konstruktion des Reglers als auch von den hydraulischen Leitungsverhältnissen am Regler abhängt. Es wird daher unterschieden zwischen der „mechanischen Regleröffnungsfunktion" des Reglers und der „hydraulischen Regelkennlinie" der Rohrleitung. Die Aufgabenstellung für den Reglerbau lautet dann, eine solche mechanische Regleröffnungsfunktion im Schieber zu erreichen, daß ein linearer Verlauf der hydraulischen Regelkennlinie gewährleistet ist, um damit kürzeste Schließ- bzw. Regelzeiten einhalten zu können. Die konstruktive Lösung ist grundsätzlich auf zwei Wegen, entweder mit konstanter oder veränderlicher Regelgeschwindigkeit, erreichbar, wobei der letzteren eine lineare, der ersteren eine veränderliche geometrische Regelquerschnittsänderung zugeordnet ist.

Schwierigkeiten dynamischer Art ergeben sich in solchen Versorgungsleitungen meist erst durch Betriebsstörungen in Form von Rohrbrüchen und Pumpenausfällen. Die baulichen und konstruktiven Maßnahmen zur Unterbindung der hieraus entstehenden Folgen wurden besprochen und auf die noch bestehenden Lücken in Berechnung und Versuchswesen hingewiesen.

<h2 style="text-align:center">Schrifttum.</h2>

BOERENDANS, W. L.: Berechnung der beim Ausschalten von Kreiselpumpen in Wasserversorgungen entstehende Druckstöße. Gas- u. Wasserfach 39/40 (1938), S. 690/710.
— Druckwindkessel und Kreiselpumpen. Gas- u. Wasserfach 48/50 (1940), S. 605/659.
GANDENBERGER, W.: Gesteuerte und selbsttätige Abschlußeinrichtungen in Wasserrohrleitungen. Gas- u. Wasserfach 47 (1941), S. 645.
— Zur Dämpfung der Druckschwankungen langer Druckleitungen nach deren Abschaltung. Gas- u. Wasserfach 5/6 (1942), S. 54.
— Nachrechnung der Drucksteigerung einer langen Wasserversorgungsleitung mit großem Rohrreibungsverlust. Gas- u. Wasserfach 37/38 (1942), S. 425.
JENTSCH, O.: Schnellschlußorgane für Rohrbruchsicherungsanlagen. Gas- u. Wasserfach 32 (1941), S. 449.
WIEDERHOLD, W.: Die hydrodynamischen Verhältnisse in Fernwasserleitungen. Gesundh.-Ing. Bd. 10 (1936).